Training Klassenarbeiten

Lambacher Schweizer

Mathematik für Gymnasien

Klasse **7**

Nordrhein-Westfalen

erarbeitet von
Heinz Peisch

Ernst Klett Verlag
Stuttgart • Leipzig

1. Auflage 1 5 4 3 | 15

Alle Drucke dieser Auflage sind unverändert und können im Unterricht nebeneinander verwendet werden.
Die letzte Zahl bezeichnet das Jahr des Druckes.

Autor: Heinz Peisch

Redaktion: Eva Göhner, Andreas Marte
Herstellung: SMP Oehler, Remseck

Illustrationen: Uwe Alfer, Waldbreitbach; Christine Lackner-Hawighorst, Ittlingen; Sandra Oehler, Remseck; Dorothee Wolters, Köln
Bildkonzept Umschlag: Soldankommunikation, Stuttgart
Umschlagfotografie: Getty Images, Digital Vision; Photonica Amana, Steven Pützer
Satz: SMP Oehler, Remseck
Reproduktion: Meyle + Müller, Medien Management, Pforzheim
Druck: Medienhaus Plump, Rheinbreitbach

Printed in Germany
ISBN 978-3-12-734175-1

9 783127 341751

Inhaltsverzeichnis

Dinge, die wir lernen müssen, bevor wir sie tun können,
lernen wir, indem wir sie tun.
Aristoteles
Beginnen wir mit dem Training!

Liebe Schülerin, lieber Schüler,

diese Sammlung von Mathematik-Arbeiten wird dir helfen, dich zielgerichtet auf bevorstehende Mathematik-Klassenarbeiten vorzubereiten.

Vermutlich hast du dich bisher schon mithilfe deines Mathematikbuches und deines Hefts auf Klassenarbeiten vorbereitet. Das solltest du auch zukünftig tun. Dein neues Trainingsbuch bietet dir weitere Möglichkeiten der Vorbereitung, insbesondere das Üben mit realistisch gestellten Klassenarbeiten.

Willst du für eine bevorstehende Klassenarbeit üben, so suchst du im Inhaltsverzeichnis das entsprechende Kapitel heraus. Zu jedem Thema findest du vier Übungsarbeiten. Anhand der ausführlichen Lösungen kannst du dich kontrollieren und deine Leistung bewerten.
Die drei Jahrgangsarbeiten am Ende des Buches dienen der Überprüfung des Gelernten am Schuljahresende.

Folgende Seiten und Abschnitte helfen dir beim Lösen und Verstehen der Klassenarbeiten:
Pinboard – Jedes Kapitel beginnt mit einer Doppelseite *Pinboard*. Hier kannst du die wichtigsten mathematischen Sachverhalte nachlesen. Die richtige Anwendung der Inhalte und Regeln wird dir in Beispielen vorgeführt.
Bist du sicher? – Mit den einfachen Aufgaben in *Bist du sicher?* kannst du ausprobieren, ob du den Stoff des Kapitels verstanden hast. Die Lösungen dazu findest du auf der gleichen Seite. Diesen Kurztest solltest du vor der ersten Klassenarbeit bearbeiten.
Tipps – Die erste Klassenarbeit eines Kapitels enthält *Tipps* zu den gestellten Aufgaben. Diese Tipps solltest du nutzen, wenn du Probleme hast, die Lösung zu finden.
Bei anderen Klassenarbeiten sind Lerntipps aufgeführt, die du ausprobieren kannst. Sie helfen dir zum Beispiel mit Ideen bei der Lösung von Text- oder Geometrieaufgaben.
Lösungen – Bei den ersten beiden Arbeiten eines Kapitels werden nicht nur die *Lösungen* notiert.
In kursiver Schrift werden auch Erklärungen angeboten, Denkanstöße formuliert und alternative Lösungen dargestellt. Wenn du eine Teilaufgabe nicht gelöst hast, kannst du diese kursiven Texte als Lernhilfe nutzen, um nun vielleicht doch noch die Aufgabe selbstständig zu Ende zu führen.

Alle Arbeiten in diesem Buch sind für eine Arbeitszeit von 45 Minuten gedacht.

Bevor du dich an die Arbeit machst, lies bitte in aller Ruhe die nächsten Seiten durch. Dort findest du weitere Hinweise, wie du erfolgreich mit diesem Buch arbeiten kannst.

Wenn du Anregungen und Wünsche hast oder gar Fehler findest, so lass mich dies wissen, damit diese gegebenenfalls in späteren Auflagen berücksichtigt werden können.

Du wirst dieses Buch nicht wie ein Jugendbuch in einem Zuge durchlesen können. Es wird dir ein Lernbegleiter sein und du wirst mit ihm arbeiten. Lesen allein genügt nicht! Ich weiß: Arbeiten ist nicht immer das reine Vergnügen. Konzentriertes Lernen ist manchmal mühevoll, kann aber auch sehr viel Spaß bringen. Jede Reise beginnt mit einem ersten Schritt. Mache dich auf den Weg!

Ich wünsche dir beim Arbeiten mit dieser Aufgabensammlung Freude und guten Erfolg!

Heinz Peisch

Es werden mehr Menschen durch Übung tüchtig als durch Naturanlage.

Demokrit

Sehr geehrte Eltern,

die vorliegende Sammlung von Klassenarbeiten soll Ihrem Kind die Vorbereitung auf Mathematik-Klassenarbeiten erleichtern.

Dieses Trainingsbuch will den oft geäußerten Wunsch nach realistischen Übungsarbeiten bedienen.
Die vier zu jedem der sechs Gebiete bereitgestellten Klassenarbeiten sind so konzipiert, dass sie Ihrem Kind angemessenes Trainingsmaterial bieten. Lücken oder Ungenauigkeiten können anhand ausführlicher Musterlösungen festgestellt werden. Damit lässt sich der Leistungsstand Ihres Kindes einschätzen. Erkannte Lücken können auf dieser Basis noch vor der Klassenarbeit gefüllt werden. Wer weiß, was er (noch) nicht weiß bzw. nicht genau genug weiß, hat schon einen großen Lernschritt nach vorne gemacht.

Ermuntern Sie Ihr Kind dazu, regelmäßig zu lernen. Eine gute Vorbereitung beginnt nicht erst wenige Tage vor der Klassenarbeit. Damit Ihr Kind ungestört 45 Minuten lang an einer Übungsarbeit trainieren kann, sollten Sie dafür sorgen, dass ein ruhiger und gut beleuchteter Arbeitsplatz zur Verfügung steht.

Freuen Sie sich mit Ihrem Kind über seine Lernerfolge, sprechen Sie aber auch offen über auftretende Schwierigkeiten. Sie können zusammen mit Ihrem Kind überlegen, welche Arbeits- und Lernmethoden hilfreich sein könnten und ihm dabei helfen, diese auszuprobieren. Weitere Anregungen erhalten Sie auch im Gespräch mit der Lehrerin bzw. dem Lehrer Ihres Kindes. Ermutigen Sie Ihr Kind und loben Sie die Anstrengungen, die es unternimmt, um sich auf eine Klassenarbeit vorzubereiten oder schwierige Gebiete zu erschließen.

Wenn diese Aufgabensammlung als Ergänzung zum Unterricht und Erweiterung des Lehrbuchs konsequent durchgearbeitet wird, dann sollte der Erfolg nicht ausbleiben und die Anstrengung Ihres Kindes wird sich in besseren Noten niederschlagen.

Heinz Peisch

Wie du dich mit diesem Buch auf eine Klassenarbeit vorbereiten kannst!

Vorbereitung

Kläre das Thema der nächsten Klassenarbeit (Lehrerin bzw. Lehrer fragen!)

Welches Lehrbuchkapitel, welche Seitenzahlen, welche Aufgaben?

Lies die Seiten „Pinboard“ genau durch.

Teste dich mit den Aufgaben in „Bist du sicher?“

Diese Seiten sind zum Aufwärmen gedacht.
Hier findest du alle wichtigen Informationen für das betreffende Kapitel!
Achte auf die Beispiele!
Nutze die Testaufgaben und deren Lösungen.

War der Test leicht für dich?

Probleme?
Kläre, was dir noch Schwierigkeiten macht!
Frage deine Lehrerin oder deinen Lehrer, wenn du nicht weiter weißt.

Suche dir einen ruhigen und hellen Arbeitsplatz.

Richte alle Arbeitsmaterialien einsatzbereit her.

Klassenarbeit

Du hast 45 Minuten Arbeitszeit.

Lies die ausgewählte Klassenarbeit genau durch und bearbeite sie.

Beachte die Tipps.

Schreibe Uhrzeiten zum Arbeitsbeginn und Arbeitsende oben auf das Blatt!
Trage die Lösungen in ein Heft ein!
Keine Schmierzettel!
Schreibe sauber und übersichtlich!
Denke auch an Antwortsätze!

Jetzt kannst du eine Pause machen!

Verbesserung

Korrigiere deine Lösung anhand der Lösungsvorschläge.

Schreibe mit roter Farbe „r“ oder „f“ an die Zwischenergebnisse!
Gib dir die entsprechenden Verrechnungs-punktezahlen!
Ziehe für Rechenfehler einen Punkt, für Schreibfehler einen halben Punkt ab!
Kontrolliere auch Zwischenschritte, nicht nur Endergebnisse!

Benote deine Leistung und fülle den Arbeitsplan Seite 10f. aus.

Versuche bei Unklarheiten, die angegebenen Lösungen zu verstehen.

Achte auch auf die Lerntipps bei manchen Klassenarbeiten oder Lösungen!
Die ersten beiden Klassenarbeiten zu jedem Kapitel enthalten kursiv geschrieben zusätzliche Hilfestellungen: Lösungshinweise, Denkanstöße, alternative Lösungen, usw.

Du hast lange gearbeitet. Jetzt hast du eine Belohnung verdient.

Lernen auf die Klassenarbeit: Richtig oder falsch? Was meinst du dazu?

Nicht jeden Fehler muss man selbst machen. Etliche der folgenden Äußerungen sind falsch. Finde die falschen Antworten heraus und markiere sie mit einem roten „f". Achte darauf, dass du nicht selbst diese Fehler machst. Was meinst du?

		r	f
1	Die letzten drei Tage vor einer Klassenarbeit lerne ich täglich mindestens vier bis fünf Stunden.		
2	Neuen Lernstoff wiederhole ich möglichst am gleichen Tag anhand meines Heftaufschriebs und des Schulbuchs.		
3	Am Morgen vor einer Klassenarbeit spare ich mir das Frühstück. Stattdessen wiederhole ich noch einmal den Lernstoff.		
4	Für Mathematik muss man nicht begabt sein. Vieles kann man einfach lernen und durch konsequentes Üben auch problemlos beherrschen.		
5	Am Abend vor der Klassenarbeit lerne ich, bis mir die Augen zufallen. Mehr kann man wirklich nicht tun.		
6	Wenn ich eine Stunde lang ununterbrochen Mathematik gelernt habe, darf ich mich auch belohnen (Freunde treffen, Fußballspielen, Radfahren, Lesen).		
7	Ich nehme mir lieber kleinere Arbeitspensen vor, halte diese aber ganz konsequent und regelmäßig ein.		
8	Wenn ich meine Lieblings-Jeans trage, kann ich mich am besten konzentrieren. Ich werde sie auch bei der Klassenarbeit anziehen.		
9	„In Mathe war ich immer schlecht." Das ist kein Naturgesetz. Wenn ich regelmäßig und konzentriert arbeite, kann ich auch gute Noten in Mathematik erreichen.		
10	Wenn ich Fehler gemacht habe, versuche ich herauszufinden, woran das liegt: Regel oder Formel nicht gelernt? Flüchtigkeitsfehler? Schreibfehler?		
11	Beim Vergleich von Hausaufgabenergebnissen merke ich mir nur, was ich nicht richtig gemacht habe. Ein „f" für „falsche Lösung" im Heft würde mich stören.		
12	Im Unterricht mache ich regelmäßig mit. Das ist schon die halbe Miete. Dann brauche ich daheim kaum noch pauken.		
13	Mein Arbeitsplatz ist ordentlich aufgeräumt. Alle nötigen Hilfsmittel (Bleistifte, Radiergummi, Zirkel, Geodreieck, Bücher) liegen einsatzbereit an ihrem Platz.		
14	Ich habe für mich herausgefunden, dass ich von 15 Uhr bis 17 Uhr optimal lernen kann. Diese Zeit versuche ich daher auch gut zu nutzen.		
15	Wenn ich mich ehrlich und gründlich vorbereitet habe, brauche ich vor einer Klassenarbeit keine Angst zu haben. Alles muss ich ja gar nicht wissen.		
16	Wenn ich etwas nicht verstanden habe, lese ich im Schulbuch die entsprechenden Sachverhalte gründlich mit allen Beispielen nach.		
17	Bei Schwierigkeiten versuche ich zunächst einfachere Aufgaben zu lösen. Dabei überlege ich genau, wie ich vorgehe.		
18	Manchmal ist es sinnvoll, wenn ich meine Lehrerin oder meinen Lehrer frage, ob ich etwas richtig verstanden habe.		
19	Es ist mir wichtig, dass ich immer ganz genau weiß, was richtig oder falsch ist. Umso besser, wenn ich auch noch weiß, warum etwas falsch ist.		
20	Bei meiner Vorbereitung versuche ich mir vorzustellen, welche Aufgaben ich als Lehrer bei der nächsten Klassenarbeit stellen würde.		
21	Mein Arbeitsplatz ist optimal: Telefon und Fernbedienung für den CD-Player in Reichweite. Das ist ein richtig gutes Arbeitsklima.		
22	Es hilft mir, wenn ich mir einen Arbeitsplan in meinem Kalender mache, der nicht nur für den nächsten Tag gilt, sondern über einige Wochen angelegt ist.		
23	Meine Freundin lernt besonders gut zwischen 17 Uhr und 19 Uhr. Dann muss ich mich halt auch ihrer Lernzeit anpassen, sonst sehe ich sie ja kaum.		
24	Ich kann allein alles am besten lernen. Andere würden mich beim Lernen doch nur ablenken.		

Du hast sicher herausgefunden, dass die Äußerungen mit den Nummern 1, 3, 5, 11, 21, 23, 24 falsch sind. Ich nenne dir einige Gründe dafür.

1. Es ist besser, regelmäßig in kleineren Portionen und mit Pausen zu lernen. Der Lernstoff lässt sich dann auch leichter merken. Plane dein Lernen langfristig. Dann kann auch einmal etwas Unvorhergesehenes dazwischen kommen, ohne dass dein ganzer Terminplan zusammenbricht.
3. Du solltest rechtzeitig vor jeder Prüfung mit dem Lernen aufhören. Du wirst ohnehin vor lauter Aufregung nichts mehr in deinen Kopf bekommen. Zudem ist ein gutes und in Ruhe eingenommenes Frühstück eine hervorragende Grundlage für das Denken und Lernen am Vormittag.
5. Doch, man kann mehr tun. Du solltest unter allen Umständen gut ausgeruht in die Klassenarbeit gehen. Wenn du müde bist, wird dein Gehirn ohnehin nicht mehr allzu viel Lernstoff aufnehmen. Gehe lieber rechtzeitig zu Bett und schlafe.
11. Wer lernt, macht Fehler. Das ist keine Schande. Du musst ja ein Supergedächtnis haben, wenn du dir das alles merken wolltest. Schreibe „f“ hin, und zwar mit roter Farbe, damit du die Fehlerstellen gut erkennen kannst. Du wirst dann nicht vergessen, an dieser Stelle nachzuarbeiten. Natürlich schreibst du auch „r“ hin, wenn deine Lösung stimmt. Du wirst sehen: Die Anzahl der „r“ nimmt im Laufe der Zeit zu.
21. Ein optimaler Arbeitsplatz zum Lernen sieht anders aus. Entferne alles, was dich beim Lernen stören oder ablenken könnte. Dazu gehört auch das Telefon, das sicher im ungünstigsten Moment läuten wird. Du wolltest effizient lernen, also weg damit. Sorge dafür, dass du eine ordentliche Beleuchtung am Arbeitsplatz hast, weil du mit gutem Licht nicht so schnell ermüdest.
23. Jeder hat seinen eigenen Lernrhythmus. Wenn du die für dich beste Lernzeit herausgefunden hast, dann arbeite auch konsequent in dieser Zeit. Deine Freundin hat dafür sicher Verständnis. Ihr werdet dennoch genügend gemeinsame Freizeit verbringen können.
24. Es gibt gewisse Dinge, die man am besten alleine lernt. Dazu gehören Gegenstände, die man einfach pauken muss (Formeln, Regeln) sowie das erste Durcharbeiten eines Lehrtextes oder von Beispielen. Andererseits gibt es Etliches, was man besser zu zweit erledigt: gegenseitiges Abfragen und Kontrollieren, dem Lernpartner Gelerntes erklären oder vormachen und auf dessen Fragen eingehen.

Wähle deine drei Top-Tipps aus und schreibe sie in eigenen Worten noch mal auf.
Probiere sie bei der nächsten Arbeit aus.

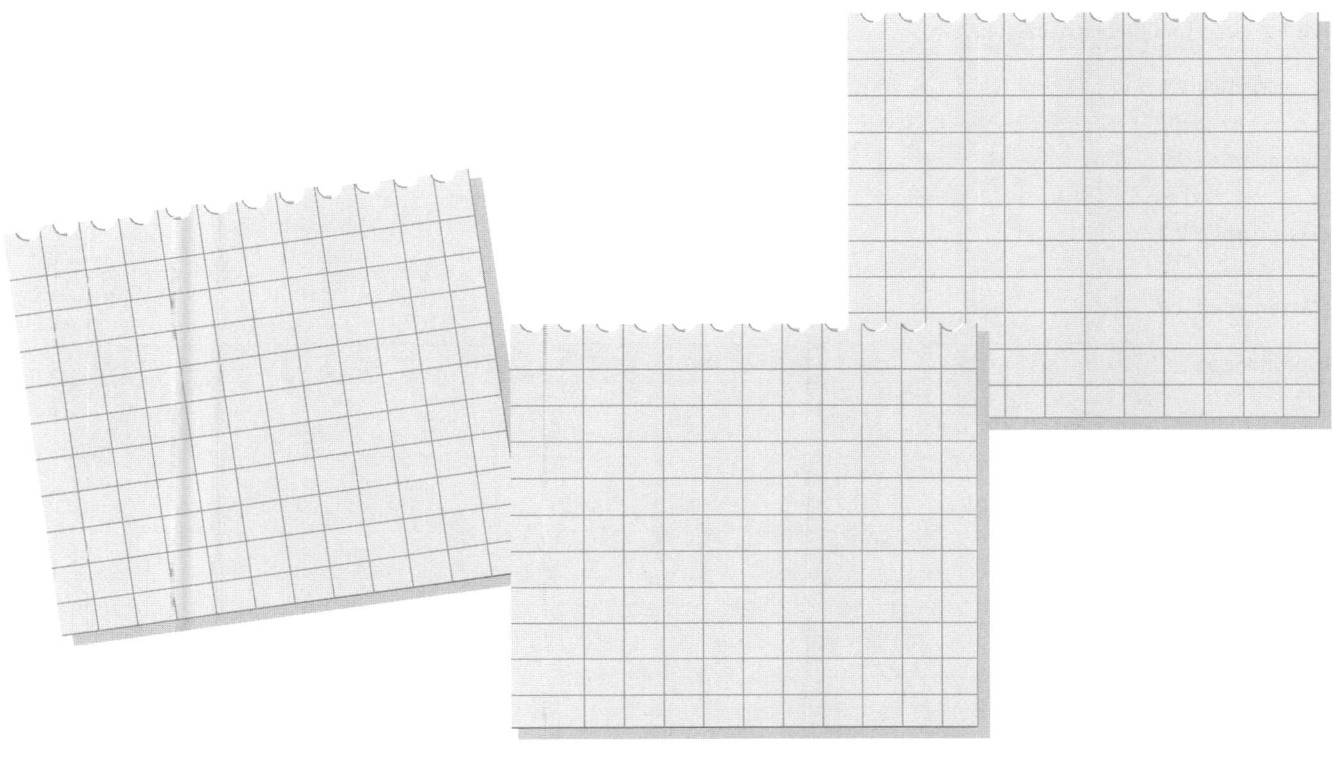

Dein Arbeitsplan

In der untenstehenden Tabelle kannst du eintragen, wann du die jeweilige Klassenarbeit bearbeitet hast, wie viele Verrechnungspunkte du dabei erreichen konntest und welcher Note dies entsprechen würde. Für die Umrechnung von Verrechnungspunkten in eine Note gilt:

Verrechnungspunkte (VP)	0-4	5-6	7-8	9-10	11-12	13-14	15-16	17-18	19-20	21-22	23-24
Note	6	5-6	5	4-5	4	3-4	3	2-3	2	1-2	1

Bei halben Verrechnungspunkten darfst du auf die nächste volle Punktzahl aufrunden. Wenn du also 18,5 Verrechnungspunkte erreicht hast, gibst du dir die Note 2.

Wenn dir nicht alle Lösungen gelungen sind, dann solltest du sorgfältig die Aufgabennummern vermerken, bei denen Unklarheiten aufgetreten sind. Versuche diese Fragen dann mithilfe des Lehrbuchs, deines Heftes oder auch deiner Mitschüler rasch zu klären. In Zweifelsfällen kannst du deine Lehrerin oder deinen Lehrer fragen.

Mit der Tabelle behältst du den Überblick: Wo sind offene Fragen? Welche Arbeiten kannst du noch schreiben? Was ist geklärt und verstanden?

Übungsarbeit	Tag der Bearbeitung	Ergebnis in VP	Note	Unklarheiten bei folgenden Aufgaben	Unklarheiten geklärt?
Beispiel	21.10.09	20	2	Nr. 2a, Nr. 2b	ja, 22.10.09
Prozente und Zinsen					
Klassenarbeit 1.1					
Klassenarbeit 1.2					
Klassenarbeit 1.3					
Klassenarbeit 1.4					
Häufigkeiten und Wahrscheinlichkeiten					
Klassenarbeit 2.1					
Klassenarbeit 2.2					
Klassenarbeit 2.3					
Klassenarbeit 2.4					
Zuordnungen					
Klassenarbeit 3.1					
Klassenarbeit 3.2					
Klassenarbeit 3.3					
Klassenarbeit 3.4					

Übungsarbeit	Tag der Bearbeitung	Ergebnis in VP	Note	Unklarheiten bei folgenden Aufgaben	Unklarheiten geklärt?
Terme und Gleichungen					
Klassenarbeit 4.1					
Klassenarbeit 4.2					
Klassenarbeit 4.3					
Klassenarbeit 4.4					
Beziehungen in Dreiecken					
Klassenarbeit 5.1					
Klassenarbeit 5.2					
Klassenarbeit 5.3					
Klassenarbeit 5.4					
Systeme linearer Gleichungen					
Klassenarbeit 6.1					
Klassenarbeit 6.2					
Klassenarbeit 6.3					
Klassenarbeit 6.4					
Jahrgangsarbeiten					
Jahrgangsarbeit 1					
Jahrgangsarbeit 2					
Jahrgangsarbeit 3					

Pinboard – Prozente und Zinsen

Der Prozentbegriff

Definitionen	Beispiele
Die Angabe p% bedeutet $\frac{p}{100}$ (einer Zahl oder Größe). Man liest „p Prozent". p heißt Prozentsatz. Die Angabe p‰ bedeutet $\frac{p}{1000}$. Man liest „p Promille".	$1\% = \frac{1}{100}$ $5\% = \frac{5}{100} = \frac{1}{20}$ $0{,}3\% = \frac{0{,}3}{100} = \frac{3}{1000}$ $125\% = \frac{125}{100} = \frac{5}{4}$ $33\frac{1}{3}\% = \frac{100}{3}\% = \frac{100}{3} \cdot \frac{1}{100} = \frac{1}{3}$ $15‰ = \frac{15}{1000} = \frac{3}{200}$ $0{,}8‰ = \frac{0{,}8}{1000} = \frac{8}{10000} = \frac{1}{1250}$

Prozentwert und Grundwert

Definitionen	Beispiele
Der Grundwert G ist diejenige Zahl (Größe) von der ein gewisser Prozentsatz berechnet werden soll. Der Prozentwert W ist diejenige Zahl (Größe), die man nach Berechnung des Prozentsatzes p von G erhält.	Bestimme 30 % von 5 m. G = 5 m; p = 30 %; W = 30 % von 5 m $= \frac{30}{100}$ von 5 m $= \frac{3}{2}$ m
Folgerungen	**Beispiele**
Berechnung von W aus p und G $W = p \cdot G$	Geg.: Prozentsatz p = 2,5 % Grundwert G = 600 € Ges.: Prozentwert W Lös.: $W = p \cdot G$ $W = \frac{2{,}5}{100} \cdot 600$ € W = 15 €
Berechnung von G aus W und p $W = p \cdot G$ $\frac{W}{p} = G$ $G = \frac{W}{p}$	Geg.: Prozentsatz p = 8 % Prozentwert W = 32 dm Ges.: Grundwert G Lös.: $G = \frac{W}{p}$ $G = \frac{32\,dm}{0{,}08}$ G = 400 dm
Berechnung von p aus W und G $W = p \cdot G$ $\frac{W}{G} = p$ $p = \frac{W}{G}$	Geg.: Grundwert G = 64 kg Prozentwert W = 8 kg Ges.: Prozentsatz p Lös.: $p = \frac{W}{G}$ $p = \frac{8\,kg}{64\,kg}$ p = 0,125 = 12,5 %

Fußballersprüche!

„Zwei Chancen, ein Tor! Das nenne ich eine hundertprozentige Chancenauswertung."
„In den letzten beiden Heimspielen haben wir kein Tor gegen diesen Gegner erzielt, heute aber schon zwei. Das ist eine Steigerung um 200 %!"
„90 % aller Schiedsrichter sind saubere Leute, und die fünf Prozent, die die Regeln nicht beachten, die muss man finden und aussortieren."

Motto

Nicht die Aufgaben sollen einem über den Kopf wachsen, sondern der Kopf soll über den Aufgaben wachsen.

Eine knifflige Entscheidung?

Zwei Händler haben das gleiche Produkt zum gleichen Preis im Angebot. Nach einiger Zeit erhöht der erste Händler den Preis um den Prozentsatz p und senkt ihn nach einer Woche wieder um den Prozentsatz q. Der zweite Händler senkt den Preis zuerst um den Prozentsatz q und erhöht später wieder um den Prozentsatz p.
Bei welchem Händler ist dieses Produkt jetzt günstiger?

Kleines Lexikon der Fachbegriffe

Begriff	Bedeutung
Guthaben (Kapital)	Geldbetrag, der zu einem bestimmten Zinssatz bei einer Bank angelegt ist
Darlehen (Kapital)	Geldbetrag, der zu einem bestimmten Zinssatz von einer Bank geliehen ist
Zins (Guthabenzins)	Leihgebühr der Bank an den Geldgeber für die Überlassung von Geld
Zins (Darlehenszins)	Leihgebühr des Schuldners an die Bank für die Überlassung von Geld
Zinssatz	Prozentsatz, mit dem ein Kapital verzinst wird (oft: Jahreszinssatz)
Zinseszins	Zinsen auf die Zinsen für ein Kapital im nächsten Berechnungszeitraum
Mehrwertsteuer	Steueraufschlag auf Waren und Dienstleistungen
Nettopreis	Preis einer Ware oder Dienstleistung vor dem Aufschlag der Mehrwertsteuer
Bruttopreis	Preis einer Ware oder Dienstleistung nach dem Aufschlag der Mehrwertsteuer
Rabatt	Preisnachlass beim Kauf einer Ware
Skonto	Preisnachlass bei Barzahlung der Ware
Bruttogewicht	Gewicht einer Ware mit Verpackung
Nettogewicht	Gewicht einer Ware ohne Verpackung
Tara	Gewicht der Verpackung allein

Prozentuale Veränderungen

Definitionen	Beispiele
Wächst eine Größe um den Prozentsatz p, so spricht man von einer prozentualen Zunahme.	Die Preiserhöhung für eine Ware um 3,2% bedeutet eine prozentuale Zunahme.
Verringert sich eine Größe um den Prozentsatz p, so spricht man von einer prozentualen Abnahme.	Eine Preissenkung um 20% bei einem Sonderverkauf ist eine prozentuale Abnahme.

Folgerungen	Beispiele
Die prozentuale Zunahme ergibt sich durch Berechnung des Prozentwerts W bei einem Prozentsatz p von einem Grundwert G. Prozentuale Zunahme: $W = p \cdot G$ Der Endwert ergibt sich durch Addition der Zunahme zum Grundwert. Endwert: $G + W = G + p \cdot G = G \cdot (1 + p)$	Geg.: Nettopreis einer Ware $G = 720{,}00$ € Aufschlag der Mehrwertsteuer $p = 19\,\%$ Ges.: Endpreis Lös.: $G + W = G \cdot (1 + p)$ $= 720\,€ \cdot \left(1 + \frac{19}{100}\right)$ $= 720\,€ \cdot 1{,}19$ $= 856{,}80\,€$
Entsprechendes gilt bei prozentualer Abnahme. Endwert: $G - W = G - p \cdot G = G \cdot (1 - p)$	Geg.: Einwohnerzahl einer Stadt $G = 123\,000$ Abnahme der Bevölkerung $p = 0{,}4\,\%$ Ges.: Neue Einwohnerzahl Lös.: $G - W = G \cdot (1 - p)$ $= 123\,400 \cdot \left(1 - \frac{0{,}4}{100}\right)$ $= 123\,400 \cdot 0{,}996$ $\approx 122\,906$
Nimmt ein Grundwert G zuerst um den Prozentsatz p_1 zu und dann bezogen auf den neuen Endwert noch einmal um den Prozentsatz p_2, so erhält man den Endwert: $G \cdot (1 + p_1) \cdot (1 + p_2)$ Entsprechendes gilt bei zwei Abnahmen um den Prozentsatz p_1 und um den Prozentsatz p_2: $G \cdot (1 - p_1) \cdot (1 - p_2)$	Was bedeutet wohl nun $G \cdot (1 + p_1) \cdot (1 - p_2)$ $G \cdot (1 - p_1) \cdot (1 + p_2)$?

Der kleine Unterschied!

„Eine Katastrophe! Bei der letzten Wahl hatte die Partei noch 40 % aller Stimmen erreicht," weiß Knobelix, „diesmal sind es nur noch 36 %."
„Nur 4 % zu verlieren ist doch kein Drama", meint Knobelinchen.
„Wieso 4 %? Die Partei hat 10 % aller Stimmen verloren!" ereifert sich Knobelix.

Prozentsätze gesucht!

Welche Flächenanteile sind gefärbt?

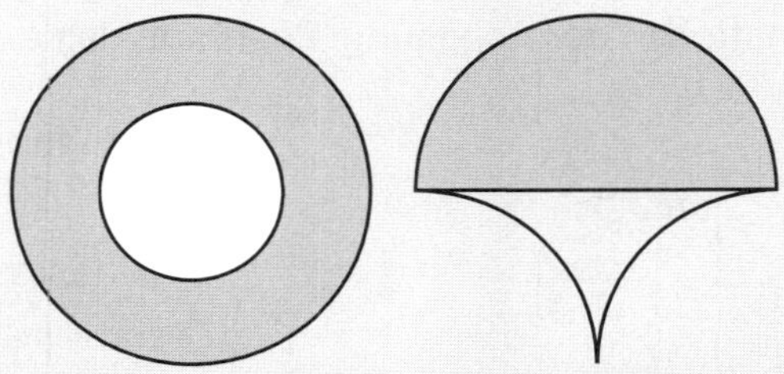

Vorsicht Falle!

Unterscheide:
Eine Abnahme **um** 20 % bedeutet, dass noch 80 % des Anfangswerts vorhanden sind!
Eine Abnahme **auf** 20 % bedeutet, dass noch 20 % des Anfangswerts vorhanden sind!
Eine Zunahme von 100 € auf 200 € ist eine Zunahme **um** 100 % oder eine Zunahme **auf** 200 %!

Bist du sicher?

1 Schreibe in Prozent bzw. als gekürzten Bruch.
a) $\frac{13}{25}$ b) $\frac{51}{50}$ c) $\frac{9}{250}$ d) $\frac{72}{125}$ e) 14 % f) 120 % g) 12,5 % h) 0,3 %

2 Ergänze in der Tabelle die fehlenden Werte.

	a)	b)	c)	d)	e)	f)
Grundwert	350	240 m		48 m²	21 dm³	
Prozentsatz	6 %		16 %	12 %		15 %
Prozentwert		12 m	0,800 kg		630 cm³	18 min

3 a) Wie viel Zinsen erhält man für ein Guthaben von 1200,00 € bei einem Jahreszinssatz von 1,25 %?
b) Welches Guthaben ergibt bei einem Zinssatz von 2,5 % in einem Jahr 320,00 € Zinsen?
c) Ein Guthaben von 8400,00 € bringt in einem Jahr 134,40 € Zinsen. Wie hoch ist der Zinssatz?
d) Ein Kapital von 5000,00 € wird fünf Jahre lang mit einem Zinssatz von 3,5 % angelegt. Wie groß ist das Kapital am Ende der Laufzeit (wenn anfallende Zinsen immer mitverzinst werden)?

4 a) Im Sonderverkauf wird eine Ware um 60 % im Preis reduziert. Wie viel Prozent des ursprünglichen Preises kostet die Ware jetzt? Um wie viel Prozent war der ursprüngliche Preis höher als der neue Preis?
b) Eine Autofirma erhöht die Preise für ein bestimmtes Modell um 3,2 %. Wie viel Rabatt müsste ein Käufer erhalten, wenn er nur den ursprünglichen Preis bezahlen wollte?

Lösungen

1 a) 52 % b) 102 % c) 3,6 % d) 57,6 % e) $\frac{7}{50}$ f) $\frac{6}{5}$ g) $\frac{1}{8}$ h) $\frac{3}{1000}$ **2** a) 21 b) 5 % c) 5 kg d) 5,76 m² e) 3 % f) 2 h **3** a) 15,00 € b) 12800,00 € c) 1,6 % d) 5938,43 €
4 a) 40 % des ursprünglichen Preises; 150 % höher als der neue Preis. b) Etwa 3,1 % Rabatt.

Anfangszeit: 11.18 Uhr ——— + 45 Minuten ———▶ Abgabe: 12.03 Uhr

1 (1,5 + 1,5 + 2 VP)
a) Schreibe als Bruchzahl: 12 %; 150 %; 0,2 %
b) Schreibe in Prozent: 0,64; $\frac{3}{8}$; 1,2
c) 1 Promille (1 ‰) bedeutet 0,1 %. Schreibe in Promille: 5 %; 0,02 %; $\frac{1}{1000}$

2 (3 + 3 VP)
a) Petra braucht zum Streichen ihres Zimmers 4,50 Liter Farbe aus einem 12-Liter-Eimer. Ihr Bruder benötigt 80 % des Rests.
Wie viel Prozent der Farbe haben beide zusammen verbraucht?
b) Der Benzintank eines Autos ist bei Fahrtbeginn zu 75 % gefüllt. Nach längerer Fahrt sind noch 30 % des Benzins bei Fahrtbeginn im Tank. Beim anschließenden Volltanken passen 62 Liter in den Tank.
Wie groß ist das Fassungsvermögen des Tanks?

3 (8 VP)
Überprüfe die folgenden Behauptungen und kreuze wahr (w) oder falsch (f) an. Entnimm alle erforderlichen Informationen der Abbildung. Begründe deine Antworten.

Der Wohnungsbau schrumpft

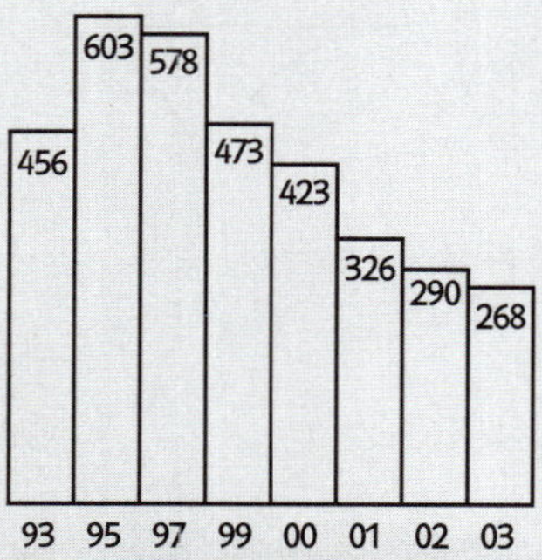

Fertigstellungen in Deutschland in 1000		
Im Jahr 2003	268	Veränderungen gegenüber 2002 (in %)
Einfamilienhäuser	132	−2,5
Zweifamilienhäuser	33	−11,4
Eigentumswohnungen	41	−15,6
Mietwohnungen in Mehrfamilienhäusern	30	−5,8
Ausbauten (Dachgeschoss u. a.)	27	−8,6

Behauptungen	w	f
1. Im Jahr 1997 wurden über 100% mehr Wohnungen gebaut als 2003.		
2. Im Jahr 2003 waren knapp 50% aller Wohnungen Einfamilienhäuser.		
3. Im Jahr 2002 wurden mehr als 135 000 Einfamilienhäuser gebaut.		
4. Im Jahr 2003 sind etwa 57% weniger Wohnungen fertig gestellt worden als im Jahr 2000.		
5. Im Jahr 2002 gab es mehr Ausbauten als Mietwohnungen in Mehrfamilienhäusern.		

4 (5 VP)
Bei einer Internet-Auktion ersteigert ein Händler 800 Bücher für 600,00 €.
Er kann die Hälfte davon mit einem Gewinn von 40 % auf den durchschnittlichen Einkaufspreis je Buch, 200 Bücher mit einem Gewinn von 20 % und die übrigen mit einem Verlust von 10 % verkaufen.
Wie viel Prozent hat er an diesem Geschäft verdient?

Lerntipps

zu Aufgabe 4
Du brauchst nicht den Einkaufspreis eines einzelnen Buches auszurechnen!
Wie hoch ist der Einkaufspreis für die Hälfte der Bücher?
Wenn auf den Einkaufspreis E der Prozentsatz p als Gewinn aufgeschlagen wird, dann ergibt sich der Verkaufspreis V = E + p · E. Entsprechend ergibt sich bei einem Verlust V = E − p · E.

Anfangszeit: ______________ + 45 Minuten → Abgabe: ______________

1 (1,5 + 1,5 + 1,5 + 1,5 VP)
Ergänze die in der Tabelle fehlenden Eintragungen.

	Laptop	Pkw	Kinokarte	Monatskarte
Alter Preis in €	1299,00	37500,00		37,10
Rabatt	15%		20%	
Rabatt in €		4875,00		
Neuer Preis in €			8,00	35,62

2 (4 + 2 VP)
Das skizzierte Kreisdiagramm informiert über ein Dorf mit 4320 Einwohnern, davon 25% mehr Frauen als Männer.
a) Wie viele Mädchen, Frauen und Männer leben in diesem Dorf?
b) Um wie viel Prozent ist der Anteil der männlichen Gemeindemitglieder kleiner als der Anteil der weiblichen?

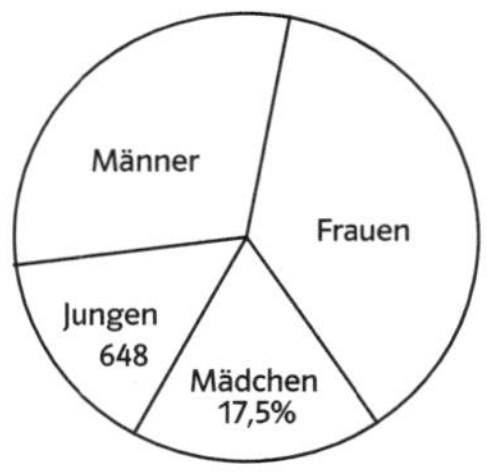

3 (3 + 2 + 2 + 1 VP)
Eine Bausparkasse bietet ihren Kunden eine Geldanlage an, deren Verzinsung durch die nebenstehende Abbildung beschrieben wird.
a) Wie entwickelt sich ein Anfangskapital von 20000 € im Laufe von sechs Jahren?
b) Um wie viel Prozent ist das Anfangskapital insgesamt angewachsen?
Wie viel Prozent des Endkapitals macht der angelegte Geldbetrag aus?
c) Ein Kunde hat nach drei Jahren einen Betrag von 13461,05 € auf dem Konto.
Wie viel Geld hatte er angelegt?
d) Um wie viel Prozent erhöht sich der Zinssatz vom dritten auf das vierte Jahr?

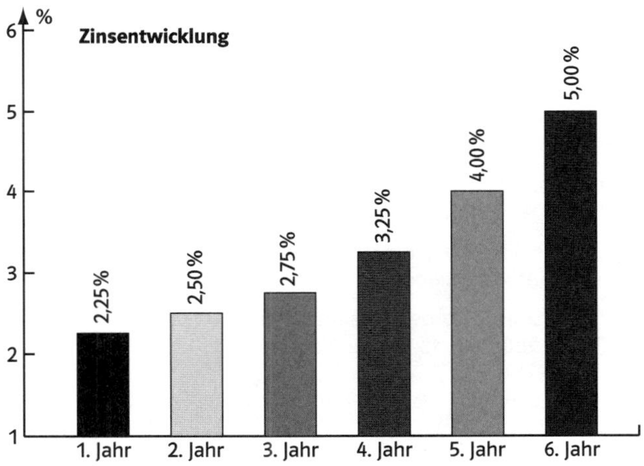

4 (2 + 2 VP)
a) Beim Verkauf eines Artikels verdient ein Händler 20% des Verkaufspreises.
Wie hoch war sein Preisaufschlag?
b) Bei einem anderen Artikel beträgt der Preisaufschlag 20%.
Wie viel Prozent des Verkaufspreises ist dieser Preisaufschlag?

Lerntipps

Texte genau lesen!
Achte bei Aufgaben zur Prozentrechnung ganz genau auf die verwendeten Formulierungen und deren Bedeutung.

Text	Zunahme/Abnahme	Neuer Wert
G nimmt um 5% zu.	$\frac{5}{100}$ von G = $\frac{5}{100} \cdot G = 0{,}05 \cdot G$	$G + 0{,}05 \cdot G = 1{,}05 \cdot G$
G wächst auf 130%.	$\frac{30}{100}$ von G = $\frac{30}{100} \cdot G = 0{,}30 \cdot G$	$G + 0{,}30 \cdot G = 1{,}30 \cdot G$
G verringert sich um 13%.	$\frac{13}{100}$ von G = $\frac{13}{100} \cdot G = 0{,}13 \cdot G$	$G - 0{,}13 \cdot G = 0{,}87 \cdot G$
G nimmt auf 13% ab.	$\frac{87}{100}$ von G = $\frac{87}{100} \cdot G = 0{,}87 \cdot G$	$G - 0{,}87 \cdot G = 0{,}13 \cdot G$

Anfangszeit: ____________ + 45 Minuten → Abgabe: ____________

1 (2 + 1 + 1 + 1 VP)

a) Wie viel Prozent der Orchestermitglieder spielen Violine bzw. Querflöte?

b) Welcher Prozentsatz der Orchestermitglieder spielt kein Streichinstrument?

c) Mit Beginn des nächsten Schuljahres scheiden zwei Querflötenspielerinnen altershalber aus. Um wie viel Prozent hat die Anzahl der Querflöten im Orchester abgenommen?

d) Der Musiklehrer behauptet: „16,2 % unserer Orchestermitglieder sind schon länger als sechs Jahre dabei." Zeige, dass er nicht Recht haben kann.

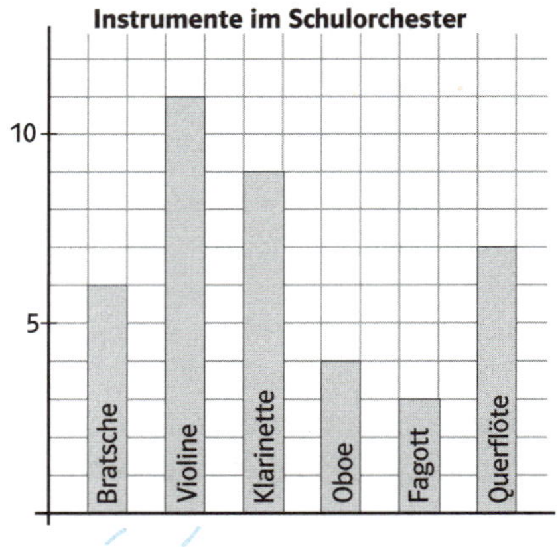

2 (7 VP)

Beurteile unter Verwendung der nebenstehenden Abbildung die folgenden Behauptungen.
Kreuze wahr (w) oder falsch (f) an.
Begründe deine Antworten.

Behauptung	w	f
1. Von 1970 bis 2004 ist der PKW-Bestand auf mehr als 300% gewachsen.		
2. In den Jahren 1990 bis 1995 hat der Bestand um etwas weniger als 25% zugenommen.		
3. Im Jahr 2004 hatten etwa 36,7 Millionen Fahrzeuge einen Benzinmotor.		
4. Im Jahr 1970 hatten mehr Fahrzeuge einen Benzinmotor als 2004.		
5. Der Prozentsatz der Dieselfahrzeuge ist von 1970 bis 2004 um 15,3 % gestiegen.		

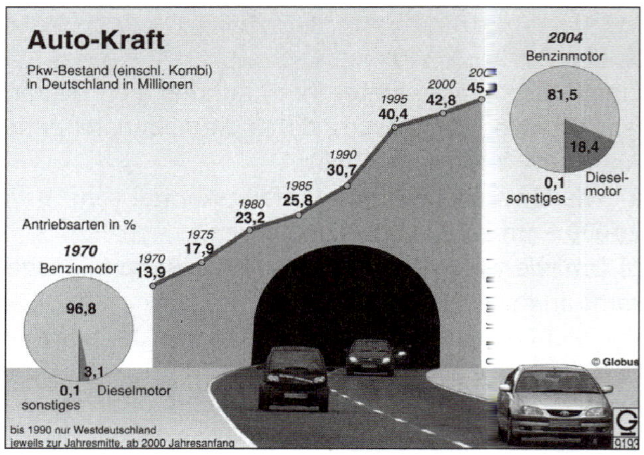

3 (5 + 2 + 2 VP)

Ein Möbelgeschäft bietet seinen Kunden folgende Zahlungsmöglichkeiten an:

1. Bei Anzahlung von 30 % des Warenwerts bei Bestellung gilt der an der Ware befindliche Preis.
2. Bei Anzahlung von 50 % des Warenwerts bei Bestellung werden auf die Anzahlung 2 % Rabatt gewährt.
3. Bei Anzahlung von 80 % des Warenwerts bei Bestellung werden 2 % Rabatt auf den Warenwert gewährt.

Der Rabatt verringert die Anzahlung. Der Restbetrag ist jeweils bei der Lieferung zu bezahlen.

a) Deine Eltern bestellen Möbel für 7520 €.
Berechne für jede Variante den insgesamt zu zahlenden Preis.

b) Ein anderer Kunde, der die zweite Zahlungsvariante wählt, zahlt für seine Möbel 2548 € bei Bestellung.
Wie viel muss er bei Lieferung noch bezahlen?

c) Ein dritter Kunde bestellt nach der dritten Variante und zahlt 2652 € bei Bestellung.
Welchen Warenwert hat seine Bestellung?

4 (3 VP)

Bei einem Rechteck wird eine Seitenlänge um 20 % verkleinert, die andere Seitenlänge um 30 % vergrößert.
Um wie viel Prozent verändert sich dabei der Flächeninhalt des Rechtecks?

Klassenarbeit 1.4

Anfangszeit: ______________ + 45 Minuten → Abgabe: ______________

1 (3 + 1 + 1 + 2 + 1 VP)
Eine Volkshochschule befragt die 1707 Teilnehmer an den Veranstaltungen eines Halbjahres nach ihrem Alter. Es ergibt sich die folgende Tabelle:

Alter in Jahren	a < 18	18 ≦ a < 25	25 ≦ a < 35	35 ≦ a < 50	50 ≦ a < 65	a ≧ 65
Teilnehmerzahl	360	174	473	349	160	58

a) Wie viel Prozent der Teilnehmer sind dies jeweils? Runde auf 0,1%.
b) Wie viel Prozent der Teilnehmer machten keine Angabe zum Alter?
c) 81,1% aller Teilnehmer sind weiblich.
Wie viele weibliche Teilnehmer sind das?
d) 37% der Teilnehmer der jüngsten Altersklasse belegen einen Computerkurs.
Wie viel Prozent der gesamten Teilnehmerzahl sind dies?
e) In der Altersklasse von 25 bis 35 Jahren nehmen 72 Frauen und 27 Männer an Computerkursen teil.
Wie hoch ist der Anteil der Frauen an diesen Computerkursen?

2 (1 + 2 VP)
Das Kreisdiagramm zeigt die monatlichen Ausgaben von Familie Alt.
a) Welcher Prozentsatz wird gespart?
b) Wie hoch ist das Monatseinkommen, wenn die Miete und die Mietnebenkosten 885,50 € betragen?

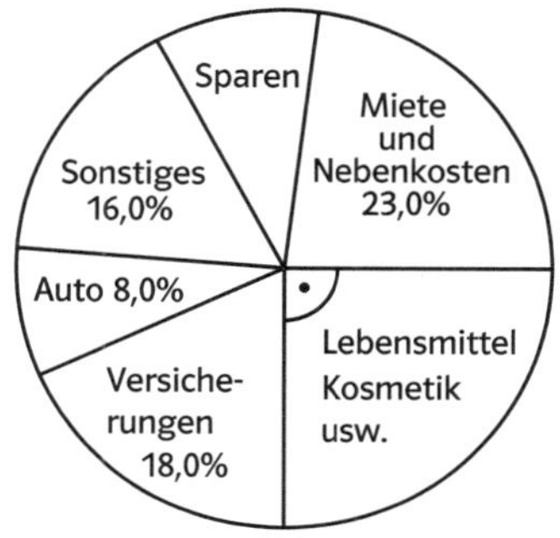

3 (4 VP)
Anna will sich ein Mountainbike kaufen. Sie vergleicht verschiedene Angebote für das gewünschte Modell.
Angebot 1: Im Versandhauskatalog wird das Rad für 289,00 Euro angeboten. Die Kosten für Verpackung und Versand betragen 14,00 Euro.
Angebot 2: Der Fahrradhändler im Ort kann das Rad bestellen. Im Katalog seines Großhändlers wird als empfohlener Verkaufspreis (noch ohne Mehrwertsteuer von 19%) 259,00 Euro genannt. Der Händler gewährt auf den Endpreis 2% Skonto.
Angebot 3: Ein Kaufhaus bietet bei einer Rabattaktion 20% auf alle Waren an. Das Mountainbike ist mit 379,00 Euro ausgezeichnet.
Wo ist das Mountainbike am günstigsten?

4 (1 + 2 + 2 VP)
Eine Drogeriemarktkette wirbt mit nebenstehender Anzeige.
a) Trifft die behauptete Preisreduzierung um 37% zu?
b) Woran erkennt man, dass die Flasche im Sonderangebot einen Liter Kernol enthält?
Sind 33% mehr Inhalt in der Flasche?
c) Paul: „Kernol ist insgesamt um 70% günstiger geworden!"
Sandra: „Das stimmt nicht! Kernol ist um mehr als 100% günstiger geworden."
Was meinst du?

5 (4 VP)
Frische Pilze bestehen zu 92% ihrer Masse aus Wasser. Trocknet man 5 kg frische Pilze, so nimmt ihr Wasseranteil auf 60% ab.
Um wie viel Prozent hat das Gewicht der frischen Pilze abgenommen?

Klassenarbeit 1.1

1 (1,5 + 1,5 + 2 VP)

a) *Beachte: 1% = $\frac{1}{100}$. Kürze die erhaltenen Brüche soweit wie möglich.*

$12\% = \frac{12}{100} = \frac{3}{25}$

$150\% = \frac{150}{100} = \frac{3}{2}$

$0{,}2\% = \frac{0{,}2}{100} = \frac{2}{1000} = \frac{1}{500}$

b) *Schreibe die Dezimalzahlen zuerst als Bruch mit dem Nenner 100. Bei Bruchzahlen erweitere so, dass der Nenner 10, 100, 1000, 10000 usw. wird.*

$0{,}64 = \frac{64}{100} = 64\%$

$\frac{3}{8} = \frac{375}{1000} = \frac{37{,}5}{100} = 37{,}5\%$

$1{,}2 = \frac{120}{100} = 120\%$

c) $5\% = 50‰$

$0{,}02\% = 0{,}2‰$

$\frac{1}{1000} = 1‰$

2 (3 + 3 VP)

a) Nachdem Petra 4,5 Liter Farbe verbraucht hat, bleibt ein Rest von 7,5 Litern.

Verbrauch des Bruders: 80% von 7,5 l = $\frac{80}{100} \cdot 7{,}5\,l = 6\,l$

Gesamter Farbverbrauch: 4,5 l + 6 l = 10,5 l

Prozentsatz p:

Der Grundwert ist G = 12 l, der Prozentwert ist W = 10,5 l. Daher gilt:

$p = \frac{W}{G}$

$p = \frac{10{,}5\,l}{12\,l}$

$p = 0{,}875$

Beide haben zusammen 87,5% der Farbe verbraucht.

b) *Beachte, dass du zuerst 30% von 75% des Fassungsvermögens des Tanks berechnen musst. Der Unterschied zum Fassungsvermögen entspricht der getankten Benzinmenge.*

Grundwert ist das unbekannte Fassungsvermögen des Tanks: $G_1 = V$

Prozentsatz: $p_1 = 75\%$

Prozentwert:

$W_1 = p_1 \cdot G$

$W_1 = \frac{75}{100} \cdot V$

$W_1 = \frac{3}{4} \cdot V$

Neuer Grundwert: $G_2 = \frac{3}{4} \cdot V$

Neuer Prozentsatz: $p_2 = 30\%$

Neuer Prozentwert:

$W_2 = p_2 \cdot G_2$

$W_2 = \frac{30}{100} \cdot \frac{3}{4} \cdot V$

$W_2 = \frac{9}{40} \cdot V$

Der Tank ist somit vor dem Volltanken noch zu $\frac{9}{40}$ gefüllt. Die getankte Benzinmenge entspricht daher $\frac{31}{40}$ des Fassungsvermögens des Tanks.

$\frac{31}{40} \cdot V = 62\,l$

$V = 62\,l : \frac{31}{40}$

$V = 62\,l \cdot \frac{40}{31}$

$V = 80\,l$

Der Tank fasst 80 l.

3 (8 VP)

Achte zuerst auf richtige Ablesung der Anzahl von Wohnungsfertigstellungen im Säulendiagramm. Beispielsweise erkennst du, dass im Jahr 1993 noch 456 000 Wohnungen fertiggestellt wurden.
Kläre bei jeder Behauptung genau, welche Zahl der Grundwert ist, auf den die angegebenen Prozentsätze bezogen werden.
Runde die Rechenergebnisse sinnvoll.

Behauptungen	w	f
1. Im Jahr 1997 wurden über 100% mehr Wohnungen gebaut als 2003.	x	
2. Im Jahr 2003 waren knapp 50% aller Wohnungen Einfamilienhäuser.	x	
3. Im Jahr 2002 wurden mehr als 135 000 Einfamilienhäuser gebaut.	x	
4. Im Jahr 2003 sind etwa 57% weniger Wohnungen fertig gestellt worden als im Jahr 2000.		x
5. Im Jahr 2002 gab es mehr Ausbauten als Mietwohnungen in Mehrfamilienhäusern.		x

Begründungen

1. Grundwert ist die Anzahl der Wohnungen im Jahr 2003, also 268 000 Wohnungen. Im Jahr 1997 waren es 578 000. Dies sind mehr als doppelt so viele Wohnungen wie 2003.
2. Im Jahr 2003 waren von 268 000 Wohnungen 132 000 Wohnungen in Einfamilienhäusern. Dies sind etwas weniger als die Hälfte, also knapp 50% aller Wohnungen.
3. Der Prozentwert ist die Anzahl der Einfamilienhäuser im Jahr 2003: W = 132 000.
Da dies 2,5% weniger sind als 2002, entspricht dies einem Prozentsatz von 97,5% der Anzahl im Jahr 2002 (Grundwert). Daher:

$G = \frac{W}{p}$

$G = \frac{132\,000}{0{,}975}$

$G \approx 135\,385$

Dies sind mehr als 135 000 Einfamilienhäuser.

4. Würde die Behauptung zutreffen, so wären 2003 weniger als halb so viele Wohnungen wie im Jahr zuvor gebaut worden. Dies ist aber nicht der Fall, denn die Hälfte von 423 000 ist 211 500. Tatsächlich wurden aber 268 000 Wohnungen gebaut.
5. Grundwerte sind die Anzahlen im Jahr 2002. Bei Mietwohnungen in Mehrfamilienhäusern ist eine Abnahme von 5,8 % angegeben. Der Prozentwert $W_1 = 30\,000$ gehört also zum Prozentsatz $p_1 = 94{,}2\,\%$. Für den Grundwert G_1 gilt:

$G_1 = \frac{W_1}{p_1}$

$G_1 = \frac{30\,000}{0{,}942}$

$G_1 \approx 31\,847$

Bei den Ausbauten ist eine Abnahme von 8,6 % angegeben. Der Prozentwert $W_2 = 27\,000$ gehört also zum Prozentsatz $p_2 = 91{,}4\,\%$.
Für den Grundwert G_2 gilt:

$G_2 = \frac{W_2}{p_2}$

$G_2 = \frac{27\,000}{0{,}914}$

$G_2 \approx 29\,540$

Da $G_2 < G_1$ gilt, ist die Behauptung falsch.

4 (5 VP)

Der Aufgabentext spricht vom „durchschnittlichen Einkaufspreis je Buch." Du kannst daher davon ausgehen, dass die Hälfte der Bücher auch die Hälfte des Einkaufspreises kosten. Entsprechend kosten die 200 Bücher, die mit einem Gewinn von 20 % verkauft werden, ein Viertel des Einkaufspreises.

Die Hälfte der Bücher, also 400 Bücher, hat den Händler die Hälfte des Preises gekostet. Dies sind 300,00 €.
Der Gewinn aus dem Verkauf dieser Bücher beträgt 40 % von 300,00 €, also 120,00 €. Der Verkaufserlös aus diesen 400 Büchern ist somit 420,00 €.
Für 200 Bücher, also einem Viertel der Bücher, hat er ein Viertel des Preises gezahlt. Das sind 150,00 €. Der Gewinn aus dem Verkauf dieses Teils ist 20 %, das sind 30,00 €. Der Verkaufserlös ist folglich 180,00 €.
Der Verlust beim Verkauf der übrigen 200 Bücher mit einem Einkaufswert von 150,00 € beträgt 10 %. Dies sind 15,00 €. Der Verkaufserlös ist 135,00 €.
Gesamterlös:
420,00 € + 180,00 € + 135,00 € = 735,00 €
Verdienst:
735,00 € − 600,00 € = 135,00 €
Der Einkaufspreis ist der Grundwert: G = 600,00 €.
Der Verdienst ist der Prozentwert: W = 135,00 €.

Für den Prozentsatz erhält man:

$p = \frac{W}{G}$

$p = \frac{135\,€}{600\,€}$

$p = 0{,}225$

Der Händler hat 22,5 % verdient.

Klassenarbeit 1.2

1 (1,5 + 1,5 + 1,5 + 1,5 VP)

	Laptop	Pkw	Kino-karte	Monats-karte
Alter Preis in €	1299,00	37 500,00	**10,00**	37,10
Rabatt	15 %	**13 %**	20 %	**4 %**
Rabatt in €	**194,85**	4875,00	**2,00**	**1,48**
Neuer Preis in €	**1104,15**	**32 625,00**	8,00	35,62

Begründungen
Laptop
Grundwert: $G = 1299{,}00\,€$
Prozentsatz: $p = 15\,\%$
Prozentwert: $W = G \cdot p = 1299{,}00\,€ \cdot \frac{15}{100} = 194{,}85\,€$
Neuer Preis: $1299{,}00\,€ - 194{,}85\,€ = 1104{,}15\,€$
Pkw
Grundwert: $G = 37\,500{,}00\,€$
Prozentwert: $W = 4875{,}00\,€$
Prozentsatz: $p = \frac{W}{G} = \frac{4875{,}00\,€}{37\,500\,€} = 0{,}13 = 13\,\%$
Neuer Preis: $37\,500{,}00\,€ - 4875{,}00\,€ = 32\,625{,}00\,€$
Kinokarte
Prozentsatz: $p = 80\,\%$
Prozentwert: $W = 8{,}00\,€$
Grundwert: $G = \frac{W}{p} = \frac{8{,}00\,€}{0{,}80} = 10{,}00\,€$
Rabatt: $10{,}00\,€ - 8{,}00\,€ = 2{,}00\,€$
Monatskarte
Grundwert: $G = 37{,}10\,€$
Prozentwert: $W = 35{,}62\,€$
Prozentsatz: $p = \frac{W}{G} = \frac{35{,}62\,€}{37{,}10\,€} = 0{,}9601\ldots \approx 96\,\%$
Rabatt: $37{,}10\,€ - 35{,}62\,€ = 1{,}48\,€$

2 (4 + 2 VP)

a) *Aus der bekannten Gesamtzahl der Einwohner und dem Prozentsatz für die Mädchen kannst du die Anzahl der Mädchen ermitteln. Damit weißt du auch, wie viele Frauen und Männer zusammen im Dorf wohnen.*
Wie viele Frauen gibt es, wenn M Männer im Dorf wohnen?

Anzahl der Mädchen
Grundwert: $G = 4320$
Prozentsatz: $p = 17{,}5\,\%$
Prozentwert: $W = G \cdot p = 4320 \cdot \frac{17{,}5}{100} = 756$
Anzahl der Jungen und Mädchen zusammen:
$648 + 756 = 1404$
Anzahl der Männer und Frauen zusammen:
$4320 - 1404 = 2916$
Anzahl der Männer:
Die Anzahl der Männer sei M. Die Anzahl der Frauen ist um 25 %, also ein Viertel, größer.
Daher gibt es $\frac{5}{4} \cdot M$ Frauen.

Folglich:
$$M + \frac{5}{4} \cdot M = 2916$$
$$\frac{9}{4} \cdot M = 2916$$
$$M = 2916 : \frac{9}{4}$$
$$M = 1296$$

Die Anzahl der Frauen sei F:
$$F = \frac{5}{4} \cdot M$$
$$F = \frac{5}{4} \cdot 1296$$
$$F = 1620$$

Alternative
Für die Anzahl der Frauen gilt:
$$F = 2916 - M$$
$$F = 2916 - 1296$$
$$F = 1620$$

b) Anzahl der Jungen und Männer zusammen:
$A = 648 + 1296$
$A = 1944$
Anzahl der Mädchen und Frauen zusammen:
$B = 756 + 1620$
$B = 2376$
Grundwert: $G = 2376$ (weibliche Einwohner)
Prozentwert: $W = 1944$ (männliche Einwohner)
Prozentsatz: $p = \frac{W}{G} = \frac{1944}{2376} = 0{,}8181\ldots \approx 81{,}8\,\%$
Das Dorf hat etwa 18,2 % weniger männliche als weibliche Einwohner.

Alternative
Anteil der weiblichen Einwohner
Grundwert: $G = 4320$ *(Einwohnerzahl)*
Prozentwert: $W = 2376$ *(weibliche Einwohner)*
Prozentsatz: $p = \frac{W}{G} = \frac{2376}{4320} = 0{,}55 = 55\,\%$
Der Anteil der männlichen Einwohner ist daher 100 % − 55 %, also 45 %.
Grundwert: $G = 55\,\%$ *(Prozentsatz der weiblichen Einwohner)*
Prozentwert: $W = 45\,\%$ *(Prozentsatz der männlichen Einwohner)*
Prozentsatz: $p = \frac{W}{G} = \frac{45\,\%}{55\,\%} = 0{,}8181\ldots \approx 81{,}8\,\%$
Das Dorf hat folglich etwa 18,2 % weniger männliche als weibliche Einwohner.

3 (3 + 2 + 2 + 1 VP)

a) Das Kapital am Ende des ersten Jahres besteht aus dem angelegten Guthaben G, das 100 % entspricht, und den Zinsen, also 2,25 % von G. Zusammen beträgt das Kapital 102,25 % des angelegten Guthabens.
Man erhält also das Kapital nach einem Jahr durch Multiplikation von 20 000 € mit 1,0225.
Multipliziert man dieses Ergebnis mit 1,0225, so erhält man entsprechend das Kapital nach zwei Jahren usw.

Anzahl n der Jahre	Zinssatz	Kapital nach n Jahren
1	2,25%	20450,00€
2	2,50%	20961,25€
3	2,75%	21537,68€
4	3,25%	22237,66€
5	4,00%	23127,17€
6	5,00%	24283,52€

Bemerkung
Die Berechnung erfolgt mit der vollen Taschenrechnergenauigkeit. Die Zwischenergebnisse sind auf Cent gerundet.
Wenn du nicht die Kapitalien am Ende eines jeden Jahres wissen willst, sondern dich nur für das Endkapital nach sechs Jahren interessierst, dann kannst du die Rechnung in einem Schritt erledigen.
Für das Endkapital K ergibt sich nach sechs Jahren bei den angegebenen Zinssätzen:
$K = G \cdot 1{,}0225 \cdot 1{,}025 \cdot 1{,}0275 \cdot 1{,}0325 \cdot 1{,}04 \cdot 1{,}05$
$K = 20\,000\,€ \cdot 1{,}21417618\ldots$
$K = 24\,283{,}52\,€$

b) Grundwert: $G = 20\,000{,}00\,€$ (Anfangskapital)
Prozentwert: $W = 24\,283{,}52\,€$ (Endkapital)
Prozentsatz:
$p = \frac{W}{G} = \frac{24\,283{,}52\,€}{20\,000\,€} = 1{,}2141\ldots \approx 121{,}4\,\%$
Das Kapital ist um etwa 21,4% angewachsen.
Grundwert: $G = 24\,283{,}52\,€$ (Endkapital)
Prozentwert: $W = 20\,000{,}00\,€$ (Anfangskapital)
Prozentsatz:
$p = \frac{W}{G} = \frac{20\,000{,}00\,€}{24\,283{,}52\,€} = 0{,}8236\ldots \approx 82{,}4\,\%$
Der angelegte Betrag macht etwa 82,4% des Endkapitals aus.

c) Nach dem ersten Jahr wird aus dem unbekannten Grundwert G (Anfangskapital) das 1,0225-fache von G. Nach dem zweiten Jahr wird daraus das 1,025-fache, also $(G \cdot 1{,}0225) \cdot 1{,}025$, nach dem dritten Jahr daraus wieder das 1,0275-fache, somit $G \cdot 1{,}0225 \cdot 1{,}025 \cdot 1{,}0275$.
Bedingung:
$G \cdot 1{,}0225 \cdot 1{,}025 \cdot 1{,}0275 = 13\,461{,}05\,€$
$G = \frac{13\,461{,}05\,€}{1{,}0225 \cdot 1{,}025 \cdot 1{,}0275}$
$G = 12\,500{,}00\,€$
Der Kunde hatte 12 500,00€ angelegt.

d) Grundwert: $G = 2{,}75\,\%$ (Zinssatz im dritten Jahr)
Prozentwert: $W = 3{,}25\,\%$ (Zinssatz im vierten Jahr)
Prozentsatz: $p = \frac{W}{G} = \frac{3{,}25\,\%}{2{,}75\,\%} = 1{,}1818\ldots \approx 118{,}2\,\%$
Der Zinssatz hat sich um etwa 18,2% erhöht.
Unterscheide davon: Der Zinssatz hat sich von 2,75% auf 3,25% erhöht. (Dies ist eine Erhöhung um 0,50 Prozentpunkte.)

4 (2 + 2 VP)
Diese Fragestellung ist eine häufige Fehlerquelle.
In Teilaufgabe a) beziehen sich die 20% auf den Verkaufspreis als Grundwert.
In Teilaufgabe b) beziehen sich die 20% auf den Einkaufspreis als Grundwert.

a) Grundwert: $G_1 = V$ (Verkaufspreis)
Prozentsatz: $p_1 = 20\,\%$ (Aufschlag)
Prozentwert:
$W_1 = G_1 \cdot p_1$
$W_1 = V \cdot \frac{20}{100}$
$W_1 = 0{,}2 \cdot V$
Der Preis der Ware war vor dem Aufschlag $0{,}8 \cdot V$.
Dies ist jetzt der neue Grundwert.
Grundwert: $G_2 = 0{,}8 \cdot V$ (ursprünglicher Preis)
Prozentwert: $W_2 = 0{,}2 \cdot V$ (Aufschlag)
Prozentsatz:
$p_2 = \frac{W_2}{G_2}$
$p_2 = \frac{0{,}2 \cdot V}{0{,}8 \cdot V}$
$p_2 = 0{,}25$
$p_2 = 25\,\%$
Der Preisaufschlag war 25%.

b) Grundwert: $G_1 = E$ (Einkaufspreis)
Prozentsatz: $p_1 = 20\,\%$ (Aufschlag)
Prozentwert:
$W_1 = G_1 \cdot p_1$
$W_1 = E \cdot \frac{20}{100}$
$W_1 = 0{,}2 \cdot E$
Nach dem Preisaufschlag kostet die Ware $1{,}2 \cdot E$.
Dies ist jetzt der neue Grundwert.
Grundwert: $G_2 = 1{,}2 \cdot E$ (Verkaufspreis)
Prozentwert: $W_2 = 1 \cdot E$ (Einkaufspreis)
Prozentsatz:
$p_2 = \frac{W_2}{G_2}$
$p_2 = \frac{1 \cdot E}{1{,}2 \cdot E}$
$p_2 = 0{,}8333\ldots$
$p_2 \approx 83{,}3\,\%$
Der Preisaufschlag beträgt etwa 16,7%.

Bemerkung
Oft ist ein einfaches Zahlenbeispiel hilfreich:
Wenn ein Artikel für 100€ verkauft wird und der Händler 20% davon verdient, so ist der Einkaufspreis 80€. Schlägt er auf 80€ aber 20% auf, so ist der Verkaufspreis 96€.

Manchmal hilft auch ein Bild zur Veranschaulichung:
Verkaufspreis

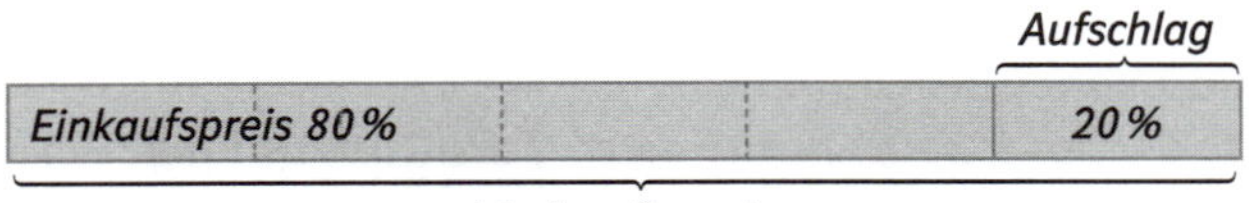

Aufschlag: 20% vom Verkaufspreis, $\frac{1}{5}$ des Verkaufspreises

Verkaufspreis

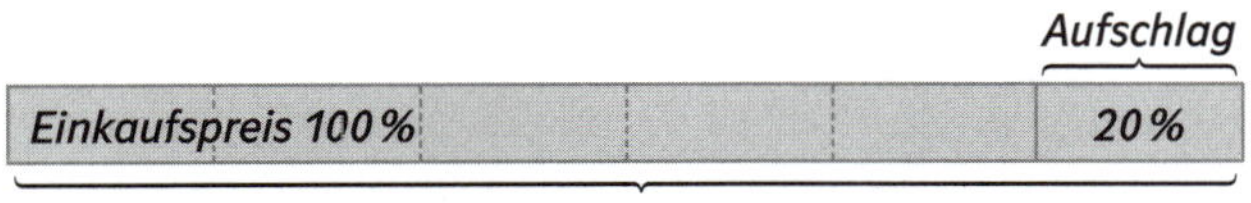

Aufschlag: 20% vom Einkaufspreis, $\frac{1}{6}$ des Verkaufspreises. Dies sind etwa 16,7%.

Klassenarbeit 1.3

1 (2 + 1 + 1 + 1 VP)
a) Insgesamt gibt es 6 + 11 + 9 + 4 + 3 – 7 = 40 Orchestermitglieder.
Anteil der Violinspieler: $\frac{11}{40} = \frac{275}{1000} = \frac{27{,}5}{100} = 27{,}5\,\%$
Anteil der Querflötenspieler: $\frac{7}{40} = \frac{175}{1000} = \frac{17{,}5}{100} = 17{,}5\,\%$
b) Klarinette, Oboe, Fagott und Querflöte sind keine Streichinstrumente und werden zusammen von 23 Orchestermitgliedern gespielt.
Ihr Anteil beträgt: $\frac{23}{40} = \frac{575}{1000} = \frac{57{,}5}{100} = 57{,}5\,\%$
c) Grundwert: G = 7 (ursprüngliche Zahl der Querflöten)
Prozentwert: W = 2 (Anzahl der ausgeschiedenen Querflöten)
Prozentsatz:
$p = \frac{W}{G}$
$p = \frac{2}{7}$
$p = 0{,}2857\ldots$
$p \approx 28{,}6\,\%$
Die Anzahl der Querflöten hat um etwa 28,6 % abgenommen.
d) Grundwert: G = 40 (Anzahl der Orchestermitglieder)
Prozentsatz: p = 16,2 %

Prozentwert:
$W = G \cdot p$
$W = 40 \cdot \frac{16{,}2}{100}$
$W = 6{,}48$
Der behauptete Prozentsatz kann nicht stimmen, da er zu einer Personenanzahl führt, die keine natürliche Zahl ist.

2 (7 VP)

Behauptung	w	f
1. Von 1970 bis 2004 ist der PKW-Bestand auf mehr als 300% gewachsen.	x	
2. In den Jahren 1990 bis 1995 hat der Bestand um etwas weniger als 25% zugenommen.		x
3. Im Jahr 2004 hatten etwa 36,7 Millionen Fahrzeuge einen Benzinmotor.	x	
4. Im Jahr 1970 hatten mehr Fahrzeuge einen Benzinmotor als 2004.		x
5. Der Prozentsatz der Dieselfahrzeuge ist von 1970 bis 2004 um 15,3 % gestiegen.		x

Begründungen
1. Behauptung
Der Bestand wächst von 13,9 Millionen Fahrzeugen im Jahr 1970 auf 45,0 Millionen im Jahr 2004 an.

Dies ist eine Zunahme auf mehr als das Dreifache (13,9 Millionen $\cdot$ 3 = 41,7 Millionen < 45,0 Millionen), d.h. auf mehr als 300%.
Die Behauptung ist wahr.
2. Behauptung
Der Bestand im Jahr 1990 ist 30,7 Millionen Fahrzeuge. 25% von 30,7 Millionen sind 7,675 Millionen. 30,7 Millionen + 7,675 Millionen = 38,375 Millionen. Bei einer Zunahme um weniger als 25% wären im Jahr 1995 also weniger als 38,375 Millionen Fahrzeuge vorhanden. Tatsächlich sind es mehr, nämlich 40,4 Millionen Fahrzeuge.
Die Behauptung ist falsch.
3. Behauptung
81,5% der Fahrzeuge im Jahr 2004 hatten einen Benzinmotor. 81,5% von 45,0 Millionen sind $\frac{81,5}{100} \cdot 45$ Millionen. Dies sind etwa 36,7 Millionen.
Die Behauptung ist wahr.
4. Behauptung
96,8% aller Fahrzeuge hatten im Jahr 1970 einen Benzinmotor. 96,8% von 13,9 Millionen sind $\frac{96,8}{100} \cdot 13,9$ Millionen. Dies sind etwa 13,5 Millionen und damit weniger als 36,7 Millionen Fahrzeuge.
Die Behauptung ist falsch.
5. Behauptung
1970 waren 3,1% aller Fahrzeuge Dieselfahrzeuge, 2004 waren es 18,4%. Dies ist eine Zunahme auf mehr als das Fünffache, also sicher kein Zuwachs um 15,3%.
Die Behauptung ist falsch.

3 (5 + 2 + 2 VP)
a) Variante 1
Hier ist der volle Preis zu zahlen, also 7520€.
Variante 2
Es werden 50% des Warenwerts anbezahlt. Dies sind $\frac{50}{100} \cdot 7520$€ = 3760€. Der Rabattsatz auf diese Anzahlung beträgt $p_2 = 2\%$.
Nachlass:
$W_2 = G_2 \cdot p_2$
$W_2 = 3760€ \cdot \frac{2}{100}$
$W_2 = 75,20€$
Gesamtpreis: 7520,00€ – 75,20€ = 7444,80€
Der Gesamtpreis beträgt 7444,80€.
Variante 3
Es werden 80% des Warenwerts anbezahlt. Dies sind $\frac{80}{100} \cdot 7520,00$€ = 6016,00€.
Der Rabattsatz auf den Warenwert beträgt $p_3 = 2\%$.
Nachlass:
$W_3 = G_3 \cdot p_3$
$W_3 = 7520€ \cdot \frac{2}{100}$
$W_3 = 150,40€$
Gesamtpreis: 7520,00€ – 150,40€ = 7369,60€
Der Endpreis beträgt 7369,60€.
b) Bei Bestellung werden 2548€ bezahlt. Der Nachlass war 2% der Anzahlung. Zum Prozentwert W = 2548€ gehört also der Prozentsatz p = 98%.
Anzahlung:
$G = \frac{W}{p}$
$G = \frac{2548€}{0,98}$
$G = 2600€$
Da die Anzahlung 50% des Warenwerts beträgt, muss der Kunde bei Lieferung noch 50% zahlen, also 2600,00€.
c) Bei Bestellung werden 2652€ bezahlt. Dies sind 78% des Warenwerts, da er 2% Nachlass erhält. Zum Prozentwert W = 2652€ gehört also der Prozentsatz p = 78%.
Warenwert:
$G = \frac{W}{p}$
$G = \frac{2652€}{0,78}$
$G = 3400€$
Die Bestellung hat daher den Wert 3400,00€.

4 (3 VP)
Das ursprüngliche Rechteck habe die Seitenlängen a_1 und b_1 und den Flächeninhalt $A_1 = a_1 \cdot b_1$.
Das neue Rechteck hat dann die Seitenlängen:
$a_2 = a_1 - \frac{20}{100} \cdot a_1 = 0,8 \cdot a_1$
$b_2 = b_1 + \frac{30}{100} \cdot b_1 = 1,3 \cdot b_1$
Flächeninhalt des neuen Rechtecks:
$A_2 = a_2 \cdot b_2$
$A_2 = (0,8 \cdot a_1) \cdot (1,3 \cdot b_1)$
$A_2 = (0,8 \cdot 1,3) \cdot (a_1 \cdot b_1)$
$A_2 = 1,04 \cdot (a_1 \cdot b_1)$
$A_2 = 1,04 \cdot A_1$
Der neue Flächeninhalt ist um 4% größer als der ursprüngliche Flächeninhalt.

Bemerkungen
Es kann hilfreich sein, wenn du für deine Überlegung zunächst konkrete Maße des Rechtecks wählst, etwa $a_1 = 200\,m$, $b_1 = 100\,m$. Dann kannst du die neuen Seitenlängen $a_2 = 160\,m$ und $b_2 = 130\,m$ leicht ermitteln und die Flächeninhalte der beiden Rechtecke berechnen.
Die allgemeine Überlegung zeigt aber, dass das Ergebnis unabhängig von den gewählten Maßen ist.

Klassenarbeit 1.4

1 (3 + 1 + 1 + 2 + 1 VP)
a) Der Grundwert ist jeweils die gesamte Teilnehmerzahl G = 1707.
Die in den einzelnen Altersklassen angegebenen Teilnehmerzahlen sind die Prozentwerte.
Für die Prozentsätze gilt jeweils $p = \frac{W}{G}$.
Damit erhält man der Reihe nach:

$p_1 = \frac{360}{1707} = 0{,}21089\ldots \approx 21{,}1\,\%$

$p_2 = \frac{174}{1707} = 0{,}10193\ldots \approx 10{,}2\,\%$

$p_3 = \frac{473}{1707} = 0{,}27709\ldots \approx 27{,}7\,\%$

$p_4 = \frac{349}{1707} = 0{,}20445\ldots \approx 20{,}4\,\%$

$p_5 = \frac{160}{1707} = 0{,}09373\ldots \approx 9{,}4\,\%$

$p_6 = \frac{58}{1707} = 0{,}03397\ldots \approx 3{,}4\,\%$

Alter in Jahren	Teilnehmerzahl	Prozentsatz
a < 18	360	21,1%
18 ≦ a < 25	174	10,2%
25 ≦ a < 35	473	27,7%
35 ≦ a < 50	349	20,4%
50 ≦ a < 65	160	9,4%
a ≧ 65	58	3,4%

b) Es gilt: $p_1 + p_2 + p_3 + p_4 + p_5 + p_6 = 92{,}2\,\%$
92,2% aller Teilnehmer machten eine Altersangabe.
Folglich gaben 7,8% der Teilnehmer ihr Alter nicht an.
Alternative
Man kann auch alle in der Tabelle vorkommenden Teilnehmerzahlen addieren. Dies sind 1574 Teilnehmer von 1707 Teilnehmern. Der Anteil der Teilnehmer, die eine Altersangabe machten, ist folglich $\frac{1574}{1707} = 0{,}922\ldots$
Dies sind etwa 92,2%.
c) Gesamtzahl der Teilnehmer: G = 1707.
Davon sind p = 81,1% weiblich.
Anzahl der weiblichen Teilnehmer:

$W = G \cdot p$

$W = 1707 \cdot \frac{81{,}1}{100}$

$W = 1384{,}377$

Somit sind 1384 Teilnehmer weiblich.
d) Teilnehmerzahl der jüngsten Altersklasse: $G_1 = 360$.
Davon belegen p = 37% einen Computerkurs.
Anzahl der Teilnehmer am Computerkurs:

$W = G_1 \cdot p$

$W = 360 \cdot \frac{37}{100}$

$W = 133{,}2$

In dieser Altersklasse besuchen 133 Teilnehmer einen Computerkurs.
Anzahl der Teilnehmer: G = 1707.
Anzahl der Teilnehmer der jüngsten Altersklasse am Computerkurs: W = 133.
Prozentsatz:

$p = \frac{W}{G}$

$p = \frac{133}{1707}$

$p = 0{,}07791\ldots$

Dies sind etwa 7,8% aller Teilnehmer.
e) Gesamtzahl der Teilnehmer an Computerkursen in dieser Altersklasse: G = 72 + 27 = 99.
Anzahl der Frauen: W = 72.
Prozentsatz:

$p = \frac{W}{G}$

$p = \frac{72}{99}$

$p = 0{,}72727\ldots$

Somit sind etwa 72,7% der Teilnehmer Frauen.

2 (1 + 2 VP)
a) Ein Viertel der gesamten Ausgaben entfallen auf Lebensmittel, Kosmetik, usw. Dies sind 25%.
Prozentsatz, der gespart wird:
100% − (23% + 25% + 18% + 8% + 16%)
= 100% − 90%
= 10%
b) Miete und Mietnebenkosten entsprechen p = 23% des Monatseinkommens. Der Prozentwert ist W = 855,50€.
Grundwert:

$G = \frac{W}{p}$

$G = \frac{885{,}50\,€}{0{,}23}$

$G = 3850\,€$

Das Monatseinkommen beträgt 3850,00€.

3 (4 VP)
Angebot 1
Gesamtpreis: 289,00€ + 14,00€ = 303,00€
Beim Versandhaus müsste Anna 303,00€ zahlen.
Angebot 2
Grundwert: G = 259,00€
(Preis ohne Mehrwertsteuer)
Prozentsatz: p = 119%
Prozentwert:

$W = G \cdot p$

$W = 259\,€ \cdot 1{,}19$

$W = 308{,}21\,€$

Inklusive Mehrwertsteuer kostet das Mountainbike 308,21€.
Grundwert: G = 308,21€
Prozentsatz: p = 98%

Prozentwert:
$W = G \cdot p$
$W = 308{,}21\,€ \cdot 0{,}98$
$W = 302{,}05\,€$
Der Endpreis beim Fahrradhändler beträgt 302,05 €.
Angebot 3
Grundwert: $G = 379{,}00\,€$
Prozentsatz: $p = 80\,\%$
Prozentwert:
$W = G \cdot p$
$W = 379\,€ \cdot 0{,}80$
$W = 303{,}20\,€$
Im Kaufhaus müsste Anna 303,20 € zahlen.
Das Angebot beim Fahrradhändler am Ort ist das günstigste.

4 (1 + 2 + 2 VP)
a) Grundwert: $G = 1{,}59\,€$ (ursprünglicher Preis)
Prozentwert: $W = 0{,}99\,€$ (reduzierter Preis)
Prozentsatz:
$p = \frac{W}{G}$
$p = \frac{0{,}99\,€}{1{,}59\,€}$
$p = 0{,}6226...$
Der reduzierte Preis beträgt etwa 62,3 % des ursprünglichen Preises. Die Preisreduzierung entspricht daher etwa 37,7 %.
Die Behauptung ist wahr.
b) In runder Klammer ist der Preis von 0,99 € für eine Literflasche angegeben. Da die angebotene Flasche tatsächlich 0,99 € kostet, muss sie einen Liter Kernol enthalten.
Grundwert: $G = 750\,ml$ (ursprünglicher Inhalt)
Prozentwert: $W = 1000\,ml$ (neuer Inhalt)
Prozentsatz:
$p = \frac{W}{G}$
$p = \frac{1000\,ml}{750\,ml}$
$p = 1{,}3333...$
Die Flasche enthält also etwa 33,3 % mehr Inhalt.
Die Behauptung ist wahr.
c) Hier ist es zweckmäßig, die Preise für die gleiche Menge, z. B. ein Milliliter zu vergleichen!
Ursprünglicher Preis je Milliliter:
$1{,}59\,€ : 750 = 0{,}00212\,€$
Neuer Preis je Milliliter
$0{,}99\,€ : 1000 = 0{,}00099\,€$
Grundwert: $G = 0{,}00212\,€$ (alter Preis)
Prozentwert: $W = 0{,}00099\,€$ (neuer Preis)
Prozentsatz:
$p = \frac{W}{G}$
$p = \frac{0{,}00099\,€}{0{,}00212\,€}$
$p = 0{,}4669...$
Der neue Preis je Milliliter beträgt nur noch etwa 46,7 % des ursprünglichen. Der alte Preis ist also um mehr als 53 % reduziert worden.
Die Aussage von Paul ist daher falsch.
Die Aussage von Sandra kann gar nicht stimmen, denn eine Abnahme um 100 % würde bedeuten, dass die Ware umsonst abgegeben würde.

5 (4 VP)
Grundwert: $G = 5\,kg$ (frische Pilze)
Prozentsatz: $p = 92\,\%$ (Wasseranteil)
Prozentwert:
$W = G \cdot p$
$W = 5\,kg \cdot 0{,}92$
$W = 4{,}6\,kg$
Frische Pilze vom Gewicht 5 kg enthalten 4,6 kg Wasser. Der eigentliche Pilzanteil ist lediglich 0,4 kg. Wenn der Wasseranteil nach der Trocknung 60 % beträgt, dann macht der reine Pilzanteil von 0,4 kg noch 40 % aus. Somit entsprechen 0,1 kg noch 10 % und 1 kg folglich 100 %.
Nach dem Trocknen hat man also noch 1 kg Pilze.
Grundwert: $G = 5\,kg$ (frische Pilze)
Prozentwert: $W = 1\,kg$ (getrocknete Pilze)
Prozentsatz:
$p = \frac{W}{G}$
$p = \frac{1\,kg}{5\,kg}$
$p = 0{,}20$
Das Gewicht der Pilze hat auf 20 % des ursprünglichen Gewichts, also um 80 % abgenommen.

Pinboard – Relative Häufigkeiten und

Absolute und relative Häufigkeit

Definition

Wenn man ein Zufallsexperiment n-mal durchführt und dabei n_1-mal das Ergebnis E_1, n_2-mal das Ergebnis E_2, usw. erhält, so nennt man die Zahlen n_1, n_2, usw. die absoluten Häufigkeiten für die Ergebnisse E_1, E_2, usw.
Absolute Häufigkeiten sind also Anzahlen.
Addiert man alle absoluten Häufigkeiten, so erhält man die Gesamtzahl der Ergebnisse des Zufallsexperiments.

Definition

Wenn man die absolute Häufigkeit n_1 mit der ein Ergebnis E_1 aufgetreten ist, durch die Gesamtzahl n der Ergebnisse des Zufallsexperiments teilt, dann nennt man den Quotienten $\frac{n_1}{n}$ die relative Häufigkeit des Ergebnisses E_1.
Entsprechendes gilt für die anderen Ergebnisse.
Die relative Häufigkeit ist also der Anteil der entsprechenden Anzahl an der Gesamtzahl.
Addiert man alle relativen Häufigkeiten, so erhält man 1.

Beispiel

Beim 30-maligen Werfen eines normalen Spielwürfels erhält man die folgenden Ergebnisse.

Ergebnis	1	2	3	4	5	6
Absolute Häufigkeit	5	7	7	4	3	4
Relative Häufigkeit	$\frac{5}{30} = \frac{1}{6}$	$\frac{7}{30}$	$\frac{7}{30}$	$\frac{4}{30} = \frac{2}{15}$	$\frac{3}{30} = \frac{1}{10}$	$\frac{4}{30} = \frac{2}{15}$

Aus der Zeitung

„Fuhr vor einigen Jahren noch jeder zehnte Autofahrer zu schnell, so ist es mittlerweile heute nur noch jeder fünfte. Doch auch fünf Prozent sind zu viele, und so wird weiterhin kontrolliert, und die Schnellfahrer haben zu zahlen."

Wahrscheinlichkeit

Definition

Wenn man ein Zufallsexperiment sehr oft wiederholt, dann kann man häufig erkennen, welchen Anteil an allen Ergebnissen man für ein bestimmtes Ergebnis erwarten kann. Diese erwartete Zahl heißt Wahrscheinlichkeit des Ergebnisses.
Wahrscheinlichkeiten gibt man als Bruchzahl, als Dezimalzahl oder als Prozentsatz an.
Oft kann man diesen Anteil bereits durch die Festlegung der Versuchsanordnung des Zufallsexperiments erkennen.

Beispiele

Beim Werfen einer Münze wird man erwarten, dass in der Hälfte aller Fälle „Kopf" oben liegt und in der anderen Hälfte „Zahl".
Man sagt: Die Wahrscheinlichkeit für „Kopf" ist $\frac{1}{2}$ oder 0,5 oder 50 %.
Bei der tatsächlichen Durchführung des Zufallsexperiments wird man mit zunehmender Anzahl der Versuche erkennen, dass sich die relativen Häufigkeiten für „Kopf" bzw. „Zahl" dem Wert 0,5 annähern.
Beim Drehen des Glücksrads wird man erwarten, dass man in etwa einem Sechstel der Fälle die Zahl 1, in einem Viertel der Fälle die Zahl 2 und in sieben Zwölftel aller Fälle die Zahl 3 erhält.
Man sagt, die Wahrscheinlichkeit für das Eintreffen des Ergebnisses 1 ist $\frac{1}{6}$, für das Eintreffen des Ergebnisses 2 ist $\frac{1}{4}$ und für das Eintreffen des Ergebnisses 3 ist $\frac{7}{12}$.

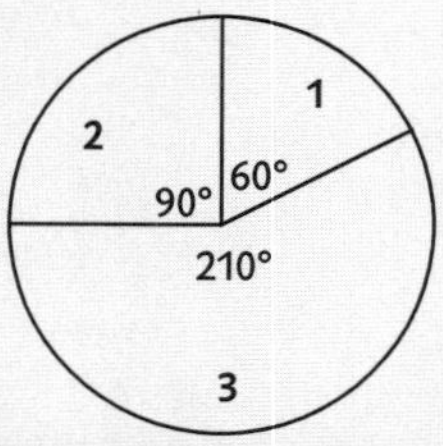

Laplace-Experiment

Definition

Wenn bei einem Zufallsexperiment alle Ergebnisse gleich wahrscheinlich sind, dann nennt man dieses Zufallsexperiment ein Laplace-Experiment.

Beispiele

Werfen eines gewöhnlichen Spielwürfels
Auf Grund der Bauart des Würfels ist offenkundig, dass beim Werfen jede der sechs Seiten mit der gleichen Wahrscheinlichkeit oben liegt. Daher treten alle Wurfergebnisse mit der Wahrscheinlichkeit $\frac{1}{6}$ auf.

Drehen des abgebildeten Glücksrads
Die Wahrscheinlichkeit für jedes der Ergebnisse „1", „2", „3" oder „4" ist gleich $\frac{1}{4}$, da die Kreisausschnitte gleich große Mittelpunktswinkel haben.

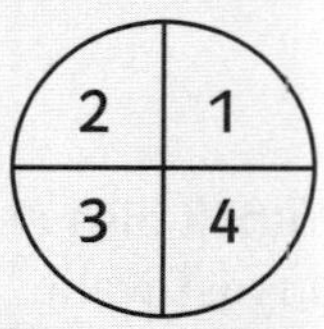

Gegenbeispiel

Lego-Achter
Das Werfen eines Lego-Achters ist kein Laplace-Experiment, da z. B. die Wahrscheinlichkeiten für die Ergebnisse „2" bzw. „6" verschieden sind.

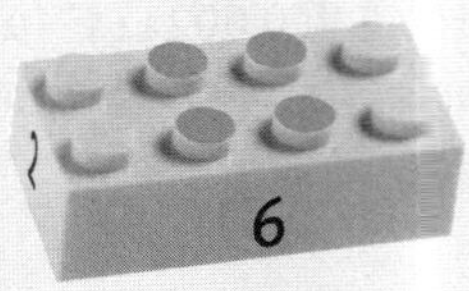

Wahrscheinlichkeiten

Zusammenfassen von Ergebnissen

Summenregel

Manchmal fasst man mehrere Ergebnisse eines Zufallsexperiments zu einem einzigen neuen Ergebnis zusammen.
Man berechnet die Wahrscheinlichkeit für dieses neue Ergebnis, indem man die Wahrscheinlichkeiten für die Einzelergebnisse addiert.

Beispiele

Wie groß ist die Wahrscheinlichkeit dafür, beim Werfen mit einem normalen Spielwürfel eine Zahl kleiner als 3 zu erhalten?

Das neue Ergebnis tritt genau dann ein, wenn eine „1" oder eine „2" geworfen wird. Die Wahrscheinlichkeiten für das Werfen einer „1" bzw. einer „2" sind jeweils $\frac{1}{6}$. Eine Zahl kleiner als 3 wird daher mit der Wahrscheinlichkeit $\frac{1}{6} + \frac{1}{6} = \frac{1}{3}$ geworfen.

Arne hält Elfmeter beim Fußball erfahrungsgemäß mit einer Wahrscheinlichkeit von 50 %.
Mit welcher Wahrscheinlichkeit hält er drei aufeinander folgende Elfmeter?
Mit welcher Warscheinlichkeit hält er von drei aufeinander folgenden Elfmetern zweimal?
Mit welcher Wahrscheinlichkeit hält er von drei aufeinander folgenden Elfmetern nur den zweiten?

Halten eines Elfmeters wird mit „H", Nichthalten mit „N" abekürzt. Dann gibt es folgende gleich wahrscheinliche Ergebnisse bei drei Elfmetern: HHH, HHN, NHH, NNH, NHN, NNH, NNN
Die Wahrscheinlichkeit für das Halten von drei aufeinander folgenden Elfmetern (HHH) ist daher $\frac{1}{8}$.
Zwei von drei Elfmetern (HHN, HNH, NHH) werden mit der Wahrscheinlichkeit $\frac{3}{8}$ gehalten.
Nur den zweiten von drei Elfmetern (NHN) hält er mit der Wahrscheinlichkeit $\frac{1}{8}$.

Das Ziegenproblem

In einer Fernsehsendung ist als Hauptpreis ein Auto vorgesehen. Der Gewinner wird vor eine Wand mit drei Türen geführt. Hinter einer dieser Türen steht das Auto, hinter den anderen beiden Türen je eine Ziege. Der Gewinner darf nun eine dieser drei Türen auswählen. Hat er seine Wahl getroffen, öffnet der Moderator eine der anderen beiden Türen, hinter der eine Ziege steht. Jetzt muss der Spieler entscheiden: Soll er bei seiner zuerst gewählten Tür bleiben oder aufgrund dieser neuen Information die dritte Tür wählen?
Wie würdest du dich entscheiden?
Kannst du deine Entscheidung begründen?
Aber Vorsicht: Eine vorschnelle Antwort ist meist falsch!
Tipp: Du kannst das Spiel mit Spielkarten und einem Würfel simulieren!

Bist du sicher?

1 Aus den drei Ziffern 1, 2 und 3 sollen dreistellige Zahlen gebildet werden. In jeder Zahl muss jede der drei Ziffern vorkommen.
a) Wie viele derartige Zahlen gibt es?
b) Wie lautet das entsprechende Ergebnis bei vier Ziffern und vierstelligen Zahlen?

2 Aus einem Beutel mit 20 Kugeln, die mit den natürlichen Zahlen von 1 bis 20 beschriftet sind, wird eine Kugel zufällig gezogen.
a) Mit welcher Wahrscheinlichkeit ist die Kugelaufschrift eine durch 3 teilbare Zahl?
b) Nachdem die Kugel mit der Aufschrift „9" gezogen wurde, entnimmt man dem Beutel eine weitere Kugel. Wie groß ist nun die Wahrscheinlichkeit dafür, dass die Kugelaufschrift eine durch 3 teilbare Zahl ist?

3 In einem Beutel liegen drei Kugeln, die mit den Buchstaben „O", „M" und „A" beschriftet sind.
a) Du greifst dreimal nacheinander in den Beutel und holst jeweils eine Kugel heraus, notierst den entsprechenden Buchstaben und legst die Kugel wieder zurück. Mit welcher Wahrscheinlichkeit entsteht dabei das Wort OMA?
b) Mit welcher Wahrscheinlichkeit entsteht das Wort OMA, wenn du die gezogenen Kugeln nicht mehr zurücklegst?

4 Ein Glücksrad hat drei Kreisausschnitte mit den Mittelpunktswinkeln 90°, 120° und 150°, die (in dieser Reihenfolge) rot, grün und blau angemalt sind. Das Rad wird gedreht und die Farbe notiert.
a) Mit welcher Wahrscheinlichkeit erscheint „blau"?
b) Mit welcher Wahrscheinlichkeit erscheint „rot" oder „blau"?
c) Mit welcher Wahrscheinlichkeit erscheint „gelb"?
d) Bei drei Drehungen erscheint jedesmal „rot". Mit welcher Wahrscheinlichkeit erscheint bei der nächsten Drehung wieder „rot"?
e) Wie oft kann man bei 600 Drehungen „grün" erwarten?

5 Das Drehen des Glücksrads aus Aufgabe 4 soll durch Ziehen von Kugeln aus einem Beutel simuliert werden.
Wie lässt sich dies erreichen?

Lösungen

1 a) 6 b) 24 **2** a) $\frac{3}{10}$ b) $\frac{5}{19}$ **3** a) $\frac{1}{27}$ b) $\frac{1}{6}$ **4** a) $\frac{150}{360} = \frac{5}{12}$ b) $\frac{240}{360} = \frac{2}{3}$ c) 0 (unmögliches Ergebnis) d) $\frac{90}{360} = \frac{1}{4}$ e) $\frac{1}{3}$ von 600 = 200 **5** Beutel mit drei roten, vier grünen und fünf blauen Kugeln, Ziehen mit Zurücklegen und Notieren der Kugelfarbe.

Klassenarbeit 2.1

Anfangszeit: ____________________ + 45 Minuten → Abgabe: ____________________

1 (4 VP)
Eine Großstadt vergibt Autokennzeichen mit einem Buchstaben und drei Ziffern oder zwei Buchstaben und zwei Ziffern oder einem Buchstaben und vier Ziffern.
Wie viele verschiedene Autokennzeichen sind damit möglich, wenn keine Zahl mit 0 beginnt?

2 (2 + 1 + 2 + 2 VP)
Ein Spielautomat enthält drei nebeneinanderlaufende Rollen, die sich unabhängig voneinander drehen und auch angehalten werden können. Jede der Rollen ist auf ihrem Umfang mit den Ziffern 0, 1, 2, .. , 9 beschriftet. Auf jeder Rolle kommt jede dieser Ziffern genau einmal vor.

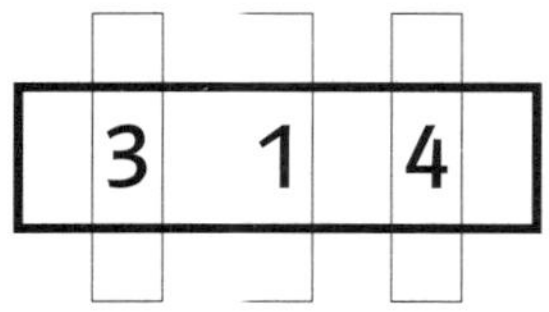

a) Der faule Spieler startet das Spiel und lässt die Rollen von alleine zum Stehen kommen.
Mit welcher Wahrscheinlichkeit kommen die Ergebnisse 314 bzw. 333 zustande?
b) Der Spielautomat zeigt das Ergebnis 314. Mit welcher Wahrscheinlichkeit wird beim nächsten Spiel wieder das Ergebnis 314 vorkommen?
c) Man gewinnt, wenn eine Zahl aus drei gleichen Ziffern angezeigt wird.
Wie groß ist die Wahrscheinlichkeit für einen Gewinn?
d) Durch einen Elektronikfehler zeigen die linke und die mittlere Rolle immer übereinstimmende Ziffern an.
Mit welcher Wahrscheinlichkeit zeigt der Automat drei gleiche Ziffern an?

3 (3 + 4 VP)

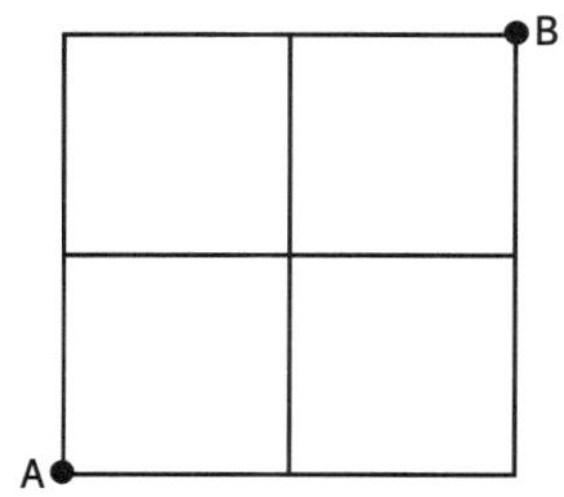

a) Wie viele Möglichkeiten gibt es, auf kürzestem Weg auf den Linien von A nach B zu gelangen?
Notiere alle Möglichkeiten.
b) Nun soll eine aus einem Beutel gezogene Kugel einen Weg von A nach B bestimmen.
Beschreibe den möglichen Inhalt des Beutels und die Art und Weise der Ziehung.

4 (2 + 2 + 2 VP)

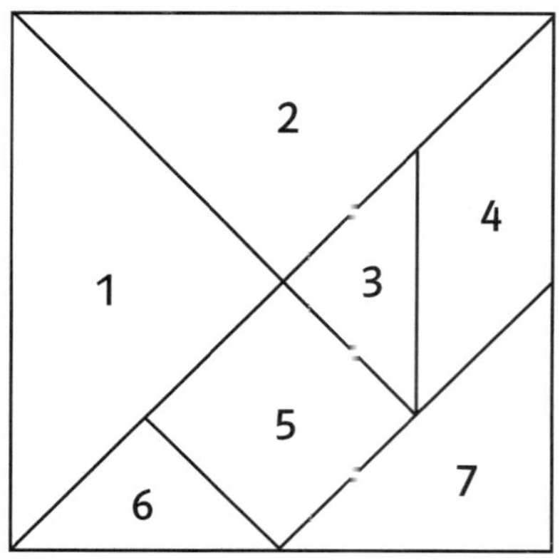

Das abgebildete, aber noch unzerschnittene Tangram-Puzzle wird mit der Bildseite auf den Tisch gelegt.
Du stichst mit der Zirkelspitze von der Rückseite durch das Quadrat.
a) Mit welcher Wahrscheinlichkeit triffst du das Dreieck (Fläche 1)?
b) Mit welcher Wahrscheinlichkeit triffst du den quadratischen Teil (Fläche 5)?
c) Wie groß ist die Wahrscheinlichkeit, das Parallelogramm (Fläche 4) zu treffen?

Lerntipps

zu Aufgabe 3
a) Von A nach B musst du immer vier Schritte machen.
Zwei dieser vier Schritte müssen nach rechts, zwei nach oben erfolgen.
zu Aufgabe 4
Wie groß sind die Anteile der Flächenstücke an der Gesamtfläche des Quadrats? Das kannst du ohne Rechnung sehen!

Anfangszeit: ______________ + 45 Minuten → Abgabe: ______________

1 (2 + 2 VP)
Ein gewöhnlicher Spielwürfel wird 24-mal geworfen. Dabei erhält man die folgende Häufigkeitstabelle.

Punktzahl	1	2	3	4	5	6
Anzahl	5	4	3	4	3	5

a) Berechne den Mittelwert und den Median.
b) Wirft man den Würfel ein weiteres Mal, so ergibt sich für alle Würfe die durchschnittliche Augenzahl 3,4. Welche Augenzahl zeigte dieser 25. Wurf?

2 (2 + 2 + 2 VP)
Die beiden Diagramme zeigen die Ergebnisse einer repräsentativen Befragung von 18-bis 30-Jährigen.
Frage 1: Würden Sie gerne in einem anderen Land als Deutschland leben?
Frage 2: Falls ja, in welchem Land würden Sie gerne leben?
a) Gib die relative Häufigkeit derer an, die sich nicht vorstellen können in einem anderen Land zu leben.
Wie viele unter 12 Millionen Bundesbürgern dieser Altersgruppe sind dies?
b) Wie groß ist die relative Häufigkeit der Personen dieser Altersgruppe, die gerne in Spanien leben würden?
c) Wie viele Personen dieser Altersgruppe würden gerne in Italien oder der Schweiz leben?

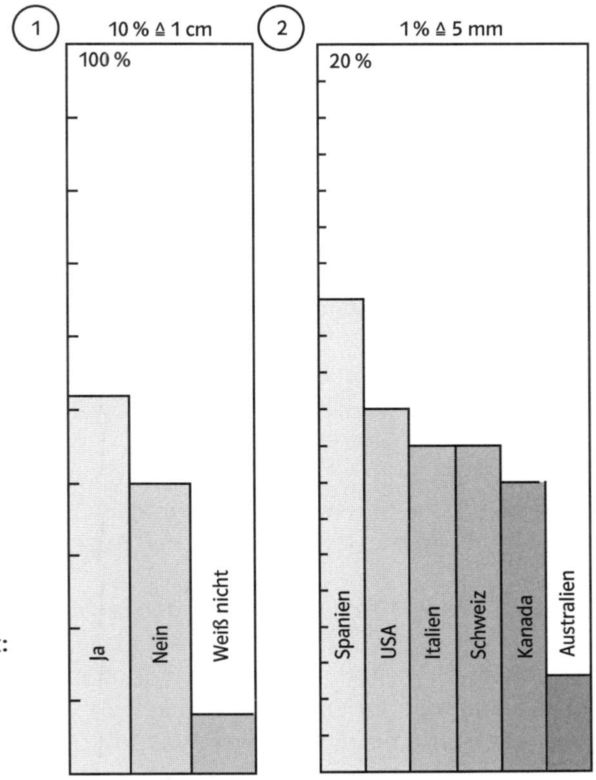

3 (3 + 2 VP)
a) Beschreibe ein Glücksrad, bei dem die Zahlen 1, 2, 3 und 4 als Ergebnis vorkommen können und bei dem gilt:
Die „1" kommt mit der Wahrscheinlichkeit 10% vor.
Die Wahrscheinlichkeit für „2" ist doppelt so groß wie die Wahrscheinlichkeit für „3".
Bei 60 von 200 Drehungen kann man mit dem Ergebnis „4" rechnen.
b) Das Drehen dieses Glücksrads soll nun durch das Ziehen von Kugeln aus einer Urne simuliert werden. Wie ist das möglich?

4 (3 + 1 + 1 + 2 VP)
Ein Glücksrad hat zwei Felder, die rot (R) bzw. grün (G) gefärbt sind.
Ein Spieler dreht dreimal.
Mit welcher Wahrscheinlichkeit erhält ein Spieler dabei
a) mindestens zweimal „grün"?
b) nur bei der zweiten Drehung „rot"?
c) zweimal, aber nicht dreimal, nacheinander die gleiche Farbe?
d) nach höchstens zwei Drehungen zum ersten Mal „rot"?

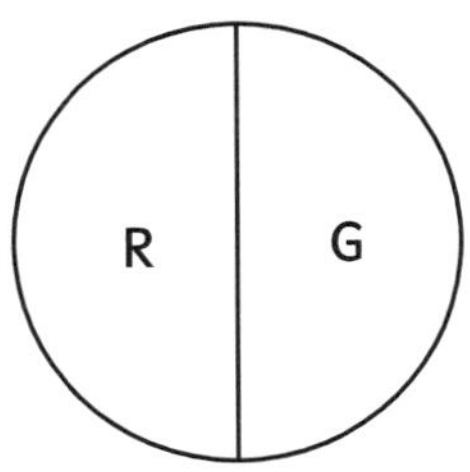

5 (2 VP)
Die Klasse 7b stellt für ein Schulfest Lose mit den Nummern 1 bis 1000 her. Alle Käufer von Losen, in deren Nummer die „Glückszahl 7" mindestens zweimal vorkommt, erhalten einen Preis.
Wie groß ist die Wahrscheinlichkeit dafür, als erster Käufer eines Loses einen Preis zu gewinnen?

Anfangszeit: ______________ + 45 Minuten → Abgabe: ______________

1 (2 VP)
Ein Autohändler bietet bei einem bestimmten Fahrzeugtyp acht verschiedene Lackierungen, dre verschiedene Motoren, vier verschiedene Polsterungen an. Als Zusatzausstattung kann man jeweils wählen: Schiebedach, CD-Player, Automatik-Getriebe und Navigationssystem.
In der Ausstellungshalle stehen sechs verschiedene Fahrzeuge dieses Typs.
Mit welcher Wahrscheinlichkeit kann ein Kunde, der sich vorher genau auf seine Wünsche festgelegt hat, sein Fahrzeug in der Halle vorfinden?

2 (4 VP)
Ein Holzwürfel der Kantenlänge 3 cm wird mit grüner Farbe angemalt und anschließend in Würfelchen der Kantenlänge 1 cm zersägt.
Gib die relativen Häufigkeiten der Würfelchen mit keiner, einer, zwei, drei grünen Seitenflächen an.

3 (2 + 2 VP)
a) Wie viele vierstellige Zahlen kann man aus den Ziffern 1, 2, 3 und 4 bilden, wenn in jeder Zahl jede Ziffer genau einmal vorkommen soll?
b) Jede dieser Zahlen wird auf einen Zettel geschrieben und alle Zettel werden in einen Beutel geworfen. Aus diesem Beutel werden zufällig Zettel gezogen, ihre Aufschrift nebeneinander notiert und die Zettel vernichtet.
Mit welcher Wahrscheinlichkeit zieht man eine Zahl, die mit 34 beginnt?
Mit welcher Wahrscheinlichkeit wird beim zweiten Ziehen die Zahl wieder mit 34 beginnen?

4 (3 + 3 + 2 VP)
a) Das abgebildete Glücksrad wird gedreht.
Mit welcher Wahrscheinlichkeit weist der Zeiger auf jedes der vier Felder?
Mit welcher Wahrscheinlichkeit weist der Zeiger auf eine gerade Zahl?
b) Zeichne ein Glücksrad mit den Beschriftungen „1“, „2“ und „3“, bei dem der Zeiger mit der Wahrscheinlichkeit von 20 % auf „1“ zeigt und mit der Wahrscheinlichkeit von 50 % auf „2“.
Wie groß ist die Wahrscheinlichkeit dafür, dass eine „2“ oder eine „3“ angezeigt wird?
c) Zeichne ein Glücksrad mit den Beschriftungen „1“, „2“ und „3“ bei dem der Zeiger mit der Wahrscheinlichkeit von 40 % auf „1“ oder „2“ weist.

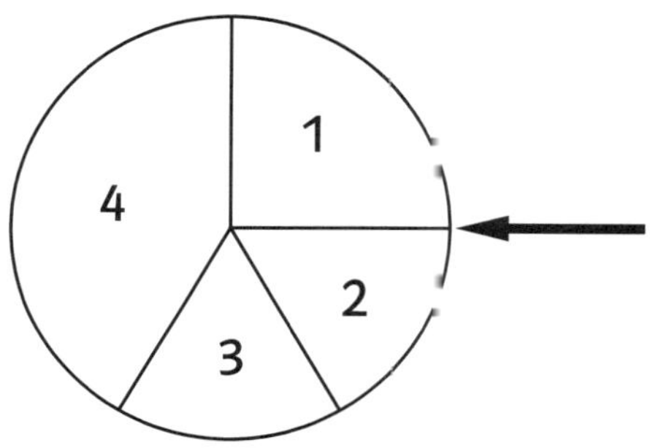

5 (2 + 3 + 1 VP)
Zwei Spielwürfel werden wiederholt geworfen. Dabei ergeben sich folgende Häufigkeitstabellen.

Würfel 1

Augenzahl	1	2	3	4	5	6
Absolute Häufigkeit	17	14	15	18	17	19

Würfel 2

Augenzahl	1	2	3	4	5	6
Absolute Häufigkeit	35	30	41	29	40	n_6

Das arithmetische Mittel der Wurfergebnisse des zweiten Würfels ist 3,42.
a) Berechne das arithmetische Mittel der Wurfergebnisse von Würfel 1 und den Median.
b) Mit welcher absoluten und welcher relativen Häufigkeit kommt das Ergebnis 6 beim zweiten Würfel vor?
c) Nun fasst man beide Wurfserien zu einer einzigen Serie zusammen.
Wie groß ist das arithmetische Mittel dieser zusammengefassten Serie?

Anfangszeit: ______________ + 45 Minuten → Abgabe: ______________

1 (3 VP)
Sibylle verschickt einen Brief, der 2,20 € Porto kostet. Sie hat zwei Sorten von 55-Cent-Briefmarken zur Verfügung und möchte von jeder Sorte zwei Marken verwenden. Sie will die vier Marken alle in einer Reihe nebeneinander kleben.
Bestimme, auf wie viele Arten sie den Brief frankieren kann, indem du alle Möglichkeiten aufschreibst.

2 (2 + 1 VP)
Hans trainiert „Torwandschießen". Nach längerer Übungszeit behauptet er: „Wenn ich drei Schuss auf die untere Toröffnung abgebe, habe ich in 70 % aller Versuche zu je drei Schuss genau einen Treffer, bei jedem vierten Versuch treffe ich zweimal und sonst sogar dreimal."
a) Wie oft trifft er wohl bei 100 Versuchen zu je drei Schuss durch die Toröffnung?
b) Bei einem Versuch trifft Hans beim ersten Schuss die Toröffnung.
Mit welcher Wahrscheinlichkeit trifft er nun beim zweiten oder beim dritten Schuss?

3 (2 + 2 + 3 VP)
Ein Fahrradhändler führt eine Rabattaktion durch, bei der Kunden um den Rabatt würfeln dürfen.
a) Deine Eltern kaufen dir ein Fahrrad für 295,00 €.
Mit welcher Wahrscheinlichkeit erhalten sie 5,90 € Rabatt?
b) Dein Freund hat ein Fahrrad gekauft, eine „5" gewürfelt und 17,45 € Rabatt erhalten.
Was musste er für sein Fahrrad bezahlen?
c) Herr Radler ist Stammkunde und darf ein zweites Mal würfeln, wenn er beim ersten Wurf keine „6" würfelt.
Mit welcher Wahrscheinlichkeit erhält er 10 % Rabatt?

4 (4 VP)
Das Fußballspiel FC Bayern München gegen VfB Stuttgart muss wegen Störung der Flutlichtanlage ausfallen. Die beiden Spielführer beschließen, das Ergebnis auszuwürfeln. Der Gastgeber FC Bayern München wählt den Würfel 1 und wirft. Anschließend wirft der VfB Stuttgart den Würfel 2. Die geworfenen Zahlen bedeuten die vom jeweiligen Verein erzielten Tore.

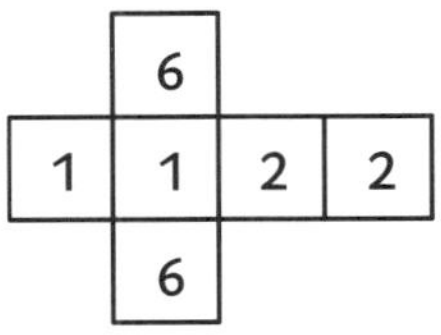

Würfel 1

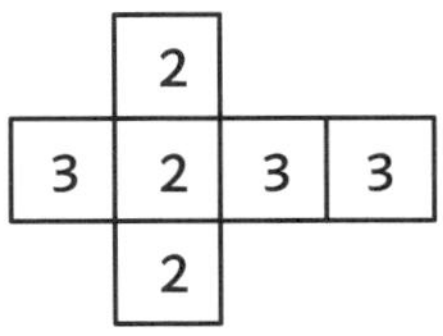

Würfel 2

Mit welcher Wahrscheinlichkeit verliert der VfB?
Mit welcher Wahrscheinlichkeit endet das Spiel 3:1 für den VfB?
Mit welcher Wahrscheinlichkeit gewinnt der VfB?

5 (4 VP)
In einer Urne befinden sich fünf rote, zwei grüne und drei blaue Kugeln. Aus dieser Urne wird zufällig eine Kugel gezogen und die Kugelfarbe notiert. Anschließend wird die gezogene Kugel in die Urne zurückgelegt.
Welche der folgenden Behauptungen sind wahr, welche falsch?
Kreuze entsprechend „wahr" oder „falsch" an.

	Behauptung	wahr	falsch
1.	Es ist wahrscheinlicher, eine rote Kugel zu ziehen als keine rote Kugel zu ziehen.		
2.	Die Wahrscheinlichkeit für das Ziehen keiner blauen Kugel beträgt 70%.		
3.	Die Wahrscheinlichkeit für das Ziehen einer blauen oder roten Kugel ist $\frac{4}{5}$.		
4.	Bei einer großen Zahl von Ziehungen wird man etwa 30% blaue Kugeln erhalten.		
5.	Bei 100 Ziehungen erhält man immer zwanzig grüne Kugeln.		
6.	Anna hat sechsmal nacheinander eine rote Kugel gezogen. Die Wahrscheinlichkeit, bei der nächsten Ziehung wieder eine rote Kugel zu erhalten, ist dann größer als 50 %.		
7.	Man kann eine gewisse Anzahl weißer Kugeln in die Urne legen, so dass die Wahrscheinlichkeit für das Ziehen einer weißen Kugel mindestens 90 % beträgt.		
8.	Man kann eine gewisse Anzahl weißer Kugeln in die Urne legen, so dass die Wahrscheinlichkeit für das Ziehen einer roten Kugel $\frac{2}{3}$ beträgt.		

6 (3 VP)
Knobelix behauptet: „Ich kann sechs verschiedene Zahlen so angeben, dass ihr Mittelwert größer ist als ihr Median."
Knobelinchen erwidert: „Ich kann sechs verschiedene Zahlen so angeben, dass ihr Mittelwert kleiner ist als ihr Median."
Max Schlaumaier meint: „Ich kann sechs verschiedene Zahlen so angeben, dass ihr Mittelwert gleich ihrem Median ist."
Wer hat Recht?

Lerntipps

zu Aufgabe 1
Verwende Abkürzungen für die beiden Briefmarkensorten.
Du hast nur zwei Briefmarken jeder Sorte!
zu Aufgabe 2
b) Achte auf das Wort „oder". Hans kann nur beim zweiten Schuss treffen oder nur beim dritten, aber auch bei beiden Schüssen.
zu Aufgabe 6
Hier kannst du mit einfachen Zahlen probieren.

Klassenarbeit 2.1

1 (4 VP)

Für die Buchstaben hat man die Auswahl aus den 26 Buchstaben des Alphabets.
Für die Ziffern an der ersten Stelle der zwei, drei bzw. vierstelligen Zahlen hat man die Auswahl aus den neun Ziffern 1, 2, 3, ..., 9, für die anderen Stellen hat man die Auswahl aus den zehn Ziffern 0, 1, 2, ..., 8, 9.
Warum musst du die entsprechenden Anzahlen multiplizieren?

Anzahl der Kennzeichen mit einem Buchstaben und drei Ziffern:
$n_1 = 26 \cdot 9 \cdot 10 \cdot 10$
$n_1 = 23\,400$
Anzahl der Kennzeichen mit zwei Buchstaben und zwei Ziffern:
$n_2 = 26 \cdot 26 \cdot 9 \cdot 10$
$n_2 = 60\,840$
Anzahl der Kennzeichen mit einem Buchstaben und vier Ziffern:
$n_3 = 26 \cdot 9 \cdot 10 \cdot 10 \cdot 10$
$n_3 = 234\,000$
Gesamtanzahl der möglichen Kennzeichen:
$n = n_1 + n_2 + n_3$
$n = 23\,400 + 60\,840 + 234\,000$
$n = 318\,240$

2 (2 + 1 + 2 + 2 VP)

a) *Jede der drei Stellen des Ergebnisses kann mit einer der zehn Ziffern 0, 1, 2, ..., 8, 9 belegt werden. Es gibt 1000 dreistellige Zahlen: 000, 001, 002, ..., 998, 999. Nur eine dieser Zahlen ist 314 bzw. 333.*
Wahrscheinlichkeit für 314:
$p(314) = \frac{1}{1000}$
Wahrscheinlichkeit für 333:
$p(333) = \frac{1}{1000}$
b) Beim nächsten Spiel wurd das Ergebnis 314 ebenfalls mit der Wahrscheinlichkeit $\frac{1}{1000}$ vorkommen.
c) *Es gibt zehn dreistellige Zahlen mit lauter gleichen Ziffern: 000, 111, 222, ..., 999.*
Gewinnwahrscheinlichkeit:
$p(000 \text{ oder } 111 \text{ oder } \dots 999) = \frac{10}{1000}$
$p(000 \text{ oder } 111 \text{ oder } \dots 999) = \frac{1}{100}$
d) *Wenn die linke und die mittlere Ziffer immer gleich sind, dann muss nur noch die rechte Ziffer mit diesen übereinstimmen.*
Wenn die linke und mittlere Ziffer feststehen, stimmt mit der Wahrscheinlichkeit $\frac{1}{10}$ die rechte Ziffer mit dieser überein.
Mit der Wahrscheinlichkeit $\frac{1}{10}$ sind daher alle drei Ziffern gleich.

3 (3 + 4 VP)

a) *Um auf kürzestem Weg von A nach B zu gelangen, muss man zweimal nach rechts und zweimal nach oben gehen (in beliebiger Reihenfolge).*
R steht für Bewegung nach rechts, H steht für Bewegung nach oben.
Die folgenden Buchstabenkombinationen beschreiben alle Wege mit vier Schritten, von denen zwei nach rechts und zwei nach oben gehen.
RRHH
RHRH
RHHR
HHRR
HRHR
HRRH
Es gibt sechs mögliche kürzeste Wege von A nach B.

Bemerkung
Dies kann man auch anhand eines sogenannten Baumdiagramms erkennen.

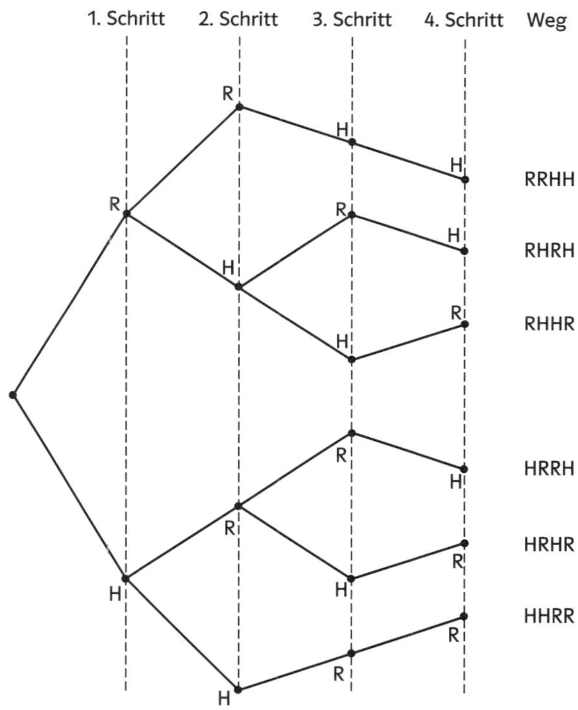

b) Man kann z. B. je zwei mit R bzw. H beschriftete Kugeln in den Beutel legen. Nun zieht man eine Kugel, betrachtet ihre Aufschrift und geht in der angegebenen Richtung eine Kästchenlänge. Die Kugel wird beiseite gelegt. Mit der nächsten gezogenen Kugel verfährt man genauso. Auf diese Weise wird ein Weg von vier Schritten erzeugt, bei dem zweimal nach oben und zweimal nach rechts gegangen wird.

4 (2 + 2 + 2 VP)
Überlege jeweils, welchen Anteil an der Quadratfläche die angegebenen Figuren haben.
Du kannst die Quadratfläche in gleich große Dreiecke zerlegen. Einige sind hier abgebildet:

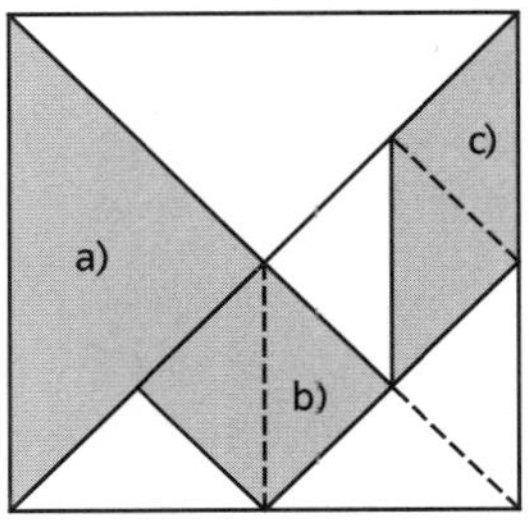

a) Das Dreieck (Fläche 1) hat ein Viertel des Quadratflächeninhalts. Daher gilt:
$p_1 = \frac{1}{4}$
b) Das Quadrat (Fläche 5) hat ein Achtel des Quadratflächeninhalts. Daher gilt:
$p_5 = \frac{1}{8}$
c) Das Parallelogramm (Fläche 4) hat denselben Flächeninhalt wie zwei der kleinen Dreiecke zusammen.
Daher gilt:
$p_4 = \frac{1}{8}$.

Klassenarbeit 2.2

1 (2 + 2 VP)
a) Arithmetisches Mittel
$m = \frac{1 \cdot 5 + 2 \cdot 4 + 3 \cdot 3 + 4 \cdot 4 + 5 \cdot 3 + 6 \cdot 5}{5 + 4 + 3 + 4 + 3 + 5}$
$m = \frac{83}{24}$
$m \approx 3{,}46$

Median
Die Punktzahlen werden der Größe nach geordnet gedacht:
1; 1; 1; 1; 1; 2; 2; 2; 2; 3; 3; 3; 4; 4; 4; 4; 5; 5; 5; 6; 6; 6; 6; 6
Die beiden mittleren Werte sind 3 und 4. Ihr Mittelwert ist der Median.
$\overline{m} = \frac{3 + 4}{2}$
$\overline{m} = 3{,}5$

b) *Wie viele Würfe sind es? Wie berechnest du aus Durchschnitt und Wurfanzahl die Gesamtpunktzahl?*
Bei 25 Würfen mit Durchschnitt 3,4 ergibt sich die Gesamtpunktzahl $25 \cdot 3{,}4 = 85$.
Aus Teilaufgabe a) kennt man bereits die Gesamtpunktzahl 83 bei 24 Würfen. Folglich muss der 25. Wurf die Augenzahl 2 haben.

2 (2 + 2 + 2 VP)
a) *Aus dem 1. Diagramm ist zu entnehmen, dass 40 % der Befragten sich nicht vorstellen können, in einem anderen Land zu leben (Nichtauswanderer).*
Die Gesamtzahl der in Frage kommenden Personen ist 12 000 000.
Relative Häufigkeit (Nichtauswanderer): 40 % = 0,40
Absolute Häufigkeit (Nichtauswanderer):
40 % von 12 000 000
$= 0{,}4 \cdot 12\,000\,000$
$= 4\,800\,000$
4 800 000 der 18- bis 30-jährigen würden wohl nicht auswandern.
b) *Aus dem 2. Diagramm erkennt man, dass 13 % derer, die sich vorstellen können, Deutschland zu verlassen, in Spanien leben wollen.*
Relative Häufigkeit (Auswanderungswillige):
52 % = 0,52
Absolute Häufigkeit (Auswanderungswillige):
52 % von 12 000 000
$= 0{,}52 \cdot 12\,000\,000$
$= 6\,240\,000$
Absolute Häufigkeit (Spanien):
13 % von 6 240 000
$= 0{,}13 \cdot 6\,240\,000$
$= 811\,200$

Relative Häufigkeit (Spanien):
811200 : 12000000
= 0,0676
≈ 7%
Etwa 7% der 18- bis 30-Jährigen würden gerne in Spanien leben.
Alternative
Man kann auch sofort rechnen:
13% von (52% von 12000000)
= 0,13 · (0,52 · 12000000)
= 0,0676 · 12000000
= 6,76% von 12000000
c) In Italien oder der Schweiz würden zusammen gerne 18% der Auswanderungswilligen leben.
Absolute Häufigkeit (Italien oder Schweiz):
18% von 6240000
= 0,18 · 6240000
= 1123200
Etwa 1120000 Personen der 18- bis 30-Jährigen würden gerne in Italien oder der Schweiz leben.

3 (3 + 2 VP)
Überlege zunächst, wie groß die Mittelpunktswinkel für die mit „1" und „4" beschrifteten Sektoren sein müssen.
a) Das Glücksrad erhält vier Sektoren, da vier Ergebnisse 1, 2, 3, 4 möglich sein sollen. Der Sektor für „1" muss einen Mittelpunktswinkel der Weite 36° haben (10% von 360°). Die Wahrscheinlichkeit für das Auftreten der „4" soll $\frac{60}{200} = \frac{3}{10} = 30\%$ betragen. Daher muss der zugehörige Mittelpunktswinkel die Weite 108° haben (30% von 360°). Die Sektoren für „2" und „3" zusammen haben folglich einen Mittelpunktswinkel von 360° − (36° + 108), also 216°. Da die Wahrscheinlichkeit für „2" doppelt so groß wie die für „3" sein soll, ist der Mittelpunktswinkel für den zu „2" gehörenden Sektor $\frac{2}{3}$ von 216°, also 144°. Zu „3" gehört dann der Mittelpunktswinkel $\frac{1}{3}$ von 216°, also 72°.

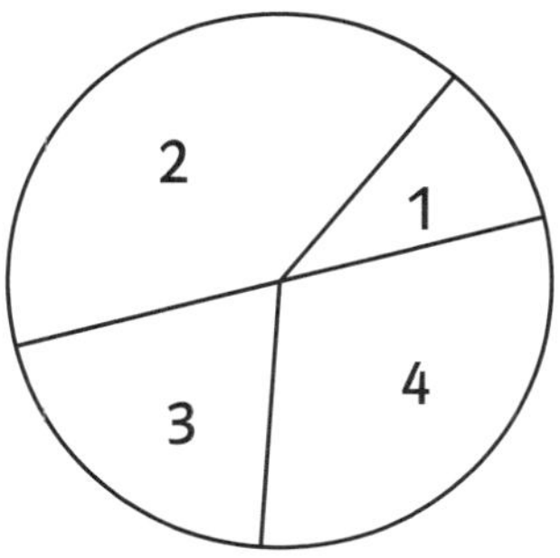

b) Für das Glücksrad ist bekannt:

Aufschrift	1	2	3	4
Mittelpunktswinkel	36°	144°	72°	108°
Wahrscheinlichkeit	0,10	0,40	0,20	0,30

Die Wahrscheinlichkeiten sind also alles Vielfache von 0,10. Daher kann man in die Urne eine Kugel mit der Aufschrift „1", vier Kugeln mit der Aufschrift „2", zwei Kugeln mit der Aufschrift „3" und drei Kugeln mit der Aufschrift „4" legen.
Das Drehen des Glücksrads kann dann durch Ziehen einer Kugel aus dieser Urne, Feststellen der Kugelaufschrift und Zurücklegen der Kugel simuliert werden.

Bemerkungen
Selbstverständlich könnte man auch eine Urne unter Verwendung der Größen der Mittelpunktswinkel folgendermaßen befüllen:
36 Kugeln mit der Aufschrift „1",
144 Kugeln mit der Aufschrift „2",
72 Kugeln mit der Aufschrift „3",
108 Kugeln mit der Aufschrift „4".
Wichtig ist jedoch, dass nach jedem Ziehen einer Kugel diese wieder in die Urne zurückgelegt wird, damit sich beim nächsten Ziehen die Wahrscheinlichkeiten nicht verändern.

4 (3 + 1 + 1 + 2 VP)
Schreibe zuerst alle möglichen Spielverläufe bei drei Drehungen systematisch auf.
a) Bei dreimaligem Drehen des Glücksrads sind folgende Ergebnisse möglich:
1. RRR dreimal rot
2. RRG zweimal rot
3. RGR zweimal rot
4. GRR zweimal rot
5. RGG einmal rot
6. GRG einmal rot
7. GGR einmal rot
8. GGG keinmal rot

Da „rot" und „grün" die gleiche Wahrscheinlichkeit $\frac{1}{2}$ haben, sind diese acht möglichen Ergebnisse ebenfalls gleich wahrscheinlich. Jedes dieser Ergebnisse kommt daher mit der Wahrscheinlichkeit $\frac{1}{8}$ vor.
Die Ergebnisse 5, 6, 7 und 8 enthalten mindestens zweimal „grün". Nach der Summenregel ist die Wahrscheinlichkeit für mindestens zweimal „grün" also $4 \cdot \frac{1}{8} = \frac{1}{2}$.

b) Lediglich beim 6. Ergebnis tritt nur bei der zweiten Drehung „rot" auf. Die gesuchte Wahrscheinlichkeit ist daher $\frac{1}{8}$.

c) Bei den Ergebnissen 2, 4, 5 und 7 kommt zweimal nacheinander die gleiche Farbe vor. Nach der Summenregel ist die gesuchte Wahrscheinlichkeit daher $4 \cdot \frac{1}{8} = \frac{1}{2}$.

d) Bei den Ergebnissen 1, 2, 3 und 5 kommt bereits beim ersten Drehen „rot". Bei den Ergebnissen 4 und 6 kommt erst beim zweiten Drehen „rot". In diesen sechs Fällen kommt nach höchstens zwei Drehungen zum erstenmal „rot". Nach der Summenregel ist die Wahrscheinlichkeit dafür also $6 \cdot \frac{1}{8} = \frac{3}{4}$.

5 (2 VP)
Losnummern, bei denen nur die Zehner- und die Einerziffer 7 ist:
77, 177, 277, 377, 477, 577, 677, 877, 977
Losnummern, bei denen nur die Hunderter- und die Einerziffer 7 ist:
707, 717, 727, 737, 747, 757, 767, 787, 797
Losnummern, bei denen nur die Hunderter- und die Zehnerziffer 7 ist:
770, 771, 772, 773, 774, 775, 776, 778, 779
Losnummer, bei der alle Ziffern 7 heißen:
777
Insgesamt sind dies 28 Losnummern.
Die Wahrscheinlichkeit für einen Gewinn beträgt daher $\frac{28}{1000} = \frac{7}{250}$.

Klassenarbeit 2.3

1 (2 VP)
Jede der Varianten kann mit jeder anderen kombiniert werden.
Die Zusatzausstattungen kann man jeweils wählen oder nicht. Jede Zusatzausstattung verdoppelt also die Anzahl der Varianten!
Anzahl der Fahrzeugtypen:
$n = 8 \cdot 3 \cdot 4 \cdot 2 \cdot 2 \cdot 2 \cdot 2$
$n = 1536$
Wahrscheinlichkeit dafür, dass das Wunschfahrzeug in der Halle steht:
$p = \frac{6}{1536}$
$p = \frac{1}{256}$

2 (4 VP)
Die acht Eckwürfel haben drei gefärbte Seitenflächen.
Die zwölf Kantenwürfel haben zwei gefärbte Seitenflächen.
Die sechs Würfel in der Mitte der Seitenflächen haben eine gefärbte Seitenfläche.
Der Würfel im Innern des großen Würfels hat keine gefärbte Seitenfläche.

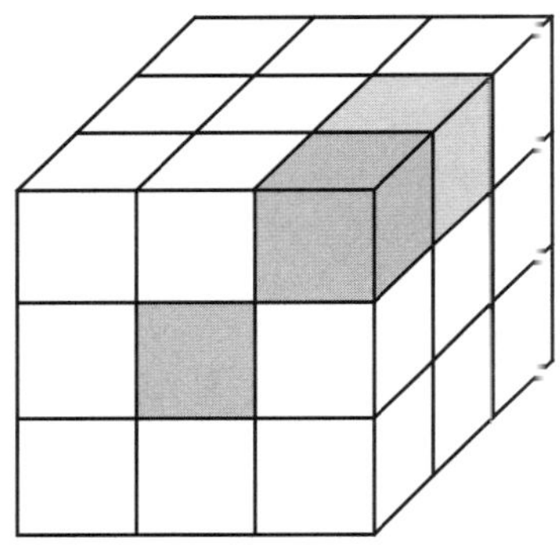

Der Würfel wird in 27 Würfelchen zerlegt.

Anzahl der gefärbten Flächen	Relative Häufigkeit
3	$\frac{8}{27}$
2	$\frac{12}{27} = \frac{4}{9}$
1	$\frac{6}{27} = \frac{2}{9}$
0	$\frac{1}{27}$

3 (2 + 2 VP)
a) Für die Tausenderstelle gibt es vier Auswahlmöglichkeiten aus den vier Ziffern. Für die Hunderterstelle hat man noch drei Wahlmöglichkeiten aus den verbleibenden drei Ziffern, für die Zehnerstelle noch zwei und für die Einerstelle noch eine.
Es gibt daher $4 \cdot 3 \cdot 2 \cdot 1 = 24$ vierstellige Zahlen mit den geforderten Eigenschaften.

b) Im Beutel sind nach Teilaufgabe a) 24 Zahlen. Mit 34 beginnen zwei der vierstelligen Zahlen, nämlich 3412 und 3421.
Die Wahrscheinlichkeit dafür, beim ersten Ziehen eine dieser beiden Zahlen zu ziehen, ist $\frac{2}{24} = \frac{1}{12}$. Nach der ersten Ziehung ist nur noch eine dieser Zahlen im Beutel und insgesamt sind es 23 Zahlen. Die Wahrscheinlichkeit dafür, dass auch die zweite gezogene Zahl mit 34 beginnt, ist daher $\frac{1}{23}$.

4 (3 + 3 + 2 VP)
a) Messen der Mittelpunktswinkel und Berechnen der Wahrscheinlichkeiten

Feldnummer	Mittelpunktswinkel	Wahrscheinlichkeit
1	90°	$\frac{90}{360} = \frac{1}{4}$
2	60°	$\frac{60}{360} = \frac{1}{6}$
3	60°	$\frac{60}{360} = \frac{1}{6}$
4	150°	$\frac{150}{360} = \frac{5}{12}$

Mit der Summenregel folgt:
Die Wahrscheinlichkeit dafür, dass der Zeiger auf eine gerade Zahl weist, beträgt $\frac{1}{6} + \frac{5}{12} = \frac{7}{12}$.
b) Weiten der Mittelpunktswinkel

Feldnummer	Wahrscheinlichkeit	Winkelweite
1	20 %	$\frac{20}{100}$ von 360° = 72°
2	50 %	$\frac{50}{100}$ von 360° = 180°
3	100 % − 50 % − 20 % = 30 %	$\frac{30}{100}$ von 360° = 108°

Zeichnung

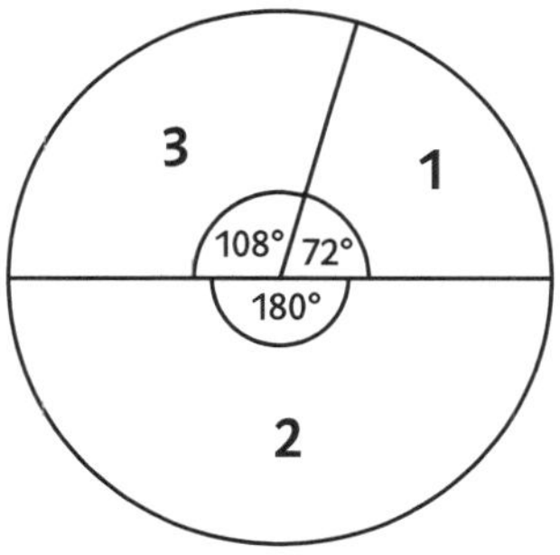

Die Summenregel ergibt für die gesuchte Wahrscheinlichkeit:
p(2 oder 3) = p(2) + p(3)
p(2 oder 3) = 50 % + 30 %
p(2 oder 3) = 80 %
c) Weite des Mittelpunktswinkels für die Felder mit den Nummern 1 und 2 zusammen:
40 % von 360° = $\frac{40}{100} \cdot 360° = 144°$
Die Aufteilung dieses Winkels in zwei Teile ist beliebig.

Beispiel

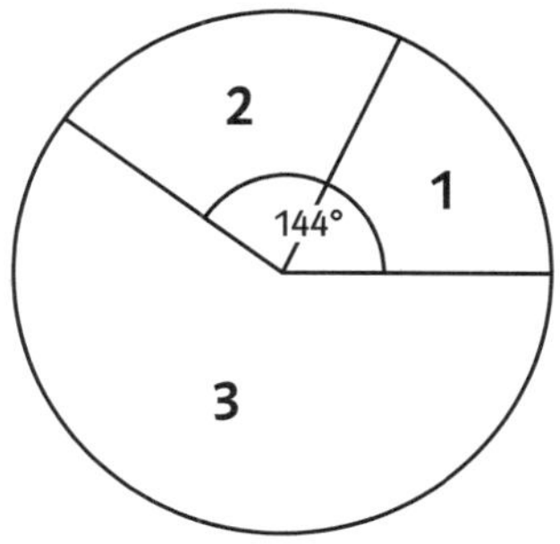

5 (2 + 3 + 1 VP)
a) *Das arithmetische Mittel erhält man, indem man die Gesamtzahl aller Wurfergebnisse durch die Anzahl der Würfe dividiert. Der Median ist der mittlere aller Werte.*
Würfel 1
Arithmetisches Mittel:
$m = \frac{17 \cdot 1 + 14 \cdot 2 + 15 \cdot 3 + 18 \cdot 4 + 17 \cdot 5 + 19 \cdot 6}{17 + 14 + 15 + 18 + 17 + 19}$
$m = \frac{361}{100}$
$m = 3{,}61$
Median:
Ordnet man die 100 Wurfergebnisse der Größe nach, so sind die mittleren Zahlen beide 4. Deren Mittelwert ist 4. Folglich ist der Median dieser Wurfergebnisse 4.
b) *Wenn man den Mittelwert mit der Gesamtzahl der Würfe multipliziert, erhält man die Summe aller einzelnen Wurfergebnisse.*
Würfel 2
Absolute Häufigkeit n_6 für das Wurfergebnis „6“:
$3{,}42 \cdot (35 + 30 + 41 + 29 + 40 + n_6) = 35 \cdot 1 + 30 \cdot 2 + 41 \cdot 3 + 29 \cdot 4 + 40 \cdot 5 + n_6 \cdot 6$
$3{,}42 \cdot (175 + n_6) = 534 + 6 \cdot n_6$
$598{,}5 + 3{,}42 \cdot n_6 = 534 + 6 \cdot n_6$
$64{,}5 = 2{,}58 \cdot n_6$
$n_6 = 25$
Relative Häufigkeit für das Ergebnis „6“:
Die Gesamtzahl aller Würfe ist $175 + n_6$, also 200.
Daher ergibt sich für die relative Häufigkeit der „6“:
$h_6 = \frac{25}{200}$
$h_6 = \frac{1}{8}$
$h_6 = 0{,}125$
c) *Wie oft ist nach dem Zusammenfassen jede der Zahlen 1, 2, 3, 4, 5, 6 gewürfelt worden?*
Arithmetisches Mittel der zusammengefassten Serie:
$m = \frac{52 \cdot 1 + 44 \cdot 2 + 56 \cdot 3 + 47 \cdot 4 + 57 \cdot 5 + 44 \cdot 6}{52 + 44 + 56 + 47 + 57 + 44}$
$m = \frac{1045}{300}$
$m \approx 3{,}48$

Klassenarbeit 2.4

1 (3 VP)
Die zwei Briefmarkensorten werden mit A und B bezeichnet. Jede der beiden Marken wird zweimal verwendet.
Es ergeben sich die folgenden Anordnungen:
AABB
ABAB
ABBA
BBAA
BABA
BBAA
Sibylle kann den Brief auf sechs Arten frankieren.

Bemerkung
Dies lässt sich auch mithilfe eines Baumdiagramms erkennen:

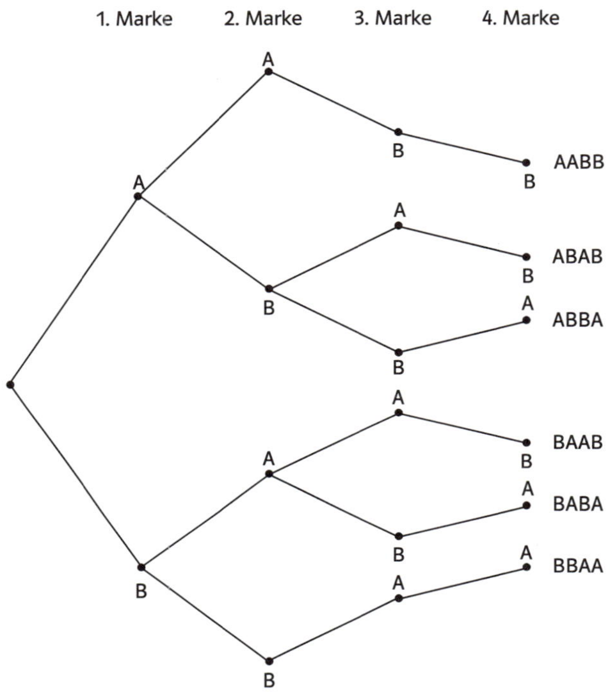

2 (2 + 1 VP)
a) 70 % von 100 Versuchen sind 70 Versuche. In jedem Fall erreicht Hans einen Treffer. Das sind 70 Treffer.
Bei jedem vierten Versuch, das sind 25 Versuche, erreicht er zwei Treffer. Das sind insgesamt 50 Treffer.
Bei den restlichen fünf Versuchen erzielt er je drei Treffer, insgesamt also 15 Treffer.
Somit: 70 + 50 + 15 = 135
Bei 100 Versuchen trifft Hans die Toröffnung 135-mal.
b) Hans muss insgesamt zwei- oder dreimal treffen. Die Wahrscheinlichkeit dafür ist 30 %.

3 (2 + 2 + 3 VP)
a) Rabattsatz

Geldbetrag	Prozentsatz
295 €	100 %
1 €	$\frac{100}{295}$ %
5,90 €	$\frac{100}{295}$ % · 5,90 = 2 %

Der Rabattsatz beträgt bei einem Rabatt von 5,90 € 2 %.
Wahrscheinlichkeit
Dieser Rabattsatz wird beim Werfen einer der vier Zahlen 1, 2, 3, oder 4 gewährt. Die Wahrscheinlichkeit dafür ist beim gewöhnlichen Spielwürfel $\frac{4}{6} = \frac{2}{3}$.
b) Rabattsatz
Da der Freund eine „5“ gewürfelt hat, beträgt sein Rabattsatz 5 %.
Preis des Fahrrads

Prozentsatz	Geldbetrag
5 %	17,45 €
95 %	17,45 € · 19 = 331,55 €

Nach Abzug des Rabatts hat das Fahrrad noch 331,55 € gekostet.
c) Mögliche Wurfergebnisse
Bei zwei Würfen gibt es 36 mögliche gleich wahrscheinliche Ergebnisse:

11	12	13	14	15	16
21	22	23	24	25	26
31	32	33	34	35	36
41	42	43	44	45	46
51	52	53	54	55	56
61	62	63	64	65	66

Günstige Wurfergebnisse
In sechs Fällen erhält man bereits beim ersten Wurf eine „6“. In fünf Fällen erhält man beim zweiten Wurf eine „6“, wenn beim ersten Wurf keine „6“ geworfen wurde.
11 von 36 Ergebnissen sind also günstig.
Herr Radler erhält bei ein oder zwei Würfen mit der Wahrscheinlichkeit von $\frac{11}{36}$ eine „6“ und daher 10 % Rabatt.

4 (4 VP)
Bei einem Drittel aller Würfe erhält Bayern die „6“. Da der VfB höchstens „3“ werfen kann, hat in all diesen Fällen der VfB verloren. Die Wahrscheinlichkeit dafür, dass der VfB verliert, beträgt also $\frac{1}{3}$.
Bei einem Drittel aller Würfe erhält Bayern die „1“. Da der VfB mindestens „2“ wirft, hat in diesen Fällen der VfB gewonnen. Die Wahrscheinlichkeit für den VfB 2 : 1 oder 3 : 1 zu gewinnen, beträgt daher $\frac{1}{3}$.
In der Hälfte dieser Fälle gewinnt der VfB 3 : 1. Dies ist mit der Wahrscheinlichkeit $\frac{1}{2} \cdot \frac{1}{3} = \frac{1}{6}$ der Fall.

Bei einem Drittel der Würfe erhält Bayern die „2“. In der Hälfte der darauffolgenden Würfe erhält der VfB die „3“ und gewinnt 3:2. Die Wahrscheinlichkeit dafür, 3:2 zu gewinnen, beträgt folglich $\frac{1}{6}$. (Die Wahrscheinlichkeit für Unentschieden 2:2 ist ebenfalls $\frac{1}{6}$.)
Nach der Summenregel gewinnt der VfB also mit der Wahrscheinlichkeit $\frac{1}{3} + \frac{1}{6} = \frac{1}{2}$.

5 (4 VP)

	Behauptung	w	f
1.	Es ist wahrscheinlicher, eine rote Kugel zu ziehen als keine rote Kugel zu ziehen.		X
2.	Die Wahrscheinlichkeit für das Ziehen keiner blauen Kugel beträgt 70%.	X	
3.	Die Wahrscheinlichkeit für das Ziehen einer blauen oder roten Kugel ist $\frac{4}{5}$.	X	
4.	Bei einer großen Zahl von Ziehungen wird man etwa 30% blaue Kugeln erhalten.	X	
5.	Bei 100 Ziehungen erhält man immer zwanzig grüne Kugeln.		X
6.	Anna hat sechsmal nacheinander eine rote Kugel gezogen. Die Wahrscheinlichkeit bei der nächsten Ziehung wieder eine rote Kugel zu erhalten, ist dann größer als 50%.		X
7.	Man kann eine gewisse Anzahl weißer Kugeln in die Urne legen, so dass die Wahrscheinlichkeit für das Ziehen einer weißen Kugel mindestens 90% beträgt.	X	
8.	Man kann eine gewisse Anzahl weißer Kugeln in die Urne legen, so dass die Wahrscheinlichkeit für das Ziehen einer roten Kugel $\frac{2}{3}$ beträgt.		X

Bemerkungen
Die Wahrscheinlichkeit für eine rote Kugel ist $\frac{5}{10} = \frac{1}{2}$.
Die Gegenwahrscheinlichkeit ist daher ebenfalls $\frac{1}{2}$.
Die 1. Behauptung ist folglich falsch.
Die Wahrscheinlichkeit für das Ziehen einer blauen Kugel ist $\frac{3}{10}$. *Die Gegenwahrscheinlichkeit ist demzufolge* $\frac{7}{10}$ *oder 70 %.*
Die 2. Behauptung ist wahr.
Insgesamt sind acht blaue oder rote Kugeln in der Urne. Die Wahrscheinlichkeit dafür, eine solche Kugel zu ziehen, beträgt $\frac{8}{10} = \frac{4}{5}$.
Die 3. Behauptung ist wahr.
Da drei von zehn Kugeln blau sind, kann man bei $\frac{3}{10} = 30\,\%$ *aller Ziehungen eine blaue Kugel erwarten.*
Die 4. Behauptung ist wahr.
Die Wahrscheinlichkeit für das Ziehen einer grünen Kugel ist $\frac{2}{10} = 20\,\%$. *Dies bedeutet jedoch nicht, dass bei 100 Ziehungen immer auch zwanzig Kugeln gezogen werden. Es könnten auch mehr oder weniger sein.*
Die 5. Behauptung ist falsch.
Bei jeder Ziehung ist die Wahrscheinlichkeit für das Ziehen einer roten Kugel 50 %. Dies ist unabhängig davon, ob zuvor eine rote Kugel gezogen wurde oder nicht.
Die 6. Behauptung ist falsch.
Wenn man 90 weiße Kugeln in die Urne legt, dann sind 90 von 100 Kugeln weiß und die Wahrscheinlichkeit für das Ziehen einer weißen Kugel ist $\frac{90}{100} = 90\,\%$.
Legt man mehr als 90 weiße Kugeln in die Urne, so nimmt die Wahrscheinlichkeit für das Ziehen einer weißen Kugel zu.
Die 7. Behauptung ist wahr.
Die Wahrscheinlichkeit für das Ziehen einer roten Kugel ist $\frac{5}{10}$. *Legt man x weiße Kugeln in die Urne, so ist die Wahrscheinlichkeit für das Ziehen einer roten Kugel* $\frac{5}{10+x}$. *Die Bedingung wäre:*

$$\frac{5}{10+x} = \frac{2}{3}$$
$$5 = \frac{2}{3}\cdot(10+x)$$
$$5 = \frac{20}{3} + \frac{2}{3}x$$
$$\frac{2}{3}x = -\frac{5}{3}$$
$$x = -\frac{5}{2}$$

Dies ist nicht möglich, da x eine natürliche Zahl sein muss.
Die 8. Behauptung ist falsch.

6 (3 VP)
Hier gibt es viele verschiedene Lösungen. Man muss daher ein wenig probieren.
Beispiele
Knobelix wählt 1, 2, 3, 4, 5, 9.
Mittelwert: $\frac{1+2+3+4+5+9}{6} = \frac{24}{6} = 4$
Median: $\frac{3+4}{2} = 3{,}5$
Knobelinchen wählt 1, 2, 4, 5, 6, 8.
Mittelwert: $\frac{1+2+4+5+6+8}{6} = \frac{26}{6} \approx 4{,}33$
Median: $\frac{4+5}{2} = 4{,}5$
Max Schlaumaier wählt 1, 2, 3, 4, 5, 6.
Mittelwert: $\frac{1+2+3+4+5+6}{6} = \frac{21}{6} = 3{,}5$
Median: $\frac{3+4}{2} = 3{,}5$
Alle drei Aussagen sind richtig!

Pinboard – Zuordnungen

Proportionale Zuordnungen

Definition

Wenn bei einer Zuordnung x → y dem Doppelten (Dreifachen, …, n-fachen) der ersten Zahl (Größe) das Doppelte (Dreifache, …, n-fache) der zweiten Zahl (Größe) zugeordnet wird, dann heißt diese Zuordnung proportionale Zuordnung (Proportionalität).

Beispiel

·3 ·2

x	3	6	9	12	15
y	2	4	6	8	10

·2 ·3

Folgerungen

Bei einer Proportionalität sind die Quotienten einander zugeordneter Zahlen (Größen) gleich groß. Dieser konstante Quotient wird Proportionalitätsfaktor genannt und mit m bezeichnet.
Der Graph einer proportionalen Zuordnung liegt auf einer Geraden durch den Ursprung des Koordinatensystems.
Ihre Gleichung lautet: $y = m \cdot x$

Hier gilt für alle Wertepaare: $\frac{y}{x} = \frac{2}{3}$.
Der Proportionalitätsfaktor ist $\frac{2}{3}$.
Gleichwertig dazu ist: $y = \frac{2}{3} \cdot x$.

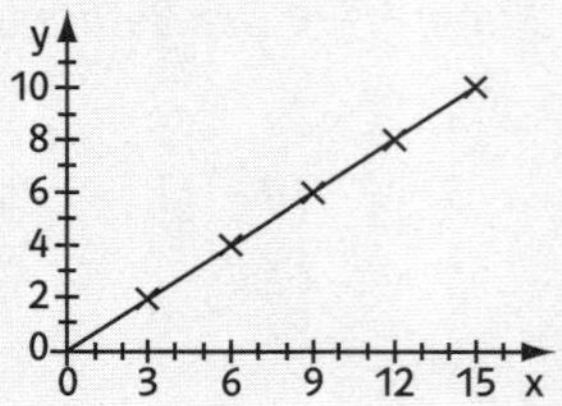

Gegenbeispiel

x	1	3	5	7
y	1	2	3	4
$\frac{y}{x}$	1	$\frac{2}{3}$	$\frac{3}{5}$	$\frac{4}{7}$

Hier sind zwar sowohl die Zunahmen bei den x-Werten als auch die Zunahmen bei den y-Werten immer gleich groß, aber die Quotienten $\frac{y}{x}$ sind verschieden.

Antiproportionale Zuordnungen

Definition

Wenn bei einer Zuordnung x → y dem Doppelten (Dreifachen, …, n-fachen) der ersten Zahl (Größe) die Hälfte (ein Drittel, …, der n-te Teil) der zweiten Zahl (Größe) zugeordnet wird, dann heißt diese Zuordnung antiproportionale Zuordnung (Antiproportionalität).

Beispiel

·3 ·2

x	1	2	3	4	5
y	4	2	$\frac{4}{3}$	1	$\frac{4}{5}$

:2 :3

Folgerungen

Bei einer Antiproportionalität sind die Produkte einander zugeordneter Zahlen (Größen) gleich groß. Der Graph einer antiproportionalen Zuordnung liegt nicht auf einer Geraden sondern auf einer Kurve namens Hyperbel.

Hier gilt für alle Wertepaare: $x \cdot y = 4$.
Gleichwertig dazu ist: $y = \frac{4}{x}$.

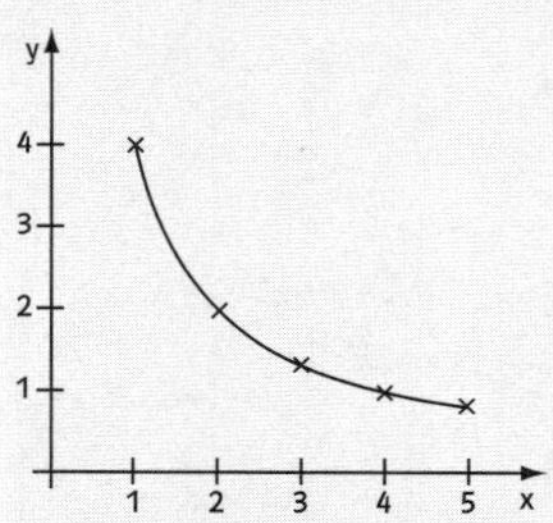

Gegenbeispiel

x	1	2	3	4
y	1	2	4	8
x·y	1	4	12	32

Hier sind die Produkte x·y verschieden.

Der Dreisatz „Je mehr, desto mehr"

Wenn zum Doppelten (Dreifachen, …) einer Größe das Doppelte (Dreifache, …) einer anderen Größe gehört, dann ist der „Je-mehr-desto-mehr-Dreisatz" anwendbar.

Rechenschema

	Erste Größe	Zweite Größe	
1. Satz	Gegebene Größe	Gegebene Größe	
2. Satz Dividieren oder Multiplizieren *Schluss auf die Einheit*	Einheitsgröße	Zwischenergebnis für diese Größe	Dividieren oder Multiplizieren
3. Satz Multiplizieren oder Dividieren *Schluss auf die Vielfachheit*	Gegebene Größe	Gesuchte Größe	Multiplizieren oder Dividieren

Beispiel

Ein 1,2 m langer Eisenstab wiegt 4,8 kg. Was wiegt ein 2,8 m langer Stab aus diesem Material?

Ein doppelt so langer Stab wiegt doppelt so viel, ein dreimal so langer Stab wiegt dreimal so viel. Daher ist der „Je-mehr-desto-mehr-Dreisatz" anwendbar.

	Länge	Masse	
	1,2 m	4,8 kg	
: 1,2	1 m	4,8 kg : 1,2	: 1,2
·2,8	2,8 m	(4,8 kg : 1,2)·2,8 = 11,2 kg	·2,8

Der Stab wiegt 11,2 kg.

Der Dreisatz „Je mehr, desto weniger"

Wenn zum Doppelten (Dreifachen, …) einer Größe die Hälfte (ein Drittel, …) einer anderen Größe gehört, dann ist der „Je-mehr-desto-weniger-Dreisatz" anwendbar.

Rechenschema

	Erste Größe	Zweite Größe	
1. Satz	Gegebene Größe	Gegebene Größe	
2. Satz Dividieren oder Multiplizieren *Schluss auf die Einheit*	Einheitsgröße	Zwischenergebnis für diese Größe	Multiplizieren oder Dividieren
3. Satz Multiplizieren oder Dividieren *Schluss auf die Vielfachheit*	Gegebene Größe	Gesuchte Größe	Dividieren oder Multiplizieren

Beispiel

Zwölf Personen benötigen zur Traubenlese in einem Weinberg drei Tage. Wie lange bräuchten wohl acht Personen?

Doppelt so viele Personen bräuchten die halbe Zeit, dreimal so viele Personen ein Drittel der Zeit. Daher ist der „Je-mehr- desto-weniger-Dreisatz" anwendbar.

	Personenzahl	Zeit	
	12	3 d	
: 12	1	3 d·12	·12
·8	8	(3 d·12) : 8 = 4,5 d	: 8

Acht Personen bräuchten 4,5 Tage.

Lineare Zuordnungen

Definition

Wenn bei einer Zuordnung $x \to y$ jede Veränderung der ersten Zahl (Größe) um eine Einheit eine Veränderung der zweiten Zahl (Größe) um die gleiche Anzahl von Einheiten zur Folge hat, dann heißt diese Zuordnung eine lineare Zuordnung.

Folgerungen

Der Graph einer linearen Zuordnung liegt auf einer Geraden.
Die Gleichung dieser Geraden lautet: $y = m \cdot x + n$.
Der Faktor m gibt die Veränderung des y-Werts an, wenn sich der x-Wert um eine Einheit verändert. Er heißt auch Steigung der Geraden.
Der Summand n gibt den y-Wert zum x-Wert 0 an. Der Punkt $Y(0|n)$ ist der Schnittpunkt der Geraden mit der Hochachse. Daher heißt n auch Hochachsenabschnitt.
Jede proportionale Zuordnung ist eine besondere lineare Zuordnung mit $n = 0$.

Gegenbeispiel

x	1	3	5	7
y	1	2	4	7

Hier ist die Zunahme bei den x-Werten immer 2, die Zunahme bei den y-Werten jedoch immer verschieden.

Beispiele

+1 +1 +1 +1

x	−1	0	1	2	3
y	−3	−1	1	3	5

+2 +2 +2 +2

Hier gilt: $y = 2 \cdot x - 1$.

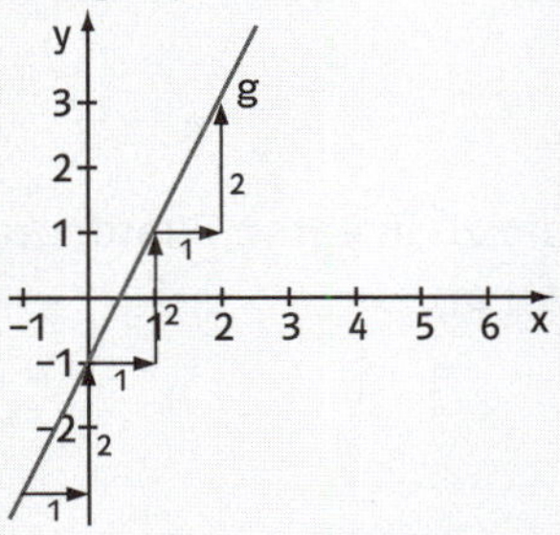

x	−1	0	1	2	3
y	6	3	0	−3	−6

Hier gilt: $y = -3x + 3$.

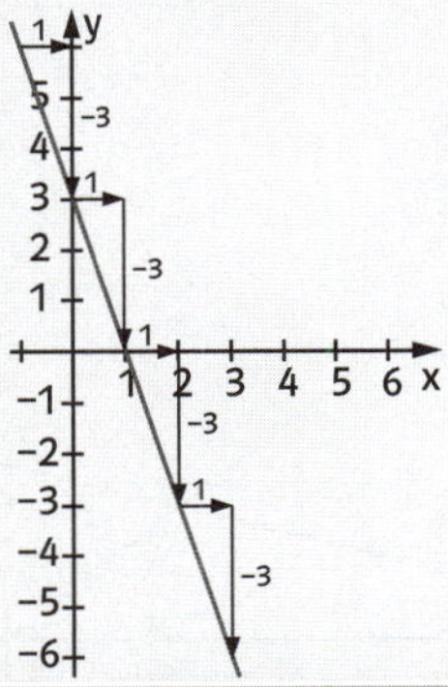

Lebenslinien

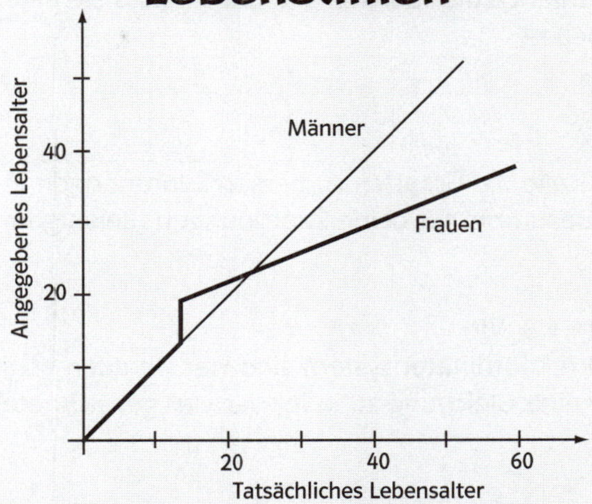

Eine merkwürdige Zuordnung

Bist du sicher?

1 Die erste Tabelle gehört zu einer proportionalen Zuordnung, die zweite Tabelle zu einer antiproportionalen Zuordnung. Ergänze die fehlenden Tabellenwerte.

x	0	2		6
y	0	5	7,5	

x	1	3		
y	9		6	8

2 Ein Quadrat mit der Seitenlänge a hat den Umfang U und den Flächeninhalt A.
Sind die Zuordnungen *Seitenlänge a → Umfang U* bzw. *Seitenlänge a → Flächeninhalt A* Proportionalitäten oder Antiproportionalitäten?

3 Handelt es sich bei den durch die Tabellen beschriebenen Zuordnungen um lineare Zuordnungen?

x	1	3	5	7
y	0	2	4	6

x	−3	2	7	12
y	6	2	−2	−6

4 Zeichne die Graphen der Zuordnungen mit den Gleichungen $y = 2 \cdot x$, $y = \frac{3}{4} \cdot x - 2$, $y = -x + 4$, $y = -\frac{2}{3} \cdot x - 1$.

5 24 Personen pflücken in 16 Stunden 12 t Gurken.
a) Welche Gurkenmenge ernten diese Personen in 12 Stunden?
b) Wie lange dauert die Ernte von 60 t?
c) Wie lange brauchen 18 Erntehelfer, um 12 t Gurken zu pflücken?

6 Einer von zwei gleichgroßen Wasserbehältern vom Volumen 800 Liter ist ganz leer, der andere ganz gefüllt. In den leeren Behälter fließen in jeder Minute 40 Liter Wasser. Aus dem vollen Behälter laufen in jeder Minute 120 Liter Wasser aus.
Gib die Formeln für den Inhalt der Behälter zum Zeitpunkt t an.
Bestimme durch Zeichnung und Rechnung, wann in beiden Behältern gleich viel Wasser ist, wenn die Füllung des leeren und die Leerung des vollen Behälters zum gleichen Zeitpunkt beginnt.

Lösungen

1

x	0	2	**3**	6
y	0	5	7,5	**15**

x	1	3	**1,5**	$\frac{9}{8}$
y	9	3	6	8

2 Die Zuordnung *Seitenlänge a → Umfang U* ist wegen $U = 4 \cdot a$ eine Proportionalität. Die Zuordnung *Seitenlänge a → Flächeninhalt A* ist wegen $A = a^2$ keine Proportionalität. **3** Beide Zuordnungen sind lineare Zuordnungen.
4 Zeichenkontrolle: Die erste Gerade geht durch die Punkte $A(0|0)$ und $B(1|2)$, die zweite Gerade durch $C(0|-2)$ und $D(4|1)$, die dritte Gerade durch $E(0|4)$ und $F(4|0)$ und die vierte Gerade durch $G(0|-1)$ und $H(3|-3)$. **5** a) 9 t b) 80 h c) 21 h 20 min **6** Leerer Behälter: $V = 40\frac{l}{min} \cdot t$. Voller Behälter: $V = 800\,l - 120\frac{l}{min} \cdot t$. Nach fünf Minuten ist in beiden Behältern gleich viel Wasser.

Anfangszeit: ______________ + 45 Minuten → Abgabe: ______________

1 (2 + 2 + 2 VP)

a) Ergänze die Tabellen 1 und 2 so, dass sie eine proportionale Zuordnung $x \rightarrow y$ beschreiben.

Tabelle 1

x	0	1	2	3	4	5
y			5			

Tabelle 2

x	−2	−1	0	1	2	3
y		$\frac{9}{4}$				

b) Stelle die Graphen zu beiden Zuordnungen in einem gemeinsamen Achsenkreuz dar.

c) Bestimme für beide Zuordnungen diejenigen x-Werte, denen der y-Wert −12 zugeordnet wird.

2 (4 + 3 VP)

a) Im Koordinatensystem sind vier Geraden abgebildet, die zu linearen Zuordnungen $x \rightarrow y$ gehören.
Gib eine Gleichung zu jeder der vier gezeichneten Geraden an.

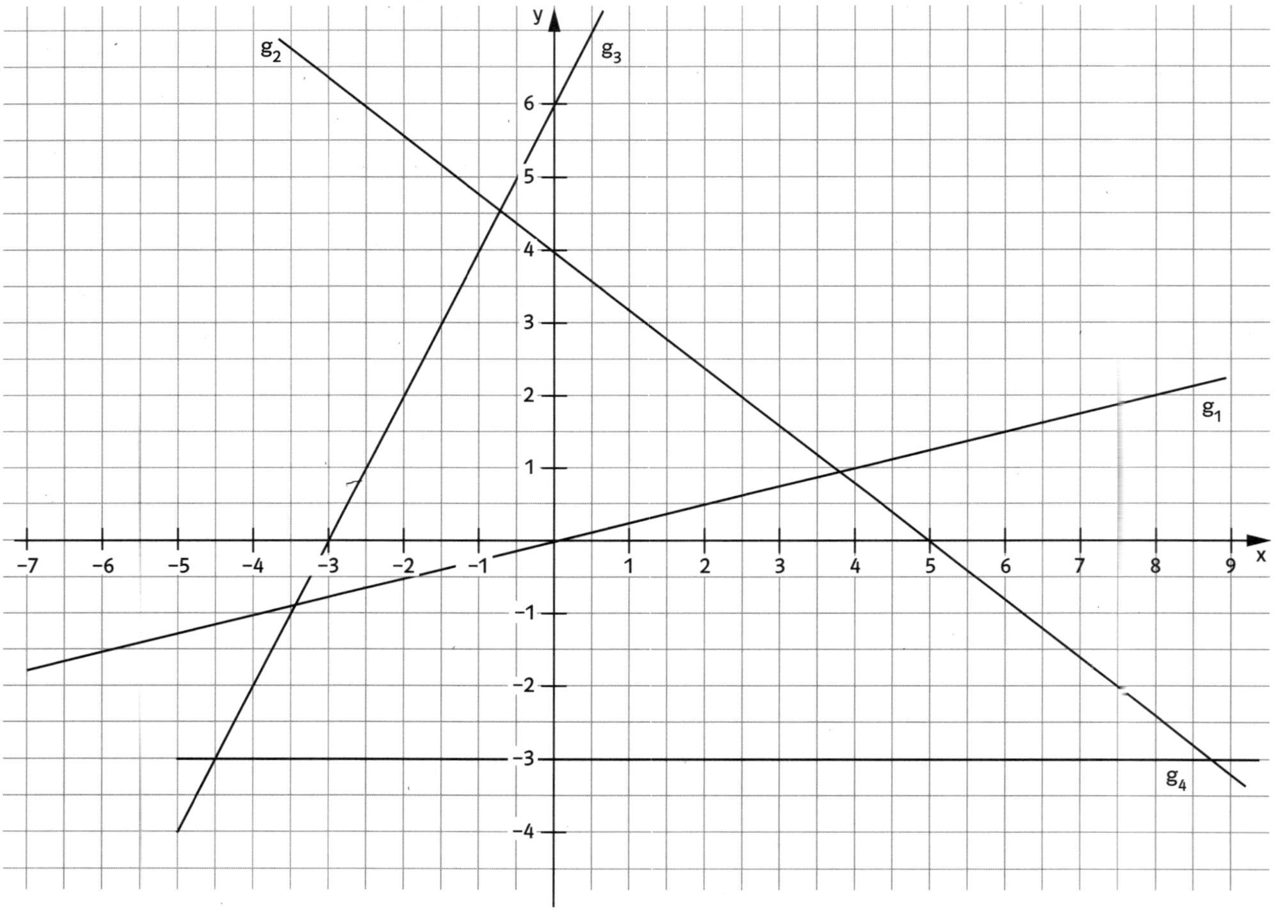

b) Zeichne die Graphen h_1, h_2, und h_3 in ein und dasselbe Koordinatensystem.

h_1: $y = \frac{3}{2}x - 2;\ x \in \mathbb{Q}$

h_2: $y = -2x - 3;\ x \in \mathbb{Q}$

h_3: $y = 0{,}2x + 2;\ x \in \mathbb{Q}$

3 (2 + 1 + 1 + 1 VP)
Bei einem Kranken wurde über längere Zeit die Temperatur am Morgen und am Abend gemessen.
Die Abbildung zeigt die Fieberkurven.

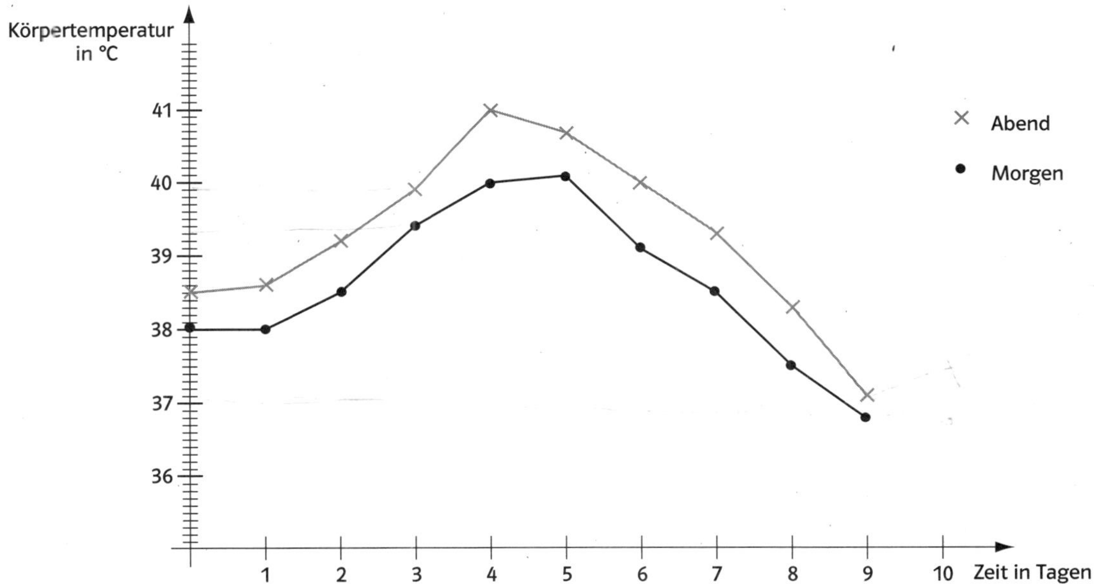

a) Lies die Temperaturen am dritten Tag ab.
Wann ist die am Abend gemessene Temperatur am niedrigsten?
b) Bis zum wievielten Tag steigt die am Morgen gemessene Temperatur?
Wie stark fällt die am Morgen gemessene Temperatur vom sechsten bis zum neunten Tag?
c) Wie lang war die am Abend gemessene Temperatur höher als 39,0°C?
d) Am zehnten Tag werden am Morgen 37,1°C und am Abend 37,6°C gemessen. Trage diese Werte in das Diagramm ein.

4 (2 + 2 + 2 VP)
Ein Körper ist wie in der Abbildung aus gleich großen Würfeln zusammengesetzt.

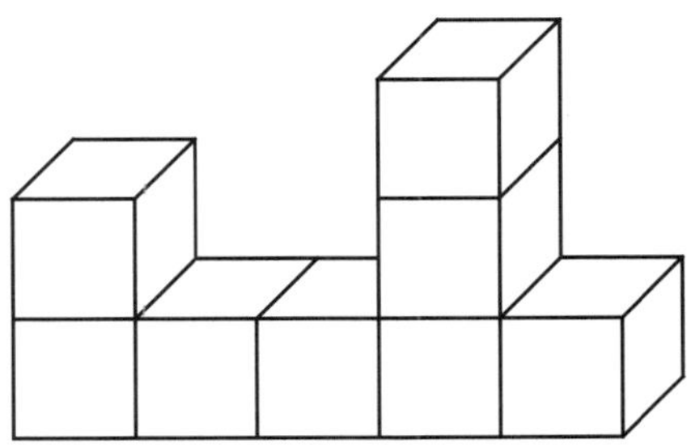

a) Gib für die Zuordnung
Würfelkantenlänge a → Körpervolumen V
eine Formel an.
Berechne das Volumen des Körpers für a = 3,0 cm.
b) Wie ändert sich das Volumen des Körpers, wenn die Kantenlänge um 20% vergrößert wird?
c) Bestimme näherungsweise diejenige Kantenlänge für die das Volumen 100 cm^3 beträgt.
Beschreibe deine Vorgehensweise.

Lerntipps

zu Aufgabe 4
b) Wenn man die Kantenlänge a eines Würfels um 20% vergrößert, dann gilt für die neue Kantenlänge: a' = 1,2 · a. Gib damit das neue Volumen V' in Abhängigkeit vom alten Volumen V an.
c) Bestimme zuerst das Volumen eines dieser acht Würfel.
Zur Bestimmung eines Näherungswertes für seine Kantenlänge kannst du den Taschenrechner einsetzen.

Anfangszeit: ____________________ + 45 Minuten → Abgabe: ____________________

1 (2 + 3 + 2 + 2 VP)
Gegeben sind drei Zuordnungen $x \to y$:

g_1: $y = \frac{2}{5}x$, $x \in \mathbb{Q}$ g_2: $y = \frac{5}{4}x + 2$, $x \in \mathbb{Q}$ g_3: $y = -x$, $x \in \mathbb{Q}$.

a) Welche dieser Zuordnungen sind Proportionalitäten?
Begründe deine Antworten.
b) Zeichne die drei Graphen g_1, g_2 und g_3 zu diesen Zuordnungen in dasselbe Koordinatensystem ein.
c) Bei welchen dieser Zuordnungen wird dem Wert $x_0 = -8$ der y-Wert $y_0 = -8$ zugeordnet?
Welche Werte sind dem Wert $x_1 = -\frac{1}{2}$ zugeordnet?
d) Welche dieser Zuordnungen haben für $x_2 = 0$ einen positiven y-Wert?
Gibt es unter diesen Zuordnungen welche, die für negative x-Werte immer positive y-Werte haben?

2 (1 + 3 VP)
Peter fährt mit dem Fahrrad zur Schule.
Die Abbildung zeigt das Profil der Fahrstrecke von zu Hause bis zur Schule.

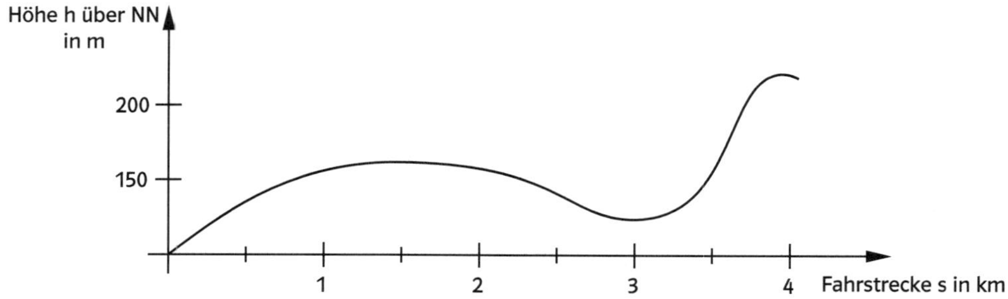

a) Welcher Teil seiner Fahrt zur Schule ist wohl am wenigsten anstrengend, welcher am anstrengendsten?
b) Welcher der vier unten abgebildeten Graphen gehört vermutlich zur Zuordnung
Fahrstrecke s → Geschwindigkeit v?
Begründe deine Entscheidung.

Abbildung 1

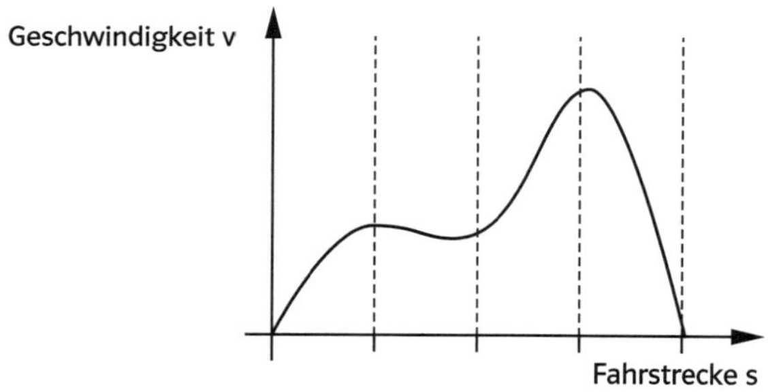

Abbildung 2

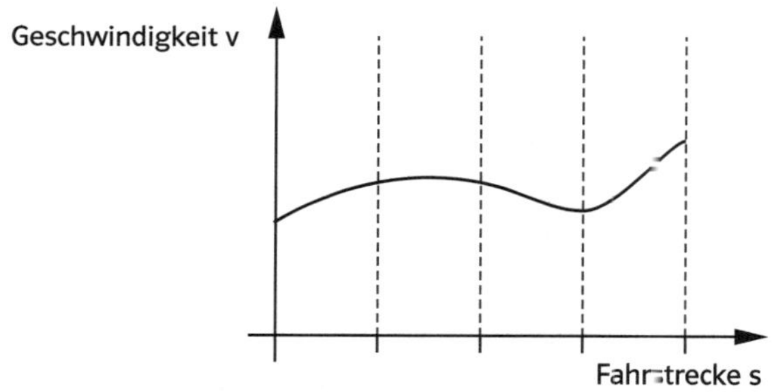

Abbildung 3

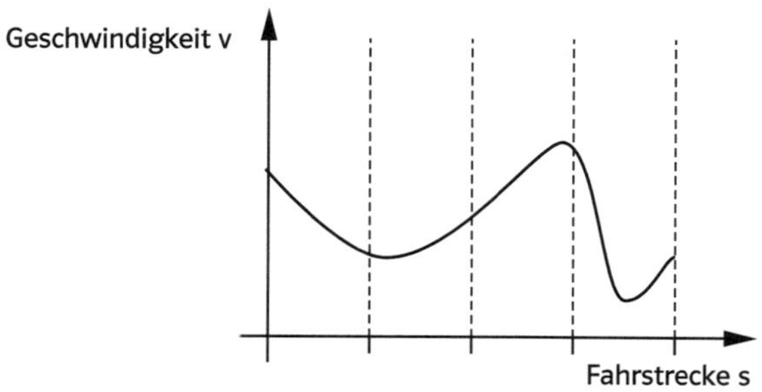

Abbildung 4

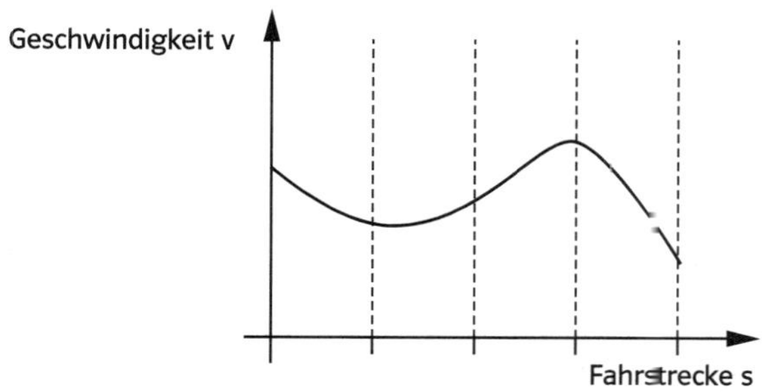

3 (2 + 5 VP)

a) Familie Otto kauft 4500 Liter Heizöl ein. Der Händler verlangt 65 ct je Liter.
Schreibe die Formel auf, mit der sich der Preis P in Abhängigkeit vom gekauften Heizölvolumen V berechnen lässt.
Schreibe die Formel auf, mit der sich das gekaufte Volumen in Abhängigkeit vom gezahlten Preis berechnen lässt.

b) Der Heizöltank ist quaderförmig. Seine Grundfläche ist 4,0 m lang und 1,5 m breit. Er ist noch bis zur Höhe von 0,30 m gefüllt. Beim Befüllen des Tanks fließen in jeder Minute 300 l Heizöl hinein.
Gib die Füllhöhe h in Abhängigkeit von der Füllzeit t an.
Zeichne den zugehörigen Graphen.

4 (4 VP)

Bei einem Rechteck mit den Seitenlängen a und b soll der Rechtecksinhalt $A = 400\,\text{cm}^2$ unverändert bleiben, wenn die Seitenlängen verändert werden.
Erkläre, warum die Abbildung 1 diesen Zusammenhang zwischen a und b **nicht** korrekt beschreibt.
Zeichne den korrekten Graphen in das Achsenkreuz in Abbildung 2 ein und erkläre!

Abbildung 1

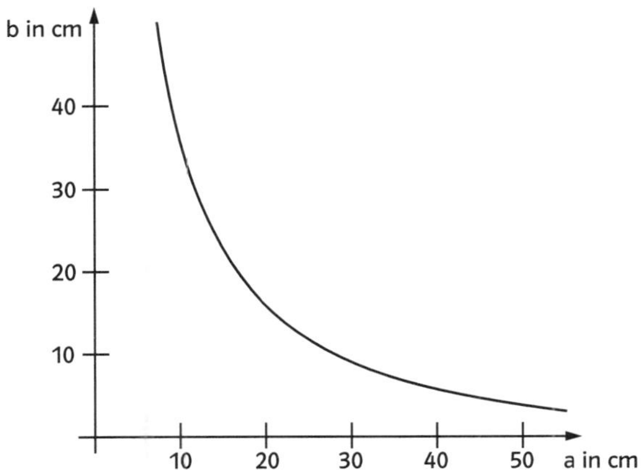

Abbildung 2

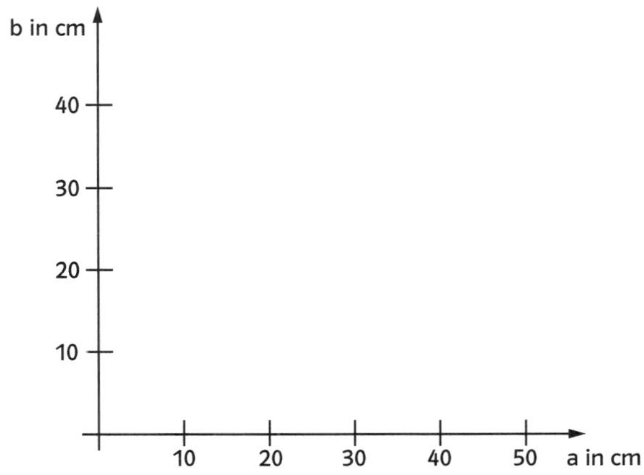

Lerntipps

Graphen lesen und beschreiben

Beachte die Achsenbeschriftungen
- Welche Größen werden auf den beiden Achsen dargestellt?
- Welche Maßeinheiten werden auf den Achsen verwendet?
- Beginnen die Achsenbeschriftungen mit Null oder einem anderen Wert?

Lies Beispiele ab
- Wähle einen Wert auf der Rechtsachse und bestimme den zugeordneten Wert auf der Hochachse.
- Wähle einen Wert auf der Hochachse und bestimme den zugeordneten Wert auf der Rechtsachse.

Beschreibe den Graphen
- Wenn sich beim Vergrößern des Rechtswerts auch der Hochwert vergrößert, dann steigt der Graph.
- Wenn sich beim Vergrößern des Rechtswerts der Hochwert verkleinert, dann fällt der Graph.
- Wenn beim Verändern des Rechtswerts der Hochwert gleich bleibt, dann ist die auf der Hochachse abgetragene Größe konstant.
- Für welchen Rechtswert ist der Hochwert am größten oder am kleinsten?
- In welchen Bereichen ist der Graph am steilsten?

Anfangszeit: ______________ + 45 Minuten → Abgabe: ______________

1 (3 VP)
Der Obsthändler hat Trauben im Angebot. Die elektronische Waage streikt jedoch und bedruckt manche Etiketten nur unvollständig.

Trauben hell, kernlos	
Preis	Gewicht
0,90 €	0,479 kg

Trauben hell, kernlos	
Preis	Gewicht
2,45 €	

Trauben hell, kernlos	
Preis	Gewicht
	0,917 kg

Berechne die fehlende Gewichts- und Preisangabe.

2 (3 + 1 VP)
a) Ergänze die Tabellen, so dass sie zu antiproportionalen Zuordnungen $x \rightarrow y$ gehören.

Tabelle 1

x	2	4	5	8	10
y			20		

Tabelle 2

x	$\frac{1}{2}$	1	$\frac{3}{2}$	2	$\frac{5}{2}$
y			6		

b) Gib für die erste Zuordnung eine Gleichung an, mit der sich der y-Wert berechnen lässt. Bestimme damit denjenigen x-Wert, dem der y-Wert 15 zugeordnet wird.

3 (2 + 1 + 1 VP)
Ein Fußballverein beschließt, für den 100 m langen und 64 m breiten Sportplatz einen neuen Rasenmäher anzuschaffen.
a) Wie lang ist der Weg, den der Platzwart beim Mähen des Sportplatzes zurücklegen muss, wenn die Schnittbreite des Rasenmähers 80 cm beträgt?
b) Der Platzwart meint: „Man könnte mir die Arbeit erleichtern, wenn man einen Mäher mit größerer Schnittbreite kaufen würde. Die Zuordnung *Schnittbreite b → Länge des Wegs s* ist nämlich eine Antiproportionalität."
Hat der Platzwart recht?
c) In einem Prospekt für Rasentraktoren werden verschiedene Modelle mit den Mähleistungen $2000\frac{m^2}{h}$, $3000\frac{m^2}{h}$, $6000\frac{m^2}{h}$ angeboten. Der Vereinsvorstand will von dir wissen:
„Ist die Zuordnung *Mähleistung m → Mähdauer t* eine Antiproportionalität?"
Gib eine begründete Antwort.

4 (2 + 2 + 1 VP)
Auf zwei 18 m langen parallelen und geradlinigen Schienenstrecken einer Modelleisenbahn fahren zwei Lokomotiven aufeinander zu. Die erste Lokomotive bewegt sich in jeder Sekunde 10 cm, die zweite Lokomotive 8 cm weit.

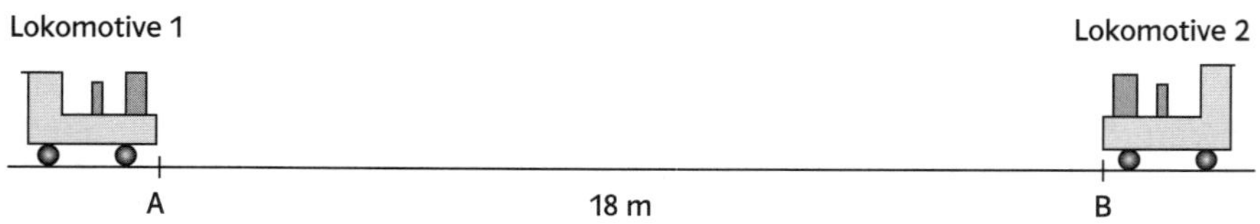

a) Mit welchen Formeln kann man den Abstand s der beiden Lokomotiven von Punkt A zur Zeit t berechnen?
b) Berechne damit, wann sich die beiden Lokomotiven begegnen. Wie weit ist dieser Punkt von A entfernt?
c) Nach welcher Fahrzeit haben die Lokomotiven noch 4,5 m Abstand voneinander?

5 (4 + 2 + 2 VP)
Die Abbildung beschreibt die Bewegung eines Fallschirmspringers.

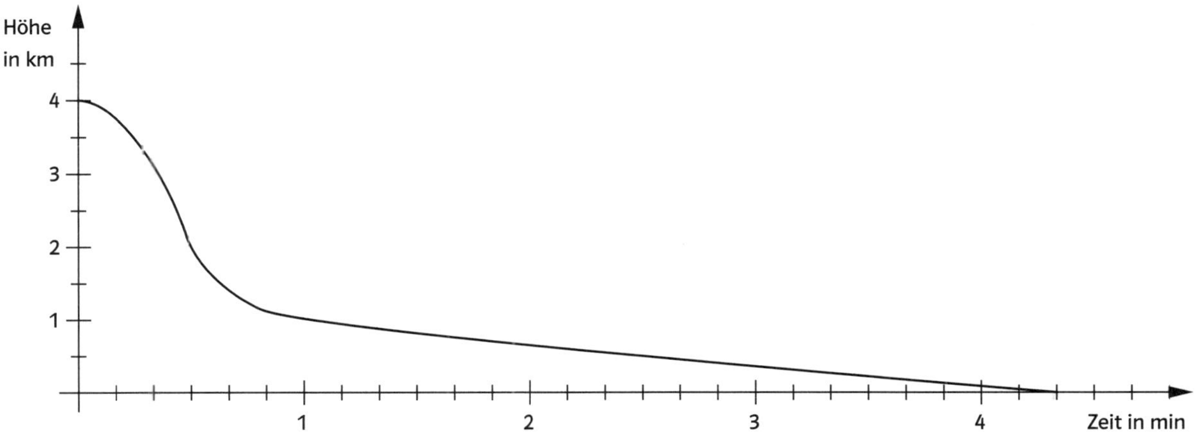

a) In welcher Höhe verlässt der Springer das Flugzeug?
Wann erreicht er den Boden?
Wie tief ist der Springer nach einer Minute gefallen?
Wie hoch ist der Springer nach 20 Sekunden?
b) Wann fällt der Springer am schnellsten?
Mit welcher Geschwindigkeit trifft er am Boden auf?
c) Welches Diagramm beschreibt am ehesten die Zuordnung *Zeit t → Fallgeschwindigkeit v* des Fallschirmspringers?
Erläutere!

Abbildung 1

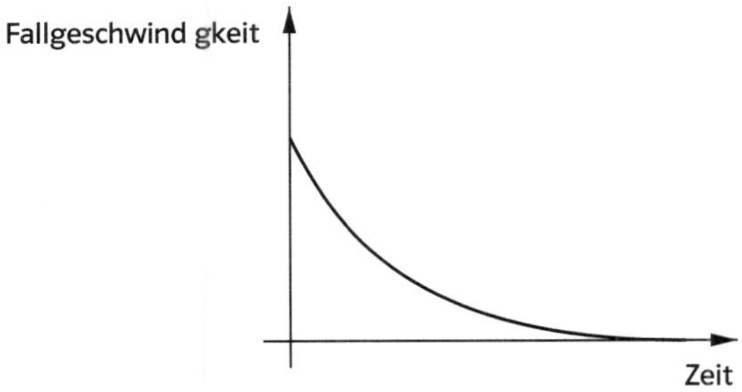

Abbildung 2

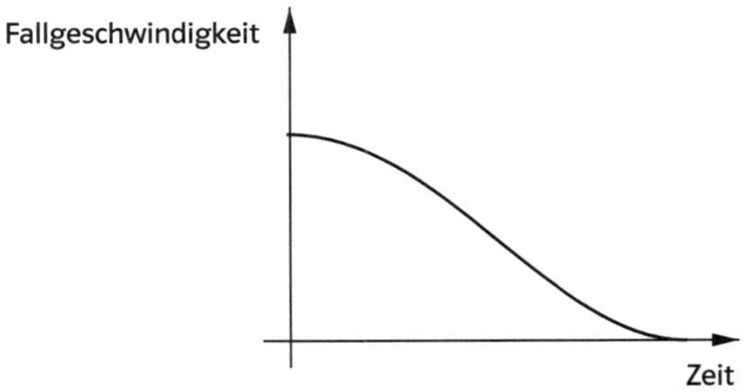

Abbildung 3

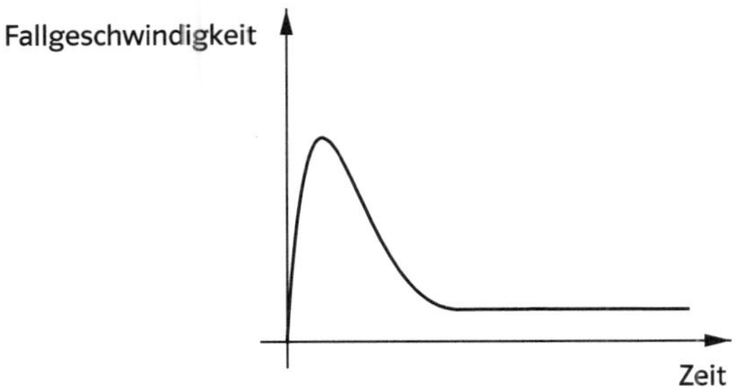

Abbildung 4

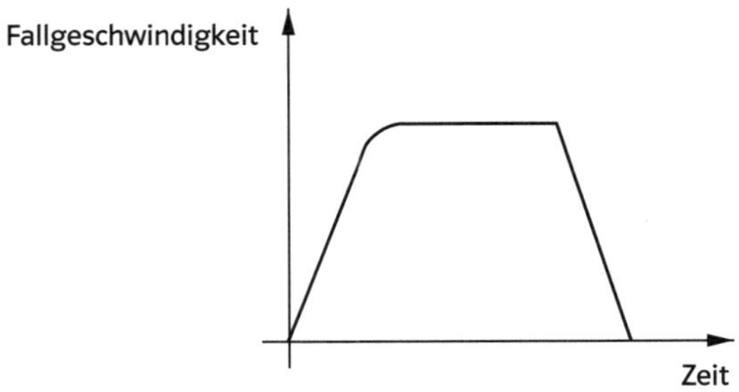

Anfangszeit: ______________ + 45 Minuten → Abgabe: ______________

1 (3 + 1 VP)
Familie Maier will zwei rechteckige Zimmer mit Teppichboden auslegen lassen. Das erste Zimmer ist 3,5 m lang und 3,2 m breit, das zweite Zimmer ist 4,2 m lang und 5,5 m breit.
a) Der Teppichboden für das erste Zimmer kostet 436,80 €. Was kostet der entsprechende Teppichboden für das zweite Zimmer?
b) Gib Länge und Breite eines rechteckigen Zimmers an, bei dem der entsprechende Teppichboden ebenfalls 436,80 € kosten würde.

2 (4 + 3 + 1 VP)
Die Abbildung zeigt die Graphen der Zuordnung *Zeit t → Wanderstrecke s* für zwei Wanderer W_1 und W_2.

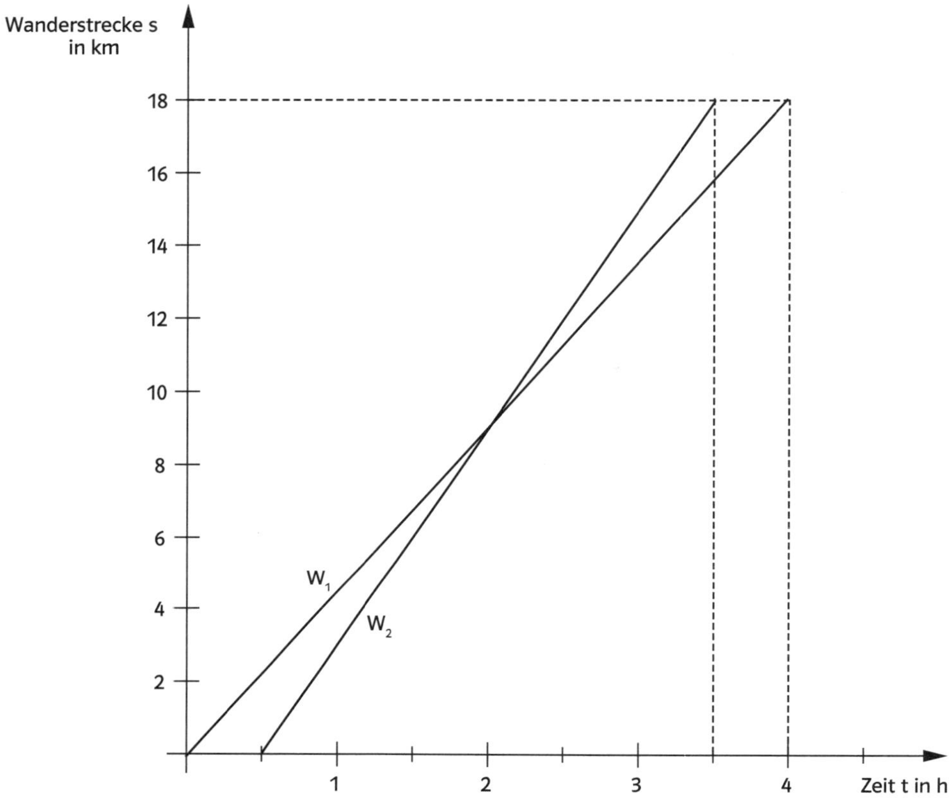

a) Beschreibe die Bewegung der beiden Wanderer.
Lies ab, wie weit beide Wanderer nach einer Stunde Wanderzeit gekommen sind.
b) Gib die Gleichung für jede der beiden Zuordnungen *Zeit t → Wanderstrecke s* an.
Berechne damit, wann und wo sich beide Wanderer begegnen.
c) Ist die Zuordnung *Zeit t → Entfernung d des Wanderers W_1 vom Ziel* eine Proportionalität?

3 (3 + 3 VP)
a) Welche der folgenden durch Formeln beschriebenen Zuordnungen sind antiproportionale Zuordnungen? Kreuze an! Begründe deine Entscheidungen.

☐ $x \to y$ mit $y = \frac{3}{x}$
☐ $a \to b$ mit $b \cdot a = 5$
☐ $V \to m$ mit $m = c \cdot V$, c ist konstant
☐ $s \to t$ mit $s = v \cdot t$, v ist konstant

b) Welche der Situationen können durch antiproportionale Zuordnungen beschrieben werden? Kreuze an! Begründe deine Entscheidung für die nicht angekreuzten Zuordnungen.

☐ Eine Anzahl von n Lkw sollen eine bestimmte Materialmenge m transportieren. Die Anzahl der erforderlichen Fahrten je Lkw sei f.
Zuordnung: $n \to f$

☐ Die Wegstrecke s wird mit einer durchschnittlichen Geschwindigkeit v in der Zeit t zurückgelegt.
Zuordnung: $t \to v$

☐ Eine vorbereitete Marmeladenmenge m soll in g Gläser mit dem Fassungsvermögen f je Glas abgefüllt werden.
Zuordnung: $f \to g$

☐ Zwei Personen haben heute das Alter a bzw. b und den Altersunterschied d. Die von heute an verstrichene Zeit sei t.
Zuordnung: $t \to d$

4 (2 + 2 + 2 VP)
In einem Schuhgeschäft ist der Zusammenhang zwischen der deutschen und der englischen Schuhgröße in Form einer Tabelle ausgehängt. Die Abbildung zeigt einen Ausschnitt dieser Tabelle.

Englische Größe	0	$\frac{1}{2}$	1	...	8	$8\frac{1}{2}$	9	...	$12\frac{1}{2}$
Deutsche Größe	$31\frac{1}{3}$	32	$32\frac{2}{3}$	...	42	$42\frac{2}{3}$	$43\frac{1}{3}$	...	48

Der bei der englischen Größe auftretende Zuwachs von je einer halben Größe entspricht bei der deutschen Größe einen Zuwachs von je $\frac{2}{3}$ Größen. Im Schuhladen werden allerdings lediglich ganzzahlige deutsche Größen angeboten. Darüber hinaus ist bekannt: Eine deutsche Größe entspricht einer Fußlänge von $\frac{2}{3}$ cm.
a) Gib die Gleichung an, mit der sich bei der Zuordnung *Fußlänge f → deutsche Größe d* die deutsche Größe d berechnen lässt.
Ist diese Zuordnung eine Proportionalität?
b) Welche deutsche Größe muss der Käufer mit der Fußlänge 29 cm wählen?
Welche Fußlänge gehört zur deutschen Größe 38?
c) Gib die Gleichung an, mit der sich bei der Zuordnung *englische Größe e → deutsche Größe d* die deutsche Größe d berechnen lässt.
Ist diese Zuordnung eine Proportionalität?

Lerntipps

zu Aufgabe 1
a) Verwende den Dreisatz zur Berechnung des Preises für einen Quadratmeter Teppichboden.
b) Hier gibt es sehr viele Lösungen!
zu Aufgabe 3
Antiproportionale Größen sind produktgleiche Größen!

Klassenarbeit 3.1

1 (2 + 2 + 2 VP)

Du weißt, dass bei einer proportionalen Zuordnung dem x-Wert 0 der y-Wert 0 zugeordnet wird. Wenn nun in Tabelle 1 dem x-Wert 2 der y-Wert 5 zugeordnet ist, dann muss dem halben x-Wert 1 auch der halbe y-Wert $\frac{5}{2}$ zugeordnet sein. Jetzt kannst du mit dem Wertepaar $(1\,|\,\frac{5}{2})$ die anderen Wertepaare $(3\,|\,3\cdot\frac{5}{2})$, $(4\,|\,4\cdot\frac{5}{2})$ und $(5\,|\,5\cdot\frac{5}{2})$ festlegen. Entsprechendes gilt für die zweite Tabelle.

a) Tabelle 1

x	0	1	2	3	4	5
y	0	2,5	5	7,5	10	12,5

Tabelle 2

x	−2	−1	0	1	2	3
y	$\frac{9}{2}$	$\frac{9}{4}$	0	$-\frac{9}{4}$	$-\frac{9}{2}$	$-\frac{27}{4}$

b)

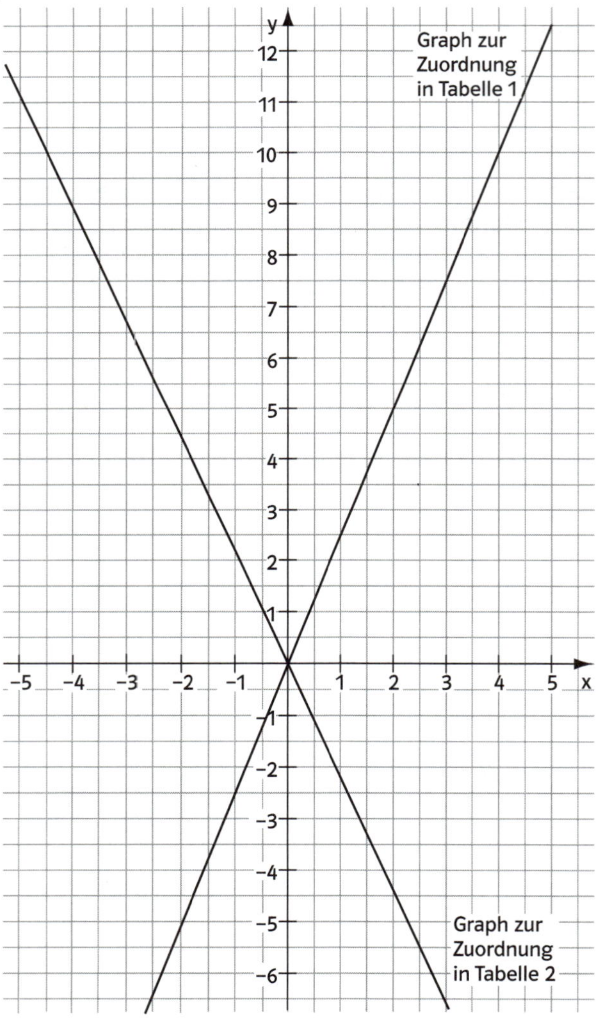

c) *Bestimme zuerst die Gleichungen zu beiden Zuordnungen. Sie haben die Form $y = m\cdot x$.*

Die zur ersten Tabelle gehörende Zuordnung kann durch die Gleichung $y = 2{,}5\cdot x$ beschrieben werden.

Für $y = -12$ erhält man:

$-12 = 2{,}5\cdot x$

$-12 = \frac{5}{2}\cdot x \qquad |\cdot\frac{2}{5}$

$-\frac{24}{5} = x$

$x = -\frac{24}{5}$

Die zur zweiten Tabelle gehörende Zuordnung kann durch die Gleichung $y = -\frac{9}{4}\cdot x$ beschrieben werden.

Für $y = -12$ erhält man:

$-12 = -\frac{9}{4}\cdot x \qquad |\cdot(-\frac{4}{9})$

$+12\cdot\frac{4}{9} = x$

$\frac{16}{3} = x$

$x = \frac{16}{3}$

2 (4 + 3 VP)

a) *Jede Gleichung hat die Form $y = m\cdot x + n$. Mit $x = 0$ kannst du an dem Graphen den zugehörigen Wert n ablesen. Wenn du den x-Wert um eine Einheit vergrößerst, dann verändert sich der y-Wert um m Einheiten.*

Die Ablesegenauigkeit wird besser, wenn du den x-Wert um zwei, drei, vier Einheiten vergrößerst. Der y-Wert verändert sich dann um $2\cdot m$, $3\cdot m$, $4\cdot m$. Zeichne Hilfslinien im Bild ein!

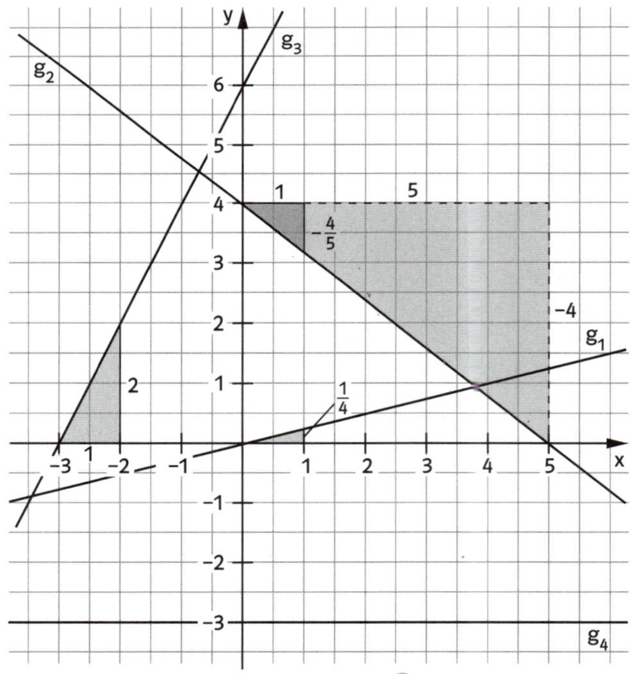

g_1: $y = \frac{1}{4}\cdot x$, $\quad x\in\mathbb{Q}$

g_2: $y = -\frac{4}{5}\cdot x + 4$, $\quad x\in\mathbb{Q}$

g_3: $y = 2\cdot x + 6$, $\quad x\in\mathbb{Q}$

g_4: $y = -3$, $\quad x\in\mathbb{Q}$

b)

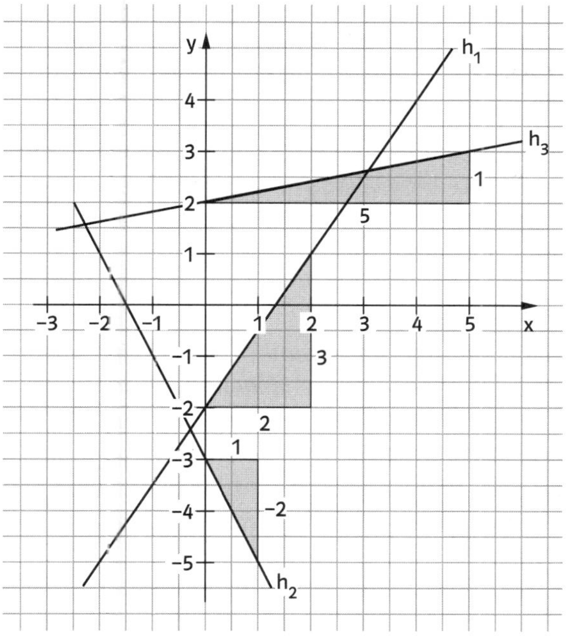

3 (2 + 1 + 1 + 1 VP)

Zum Ablesen auf der Hochachse ist es hilfreich, wenn du durch den betreffenden Kurvenpunkt eine zur Rechtsachse parallele Gerade zeichnest!

a) Am dritten Tag beträgt die Temperatur am Morgen 39,4 °C, am Abend 39,9 °C. Die am Abend gemessene Temperatur ist am neunten Tag am niedrigsten (37,1 °C).

b) Die am Morgen gemessene Temperatur steigt bis zum fünften Tag an (auf 40,1 °C). Die Temperatur fällt von 39,1 °C am sechsten Tag auf 36,8 °C am neunten Tag. Die Temperaturabnahme beträgt 2,3 K.

c) Die Temperatur am Abend lag vom zweiten bis zum siebten Tag höher als 39,0 °C. Dies sind sechs Tage.

d)

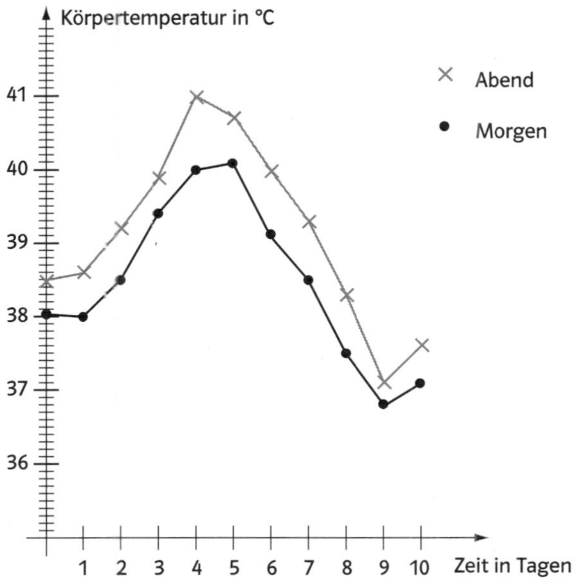

4 (2 + 2 + 2 VP)

a) Der Körper besteht aus acht gleichgroßen Würfeln. Die Formel für das Körpervolumen in Abhängigkeit von der Würfelkantenlänge heißt: $V = 8 \cdot a^3$.

Für a = 3 cm erhält man:

$V = 8 \cdot (3\,\text{cm})^3$

$V = 216\,\text{cm}^3$

b) Die Kantenlänge der Würfel sei jetzt a′.

Es gilt: $a' = 1{,}2 \cdot a$. Für das neue Volumen V′ folgt daraus:

$V' = 8 \cdot (a')^3$

$V' = 8 \cdot (1{,}2 \cdot a)^3$

$V' = 8 \cdot 1{,}2^3 \cdot a^3$

$V' = 1{,}2^3 \cdot (8 \cdot a^3)$

$V' = 1{,}2^3 \cdot V$

$V' = 1{,}728 \cdot V$

Das Volumen ist um 72,8 % größer geworden.

c) Die gesuchte Kantenlänge sei x.

Dann gilt:

$V = 8 \cdot x^3$

$100\,\text{cm}^3 = 8 \cdot x^3$

$x^3 = 12{,}5\,\text{cm}^3$

Für x = 2 cm erhält man $x^3 = 8\,\text{cm}^3 < 12{,}5\,\text{cm}^3$.

Für x = 3 cm erhält man $x^3 = 27\,\text{cm}^3 > 12{,}5\,\text{cm}^3$.

Der wahre Wert muss also zwischen 2,0 cm und 3,0 cm liegen.

Berechnen für auf eine Nachkommastelle gerundete Maße ergibt:

x	2,3 cm	2,4 cm
x^3	12,167 cm^3	13,824 cm^3

Will man die Genauigkeit weiter erhöhen, so muss man für x Werte zwischen 2,3 cm und 2,4 cm wählen.

x	2,31 cm	2,32 cm	2,33 cm
x^3	12,3263… cm^3	12,4871… cm^3	12,6493… cm^3

Somit: 2,32 cm < x < 2,33 cm.

Klassenarbeit 3.2

1 (2 + 3 + 2 + 2 VP)

a) *Eine Zuordnung $x \rightarrow y$ heißt Proportionalität, wenn dem Doppelten, Dreifachen, …, n-fachen einer Zahl oder Größe das Doppelte, Dreifache, …, n-fache der Zahl oder Größe zugeordnet wird.*

Wenn man bei der ersten Zuordnung den x-Wert verdoppelt (verdreifacht, usw.), dann wird auch der y-Wert verdoppelt (verdreifacht, usw.). Daher ist diese Zuordnung eine Proportionalität.

Wenn man bei der zweiten Zuordnung den x-Wert verdoppelt, dann wird der y-Wert nicht verdoppelt. Für x = 1 ergibt sich $y = \frac{13}{4}$, für x = 2 ergibt sich $y = \frac{18}{4}$. Diese Zuordnung ist also keine Proportionalität.

Wenn man bei der dritten Zuordnung den x-Wert verdoppelt (verdreifacht, usw.), dann wird auch der y-Wert verdoppelt (verdreifacht, usw.). Daher ist diese Zuordnung eine Proportionalität.

b) *Beim Zeichnen der zugehörigen Geraden ist es zweckmäßig, mit dem Punkt mit dem x-Wert 0 zu beginnen. Dann wählst du den x-Wert 1 und berechnest den zugehörigen y-Wert. Damit kennst du einen zweiten Punkt der Geraden und kannst diese zeichnen. Manchmal kann auch der x-Wert 2, 3, 4, 5 usw. bequemer sein. Erkennst du, warum?*

Graphen

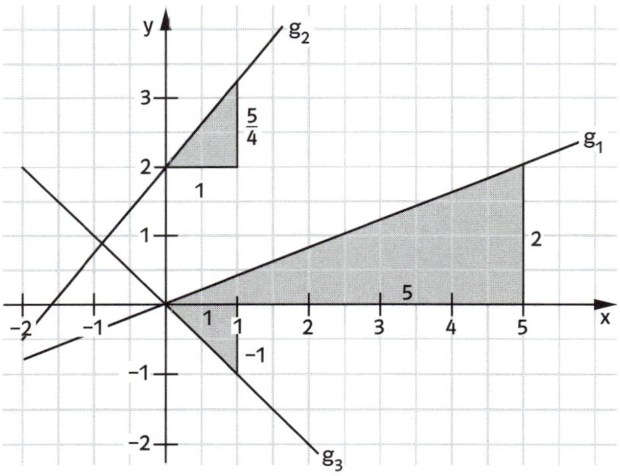

c) Für $x_0 = -8$ folgt

bei g_1: $y_0 = \frac{2}{5}\cdot(-8) = -\frac{16}{5} \neq -8$

bei g_2: $y_0 = \frac{5}{4}\cdot(-8) + 2 = -10 + 2 = -8$

bei g_3: $y_0 = -(-8) = +8 \neq -8$

Nur bei der zweiten Zuordnung wird dem Wert $x_0 = -8$ der Wert $y_0 = -8$ zugeordnet.

Für $x_1 = -\frac{1}{2}$ folgt

bei g_1: $y_1 = \frac{2}{5}\cdot\left(-\frac{1}{2}\right) = -\frac{1}{5}$,

bei g_2: $y_1 = \frac{5}{4}\cdot\left(-\frac{1}{2}\right) + 2 = -\frac{5}{8} + 2 = \frac{11}{8}$,

bei g_3: $y_1 = -\left(-\frac{1}{2}\right) = +\frac{1}{2}$.

d) *Diese Frage kannst du durch Betrachten der Schaubilder beantworten.*

Nur die zweite Zuordnung hat für $x_2 = 0$ einen positiven y-Wert, nämlich $y_2 = 2$.

Bei den beiden anderen Zuordnungen wird dem x-Wert $x_2 = 0$ der y-Wert $y_2 = 0$ zugeordnet.
Für negative x-Werte hat nur die dritte Zuordnung immer positive y-Werte.

2 (1 + 3 VP)

a) *Beim Fahrradfahren sind wohl die Teilstrecken besonders angenehm, bei denen es bergab geht, und besonders anstrengend, wenn es bergauf geht. Wie erkennst du diese Teilstrecken am Streckenprofil?*

Die Fahrstrecke zwischen 2 km und 3 km verläuft abwärts. Dort ist die Fahrt wohl am wenigsten anstrengend.

Am anstrengendsten ist die Fahrt auf dem steilsten Teil der Strecke. Dies ist etwa bei der 3,5 km-Marke.

b) Im Streckenprofil erkennt man:

Zuerst steigt die Fahrstrecke auf dem ersten Kilometer etwa gleichmäßig an. Die Geschwindigkeit auf diesem Teil dürfte also wohl abnehmen. Damit kommen nur noch die Abbildungen 3 und 4 in Frage.

Auf dem zweiten Kilometer verläuft die Straße etwa eben. Peter kann beschleunigen und schneller werden. Dies ist bei beiden Abbildungen 3 und 4 der Fall.

Auf dem dritten Streckenkilometer muss er bergab fahren. Er kann erneut schneller werden. Auch dies ist bei beiden Abbildungen 3 und 4 erkennbar.

Der vierte Kilometer ist der steilste. Zuerst steigt die Straße zunehmend steiler an, er wird also langsamer fahren müssen.

Auf dem letzten Teil der Strecke nimmt die Steigung wieder etwas ab, so dass er wohl wieder etwas schneller fahren kann, ehe er an der Schule ankommt. Dies wird durch Abbildung 3 dargestellt.
Vermutlich gehört also Abbildung 3 zu der angegebenen Zuordnung.

3 (2 + 5 VP)

a) *Beim Einsetzen des Volumens in die Formel sollte sich der Preis ergeben. Achte auf die richtigen Maßeinheiten!*

Für den Preis P in Abhängigkeit vom Heizölvolumen V gilt: $P = 0{,}65\frac{€}{l}\cdot V$

Daraus folgt:

$V = \frac{1}{0{,}65}\frac{l}{€}\cdot P = \frac{100}{65}\frac{l}{€}\cdot P = \frac{20}{13}\frac{l}{€}\cdot P$

b) *Das Heizöl im Tank hat Quaderform. Berechne zunächst die Veränderung des Flüssigkeitsspiegels beim Volumenzuwachs um 300 l.*

Flächeninhalt der rechteckigen Tankgrundfläche:
$A = 4{,}0\,m \cdot 1{,}5\,m$
$A = 6{,}0\,m^2$
In jeder Minute fließen $V = 300\,l$ Heizöl in den quaderförmigen Tank. Dabei steigt der Flüssigkeitsspiegel um c.
Es gilt:

$$V = A \cdot c$$
$$300\,l = 6{,}0\,m^2 \cdot c$$
$$300\,dm^3 = 600\,dm^2 \cdot c$$
$$c = 300\,dm^3 : 600\,dm^2$$
$$c = 0{,}50\,dm$$

Da zu Beginn der Füllung das Öl bereits 0,30 m hoch steht, erhält man zum Zeitpunkt t die Füllhöhe h nach der Formel:

$h = 0{,}50\,\frac{dm}{min} \cdot t + 0{,}30\,m$

$h = 0{,}50\,\frac{dm}{min} \cdot t + 3{,}0\,dm$

Graph:

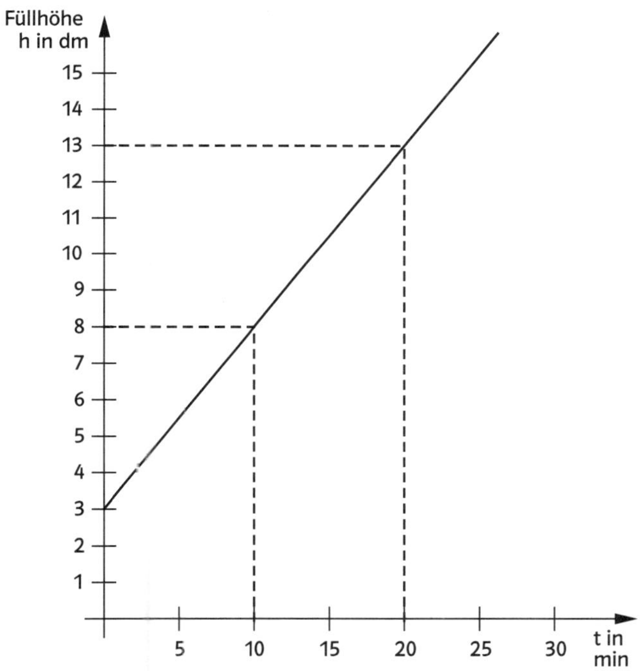

4 (4 VP)
Für den Rechtecksinhalt A gilt: $A = a \cdot b$.
Das Produkt der Seitenlängen muss also bei unverändertem Rechtecksinhalt gleich bleiben.

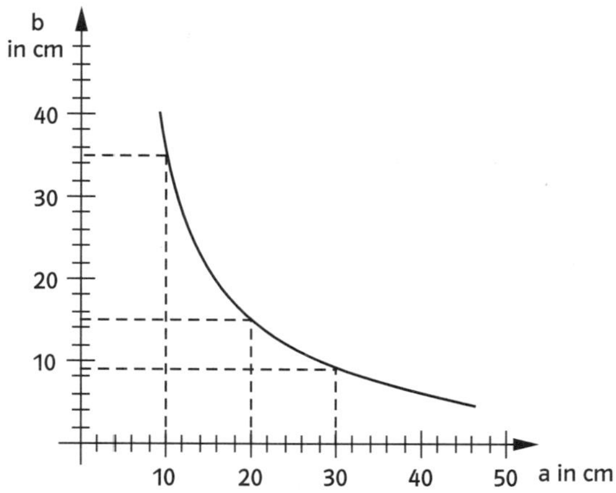

Wählt man in Abbildung 1 verschiedene Werte von a und die zugehörigen Werte von b, so erhält man verschiedene Produkte:

a	10 cm	20 cm	30 cm
b	35 cm	15 cm	9 cm
a·b	350 cm²	300 cm²	270 cm²

Der Graph beschreibt daher den Zusammenhang nicht korrekt.
Alternative
Es reicht aus, für ein einziges Wertepaar, (z.B. a = 20 cm, b = 15 cm) den Flächeninhalt zu berechnen. Da man nicht den gegebenen Inhalt 400 cm² erhält, muss die Kurve falsch sein.
Der Rechtecksinhalt soll $A = 400\,cm^2$ betragen.
Dann kann man folgende Wertepaare zur Zeichnung verwenden:

a	10 cm	16 cm	20 cm	25 cm	40 cm
b	40 cm	25 cm	20 cm	16 cm	10 cm
a·b	400 cm²	400 cm²	400 cm²	400 cm²	400 cm²

Damit erhält man folgenden Graphen.

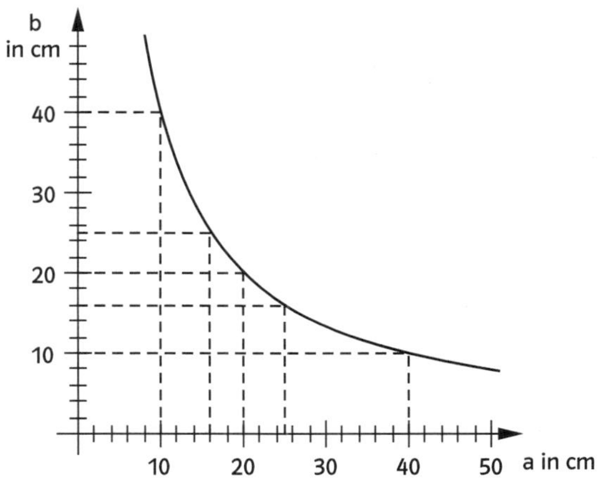

Klassenarbeit 3.3

1 (3 VP)
Erfahrungsgemäß kostet die doppelte (dreifache, ... usw.) Warenmenge den doppelten (dreifachen, ... usw.) Preis.
Die Zuordnung *Warenmenge m → Preis P* ist daher eine proportionale Zuordnung.
Zur Berechnung der fehlenden Gewichts- bzw. Preisangabe kann daher der Dreisatz für proportionale Zuordnungen angewendet werden.
Berechnung des Gewichts

	Preis (in €)	Gewicht (in kg)	
	0,91	0,479	
:0,90			:0,90
	1,00	0,479 : 0,90	
·2,45			·2,45
	2,45	(0,479 : 0,90)·2,45 = 1,3039...	

Auf dem zweiten Etikett muss wohl 1,304 kg stehen.

Berechnung des Preises

	Gewicht (in kg)	Preis (in €)	
	0,479	0,90	
:0,479			:0,479
	1,00	0,90 : 0,479	
·0,917			·0,917
	0,917	(0,90 : 0,479)·0,917 = 1,7229...	

Auf dem dritten Etikett muss wohl 1,72 € stehen.

Bemerkungen
Es lohnt sich nicht, die Zwischenergebnisse auszurechnen. Würde man diese Zwischenergebnisse auf Gramm bzw. Cent runden, so würde sich der mögliche Rundungsfehler auch im Endergebnis bemerkbar machen, bei dem ja auf jeden Fall gerundet werden muss.
Wer allerdings dennoch zuerst den Preis für ein Kilogramm der Trauben berechnet, wird 1,88 € erhalten.

2 (3 + 1 VP)
a) *Bei einer antiproportionalen Zuordnung wird dem doppelten x-Wert der halbe y-Wert zugeordnet. Damit weißt du den y-Wert zum x-Wert 10 in der ersten Tabelle.*
Wie muss dann der y-Wert zum x-Wert 1 heißen?
Bei der zweiten Tabelle ist der x-Wert $\frac{1}{2}$ ein Drittel des x-Werts $\frac{3}{2}$. Was heißt das für den zugehörigen y-Wert?

Tabelle 1

x	2	4	5	8	10
y	50	25	20	12,5	10

Tabelle 2

x	$\frac{1}{2}$	1	$\frac{3}{2}$	2	$\frac{5}{2}$
y	18	9	6	$\frac{9}{2}$	$\frac{18}{5}$

b) *Die Gleichung hat die Form $y = \frac{a}{x}$.*
Gleichung der ersten Zuordnung
$y = \frac{100}{x}$
Für y = 15 erhält man:

$$15 = \frac{100}{x} \quad | \cdot x$$
$$15 \cdot x = 100 \quad | :15$$
$$x = \frac{100}{15}$$
$$x = \frac{20}{3}$$

3 (2 + 1 + 1 VP)
a) Idee: Man denkt sich den Sportplatz in 80 cm breite Streifen zerlegt und zählt die Anzahl dieser Streifen.

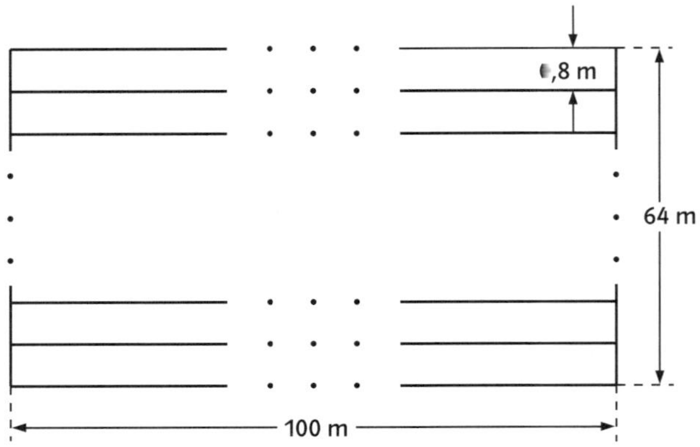

Anzahl der Streifen
64 m : 0,8 m = 80

Gesamtlänge aller Streifen
80 · 100 m = 8000 m
Der Sportwart legt beim Mähen 8000 m zurück.

Bemerkungen
Auch bei einer Einteilung in Streifen quer zum Spielfeld ergibt sich dieselbe Länge.

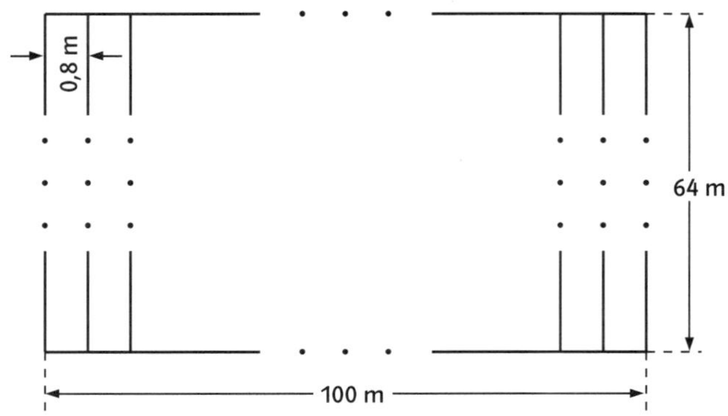

Anzahl der Streifen
100 m : 0,8 m = 125

Gesamtlänge aller Streifen
$125 \cdot 64\,m = 8000\,m$
b) Der Platzwart hat recht. Die Zuordnung
Schnittbreite b → Länge des Wegs s
ist eine Antiproportionalität.
Begründung
Wäre die Schnittbreite nämlich doppelt so groß, so würde sich die Anzahl der Streifen halbieren. Da die Länge der Streifen unverändert bliebe, wäre die Gesamtlänge aller Streifen halb so groß.
Entsprechend wäre bei dreifacher Schnittbreite die Gesamtlänge nur ein Drittel so groß, bei n-facher Schnittbreite würde die Gesamtlänge auf den n-ten Teil abnehmen.
Bemerkungen
Jede Zuordnung bei Anwendungsbeispielen gilt natürlich nur innerhalb gewisser Grenzen. Es hat hier keinen Sinn, die Schnittbreite des Rasenmähers auf das Zehnfache oder Zwanzigfache zu erhöhen, um die Gesamtlänge auf ein Zehntel oder Zwanzigstel herabzusetzen. Rechnerisch wäre dies zwar korrekt, praktisch jedoch nicht umsetzbar.
c) Die Zuordnung *Mähleistung m → Mähdauer t* ist eine Antiproportionalität.
Begründung
Doppelte Mähleistung heißt, dass in der gleichen Zeit die doppelte Fläche gemäht wird.
Bei doppelter Mähleistung würde daher eine bestimmte Fläche in der halben Zeit gemäht, bei dreifacher Mähleistung würde diese Fläche in einem Drittel der Zeit gemäht. Bei n-facher Mähleistung würde diese Fläche im n-ten Teil der Zeit gemäht.

4 (2 + 2 + 1 VP)
a) Lokomotive 1
Der Abstand von A vergrößert sich je Sekunde um 10 cm:
$s_1 = 10\frac{cm}{s} \cdot t$
Lokomotive 2
Der ursprüngliche Abstand von 18 m verringert sich je Sekunde um 8 cm:
$s_2 = 18\,m - 8\frac{cm}{s} \cdot t$
b) Die Lokomotiven begegnen sich, wenn ihr Abstand von A gleich groß ist, wenn also $s_1 = s_2$ gilt.

$$10\tfrac{cm}{s} \cdot t = 18\,m - 8\tfrac{cm}{s} \cdot t \quad | + 8\tfrac{cm}{s} \cdot t$$
$$10\tfrac{cm}{s} \cdot t + 8\tfrac{cm}{s} \cdot t = 18\,m$$
$$18\tfrac{cm}{s} \cdot t = 1800\,cm \quad | : 18\tfrac{cm}{s}$$
$$t = 100\,s$$

Die Lokomotiven begegnen sich nach 100 Sekunden.
Nach 100 s hat Lokomotive 1 eine Strecke der Länge $10\frac{cm}{s} \cdot 100\,s$ zurückgelegt. Dies sind 1000 cm oder 10 m. Die Lokomotiven begegnen sich im Abstand 10 m vom Punkt A.
c) Die Lokomotiven verringern in jeder Sekunde den Abstand um 18 cm. Der Abstand der Lokomotiven zur Zeit t lässt sich daher beschreiben durch
$d = 18\,m - 18\frac{cm}{s} \cdot t$.
Mit d = 4,5 m folgt daraus:

$$4{,}5\,m = 18\,m - 18\tfrac{cm}{s} \cdot t \quad | + 18\tfrac{cm}{s} \cdot t$$
$$18\tfrac{cm}{s} \cdot t + 4{,}5\,m = 18\,m \quad | - 4{,}5\,m$$
$$18\tfrac{cm}{s} \cdot t = 13{,}5\,m \quad | : 18\tfrac{cm}{s}$$
$$t = 1350\,cm : 18\tfrac{cm}{s}$$
$$t = 75\,s$$

Die Lokomotiven haben nach 75 s den Abstand 4,5 m.

5 (4 + 2 + 2 VP)
a) Der Springer verlässt das Flugzeug zum Zeitpunkt 0 min in einer Höhe von 4 km.
Er erreicht den Boden nach $4\frac{1}{3}$min = 4 min 20 s.
Nach einer Minute befindet sich der Fallschirmspringer in einer Höhe von 1 km, er ist also 3 km gefallen.
Nach 20 s ist der Springer noch 3 km hoch.
b) Der Springer fällt in dem Zeitintervall am schnellsten, in dem er den größten Höhenunterschied zurücklegt. Dies ist etwa zwischen 20 s und 30 s nach dem Absprung der Fall. (In diesem Bereich ist das Schaubild am steilsten.)
Die Abnahme der Höhe mit der Zeit ist von 1 min nach dem Absprung bis zum Auftreffen auf dem Boden gleichförmig. In 3 min 20 s = 200 s fällt der Springer 1 km tief. In jeder Sekunde fällt er daher 5 m. Seine Geschwindigkeit beim Auftreffen am Boden ist $5\frac{m}{s}$.
c) Aus dem Höhe-Zeit-Diagramm erkennt man, dass die Fallgeschwindigkeit zuerst von 0 aus anwächst, im Bereich von 20 s bis 30 s ihren größten Wert annimmt, dann wieder kleiner wird (nach dem Öffnen des Schirms) und schließlich konstant bleibt. Dieser Zusammenhang zwischen Zeit und Fallgeschwindigkeit wird nur vom Schaubild in Abbildung 3 dargestellt.

Klassenarbeit 3.4

1 (3 + 1 VP)

a) Da die doppelte (dreifache, ... usw.) Warenmenge den doppelten (dreifachen, ... usw.) Preis kostet, ist die Zuordnung *Warenmenge A → Preis P* eine proportionale Zuordnung.

Der Preis für den Teppichboden kann daher mit dem Dreisatz für proportionale Zuordnungen berechnet werden.

Flächeninhalt des ersten Zimmerbodens

$A_1 = 3{,}5\,m \cdot 3{,}2\,m$

$A_1 = 11{,}2\,m^2$

Flächeninhalt des zweiten Zimmerbodens

$A_2 = 4{,}2\,m \cdot 5{,}5\,m$

$A_2 = 23{,}1\,m^2$

Berechnung des Preises

	Flächeninhalt (in m²)	Preis (in €)	
	11,2	436,80	
:11,2			:11,2
	1	436,80 : 11,2	
·23,1			·23,1
	23,1	(436,80 : 11,2) · 23,1 = 900,90	

Der Teppichboden für das zweite Zimmer kostet 900,90 €.

b) Das Zimmer müsste denselben Flächeninhalt $A_1 = 11{,}2\,m^2$ haben wie das erste Zimmer. Für seine Länge a und Breite b müsste daher gelten:

$a \cdot b = 11{,}2\,m^2$

Wählt man beispielsweise a = 4,0 m, so folgt:

$b = 11{,}2\,m^2 : a$

$b = 11{,}2\,m^2 : 4{,}0\,m$

$b = 2{,}8\,m$

Bemerkungen

Jede sinnvolle Zimmerlänge a und Zimmerbreite b ist eine Lösung der Aufgabe. Daher gibt es beliebig viele Lösungen.

Beachte, dass die Zimmerlänge 0,5 m und die Zimmerbreite 22,4 m zwar rechnerisch korrekt sind, aber sicher kein reales Zimmer beschreiben.

2 (4 + 3 + 1 VP)

a) Wanderer 1 beginnt seine Bewegung zum Zeitpunkt 0 h an der Wegmarke 0 km. Er legt in immer gleichen Zeitabschnitten gleich große Wegstrecken zurück. Nach 4 h Wanderzeit erreicht er die Wegmarke 18 km.

Wanderer 2 beginnt seine Bewegung $\frac{1}{2}$h nach Wanderer 1. Er bewegt sich ebenfalls gleichförmig und erreicht 3 h nach Beginn seiner Wanderung ebenfalls die Wegmarke 18 km.

Wanderer 1 ist nach einer Stunde Wanderzeit 4,5 km weit gekommen, Wanderer 2 ist nach einer Stunde Wanderzeit 6 km weit gekommen.

b) Gleichung für die Zuordnung bei Wanderer 1:

$s_1 = 4{,}5\frac{km}{h} \cdot t,\ t \geq 0\,h,$

Gleichung für die Zuordnung bei Wanderer 2:

$s_2 = 6\frac{km}{h} \cdot t - 3\,km,\ t \geq 0{,}5\,h.$

Die Wanderer begegnen sich, wenn für einen Zeitpunkt t gilt: $s_1 = s_2$.

Daher:

$$4{,}5\tfrac{km}{h} \cdot t = 6\tfrac{km}{h} \cdot t - 3\,km \qquad \mid -6\tfrac{km}{h} \cdot t$$
$$-1{,}5\tfrac{km}{h} \cdot t = -3\,km \qquad \mid \cdot(-1)$$
$$1{,}5\tfrac{km}{h} \cdot t = 3\,km \qquad \mid :1{,}5\tfrac{km}{h}$$
$$t = 2\,h$$

Die Wanderer begegnen sich 2 h nach Beginn der Wanderung des ersten Wanderers. Dieser ist in dieser Zeit $4{,}5\frac{km}{h} \cdot 2\,h = 9\,km$ weit gekommen. (Entsprechend lässt sich sagen: Die Wanderer begegnen sich 1,5 h nach Beginn der Wanderung des zweiten Wanderers. Dieser ist in dieser Zeit ebenfalls 9 km weit gekommen.)

c) Die Zuordnung *Zeit → Entfernung des Wanderers W_1 vom Ziel* lässt sich beschreiben durch die Gleichung $d = 18\,km - s_1 = 18\,km - 4{,}5\frac{km}{h} \cdot t$. Der zugehörige Graph liegt zwar auf einer Geraden. Diese Gerade geht jedoch nicht durch den Ursprung des Koordinatensystems, da sich für t = 0 h der Wert d = 18 km ergibt. Folglich ist die Zuordnung keine Proportionalität.

3 (3 + 3 VP)

a)
- [X] x → y mit $y = \frac{3}{x}$
- [X] a → b mit $b \cdot a = 5$
- [ ] V → m mit $m = c \cdot V$, c ist konstant
- [ ] s → t mit $s = v \cdot t$, v ist konstant

Begründung

Antiproportionale Zuordnungen x → y haben produktgleiche Wertepaare. Dies ist bei den ersten beiden Zuordnungen der Fall: $x \cdot y = 3$, $a \cdot b = 5$.

Bei der dritten Zuordnung ist $m \cdot V$ nicht konstant (sondern $\frac{m}{V}$), bei der vierten Zuordnung ist $s \cdot t$ nicht konstant (sondern $\frac{s}{t}$). Daher sind diese beiden Zuordnungen keine antiproportionalen Zuordnungen. (Es sind proportionale Zuordnungen.)

b) [X] Eine Anzahl von n Lkw sollen eine bestimmte Materialmenge m transportieren. Die Anzahl der erforderlichen Fahrten je Lkw sei f.

Zuordnung: n → f

[X] Die Wegstrecke s wird mit einer durchschnittlichen Geschwindigkeit v in der Zeit t zurückgelegt.

Zuordnung: t → v

[X] Eine vorbereitete Marmeladenmenge m soll in g Gläser mit dem Fassungsvermögen f je Glas abgefüllt werden.
Zuordnung: $f \rightarrow g$

[ ] Zwei Personen haben heute das Alter a bzw. b und den Altersunterschied d. Die von heute an verstrichene Zeit sei t.
Zuordnung: $t \rightarrow d$

Die vierte Zuordnung ist keine antiproportionale Zuordnung. Der Altersunterschied d der Personen bleibt für alle Zeiten t (solange beide Personen noch leben) gleich! Das Produkt aus d und t ist folglich nicht konstant.

4 (2 + 2 + 2 VP)
Der Zusammenhang zwischen der deutschen und der englischen Schuhgröße wird durch folgende Tabelle beschrieben.

Englische Größe	0	$\frac{1}{2}$	1	…	8	$8\frac{1}{2}$	9	…	$12\frac{1}{2}$
Deutsche Größe	$31\frac{1}{3}$	32	$32\frac{2}{3}$	…	42	$42\frac{2}{3}$	$43\frac{1}{3}$	…	48

a) Eine deutsche Größe entspricht einer Fußlänge von $\frac{2}{3}$cm. Daher entspricht der doppelten (dreifachen, … n-fachen) Größe die doppelte (dreifache, … n-fache) Fußlänge.
Die Zuordnung ist also eine Proportionalität.
Es gilt:

Fußlänge (in cm)	deutsche Größe d
$\frac{2}{3}$	1
$:\frac{2}{3}$ ↓ 1	$:\frac{2}{3}$ ↓ $1:\frac{2}{3}=\frac{3}{2}$
$\cdot f$ ↓ f	$\cdot f$ ↓ $\frac{3}{2}\cdot f$

Die gesuchte Gleichung heißt daher $d = \frac{3}{2}\cdot f$, $f \geqq 0$.

b) Mit f = 29 gilt:
$d = \frac{3}{2}\cdot 29$
$d = 43{,}5$
Der Käufer muss die Größe 44 wählen.
Mit d = 38 ergibt sich:
$38 = \frac{3}{2}\cdot f \quad | \cdot\frac{2}{3}$
$38\cdot\frac{2}{3} = f$
$f = 25\frac{1}{3}$
Der Fuß ist etwa $25\frac{1}{3}$cm lang.

c) An der Tabelle erkennt man:
Der englischen Größe 0 wird die deutsche Größe $31\frac{1}{3}$ zugeordnet. Ein Zuwachs um eine englische Größe führt zu einem Zuwachs um $\frac{4}{3}$ deutsche Größen.

Die Gleichung, mit der sich die deutsche Größe d aus der englischen Größe e berechnen lässt lautet daher:
$d = \frac{4}{3}\cdot e + 31\frac{1}{3}$, $e \geqq 0$
Die Zuordnung ist keine Proportionalität, da eine Verdoppelung von e nicht zu einer Verdoppelung von d führt.

Pinboard – Terme und Gleichungen

Termwerte berechnen

Definitionen	Beispiele
Einen Termwert berechnen heißt, für die Variable im Term eine Zahl (Größe) einsetzen.	Berechne für x = 2 und x = −3 die Termwerte von t mit $t(x) = \frac{1}{4} \cdot x - 2$. Es gilt: $t(2) = \frac{1}{4} \cdot 2 - 2 = -\frac{3}{2}$, $t(-3) = \frac{1}{4} \cdot (-3) - 2 = -\frac{11}{4}$
Zwei Terme heißen äquivalent (gleichwertig), wenn sich bei jeder Belegung der Variablen mit der gleichen Zahl (Größe) auch gleiche Termwerte ergeben.	Die Terme t_1 und t_2 mit $t_1(x) = 2 \cdot x + 1$ und $t_2(x) = x + 1 + x$ sind äquivalent. Dies zeigt man durch Anwendung der bekannten Rechengesetze.
Wenn es eine Einsetzung gibt, für die sich nicht gleiche Termwerte ergeben, so heißen die Terme nicht äquivalent.	Die Terme t_1 und t_2 mit $t_1(x) = 3 \cdot x + 1$ und $t_2(x) = 4 \cdot x$ sind nicht äquivalent, denn es gilt z. B. $t_1(2) = 3 \cdot 2 + 1 = 7$ und $t_2(2) = 4 \cdot 2 = 8$, also $t_1(2) \neq t_2(2)$.

Terme umformen

Definition	Beispiele
Einen Term umformen heißt, ihn unter Verwendung der Rechengesetze in einen gleichwertigen (äquivalenten) Term überführen.	Vergleiche jeweils mit der linken Spalte. Was steht anstelle von a, b oder c? Überlege, warum die entsprechende Umformung nützlich ist!
Rechengesetze	
Assoziativgesetz der Addition: (a + b) + c = a + (b + c)	$(2 \cdot x + 3) + 7 = 2 \cdot x + (3 + 7)$ $0{,}5 + \left(\frac{1}{2} + 5 \cdot x\right) = \left(0{,}5 + \frac{1}{2}\right) + 5 \cdot x$
Assoziativgesetz der Multiplikation: (a · b) · c = a · (b · c)	$(x \cdot 5) \cdot 3 = x \cdot (5 \cdot 3)$ $(-2) \cdot \left(\frac{3}{8} \cdot x\right) = \left((-2) \cdot \frac{3}{8}\right) \cdot x$
Kommutativgesetz der Addition: a + b = b + a	$4 + 2 \cdot x + 1 = 4 + 1 + 2 \cdot x$ $3 \cdot x + 0{,}6 + (-2 \cdot x) = 3 \cdot x + (-2 \cdot x) + 0{,}6$
Kommutativgesetz der Multiplikation: a · b = b · a	$\frac{2}{3} \cdot x \cdot \frac{9}{4} = \frac{2}{3} \cdot \frac{9}{4} \cdot x$ $6 \cdot x \cdot (-5) = 6 \cdot (-5) \cdot x$
Distributivgesetz: (a + b) · c = a · c + b · c	$(8 + x) \cdot 3 = 8 \cdot 3 + x \cdot 3$ $0{,}5 \cdot (6 - 2x) = 0{,}5 \cdot 6 - 0{,}5 \cdot 2x$

Wie alt wurde Diophant?

„Hier dies Grabmal deckt Diophantes. Schaut das Wunder!
Durch des Entschlafenen Kunst lehret sein Alter der Stein.
Knabe zu sein gewährte ihm Gott ein Sechstel des Lebens;
Noch ein Zwölftel dazu, sproßt' auf der Wange der Bart;
Dazu ein Siebentel noch, da schloß er das Bündnis der Ehe,
Nach fünf Jahren entsprang aus der Verbindung ein Sohn.
Wehe, das Kind, das vielgeliebte, die Hälfte der Jahre
Hatt' es des Vaters erreicht, als es dem Schicksal erlag.
Drauf vier Jahre hindurch durch der Größen Betrachtung
den Kummer von sich scheuchend
auch er kam an das irdische Ziel."

Abu Ja'far Muhammad ibn Musa al-Chwarizimi

Terme aufstellen

Definition	Beispiele		
Einen Term aufstellen heißt, durch einen Text, eine Tabelle oder eine Abbildung vorgegebene Informationen in einen Rechenausdruck mit einer Variablen zu übersetzen.	Schreibe einen Term auf: Addiere 5 zum Dreifachen einer natürlichen Zahl.	Wie geht die zweite Tabellenzeile aus der ersten hervor? Schreibe einen Term auf. n: 1, 2, 3, 4 t(n): 1, $\frac{1}{4}$, $\frac{1}{9}$, $\frac{1}{16}$	Welcher Term beschreibt den Umfang der Figur? 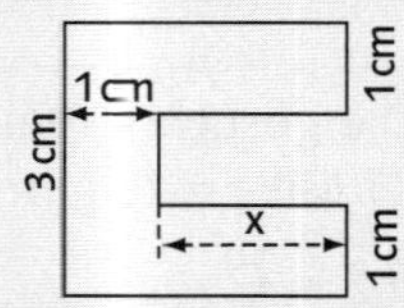
Vorgehensweise			
Prüfung anhand von Beispielen, ob die Information verstanden ist.	Angenommen, die natürliche Zahl ist 2. Das Dreifache davon ist 3 · 2. Dazu wird 5 addiert. Man erhält 3 · 2 + 5.	Im Zähler aller Brüche steht die Zahl 1. Im Nenner des zweiten Bruchs steht das Quadrat von 2, im Nenner des dritten Bruchs das Quadrat von 3 usw.	Die Längen der vier senkrecht verlaufenden Strecken sind bekannt. Zwei der waagrechten Strecken haben die Länge x, die anderen beiden sind jeweils 1 cm länger.
Festlegung des Variablennamens und seiner Bedeutung. Formulierung des Terms mit Hilfe dieser Variablen.	Die natürliche Zahl wird mit x bezeichnet. Der Term heißt also 3 · x + 5, wobei x ∈ ℕ gilt.	Für die Variable n soll gelten: $n \in \mathbb{N}^*$. $t(n) = \frac{1}{n^2}$, $n \in \mathbb{N}^*$	Die beiden unbekannten Längen werden mit x bezeichnet. U(x) = 3 cm + 3 · 1 cm + 2 · x + 2 · (x + 1 cm) U(x) = 6 cm + 2x + 2x + 2 cm U(x) = 8 cm + 4x
Kontrolle des Terms am Text, an der Tabelle oder der Abbildung.	Berechnung von Termwerten: Für x = 1 erhält man 8, also tatsächlich das um 5 vermehrte Dreifache von 1. Entsprechendes gilt für andere x-Werte.	Berechnung der Termwerte für n = 1, n = 2, n = 3 liefert die in der zweiten Zeile der Tabelle genannten Zahlen.	Berechnung der Termwerte für x = 1 cm, x = 2 cm usw. und Vergleichen mit der Figur bestätigt die Richtigkeit des Terms.

Gleichungen

Definitionen	Beispiele
Wenn man zwischen zwei Termen mit Variablen ein Gleichheitszeichen schreibt, so erhält man eine Gleichung.	$3 \cdot x - 1 = 5 \cdot x + 2$ $\frac{1}{2} \cdot (x - 0,3) + 4 = \frac{2}{3} \cdot x - 1$
Wenn man in einer Gleichung für die Variable an jeder Stelle die gleiche Zahl einsetzt und die entstehende Aussage richtig (wahr) ist, so heißt diese Einsetzzahl eine Lösung dieser Gleichung. Die Menge aller Lösungen einer Gleichung heißt Lösungsmenge.	$2 \cdot x + 16 = -4 \cdot x - 2$ hat die Lösung −3, denn die Aussage $2 \cdot (-3) + 16 = -4 \cdot (-3) - 2$ ist wahr. Die Gleichung hat nicht die Lösung 1, denn die Aussage $2 \cdot 1 + 16 = -4 \cdot 1 - 2$ ist falsch.
Eine Gleichung heißt eindeutig lösbar, wenn sie genau eine Lösung hat, allgemeingültig, wenn alle Zahlen Lösungen sind, unlösbar, wenn keine Zahl Lösung ist.	$6 \cdot x = 18$ $L = \{3\}$ $x + 1 = 2 \cdot (x - 3) - x + 7$ $L = \mathbb{Q}$ $x + 1 = x$ $L = \{\,\}$
Eine Gleichungsumformung heißt Äquivalenzumformung, wenn sie die Lösungsmenge nicht verändert. Eine Gleichung lösen heißt, mithilfe von Äquivalenzumformungen die Gleichung in die Form $x = a$ ($a \in \mathbb{Q}$) zu bringen.	Äquivalenzumformungen sind: Addieren/Subtrahieren derselben Zahl oder desselben Terms auf beiden Seiten der Gleichung, Multiplizieren oder Dividieren mit einer von Null verschiedenen Zahl auf beiden Seiten der Gleichung, Termumformungen.
Beispiele	**Äquivalenzumformungen**
$6 \cdot x - 1 = 2$ $\quad | +1$	Addition von 1
$6 \cdot x = 3$ $\quad | :6$	Division durch 6
$x = \frac{1}{2}$	Kürzen mit 3
$L = \{\frac{1}{2}\}$	
$2 \cdot (x + 1) = x - 4$	Distributivgesetz anwenden
$2 \cdot x + 2 \cdot 1 = x - 4$ $\quad | -2$	Subtraktion von 2
$2 \cdot x = x - 6$ $\quad | -x$	Subtraktion von x
$x = -6$	Distributivgesetz: $2x - 1x = (2 - 1) \cdot x$
$L = \{-6\}$	

Terme im Alltag

Gebühren bei der Post

	Deutschland	
Infopost Standard (auch Kataloge)		
Preis je Stück bis 20 g	0,25	EUR
Infopost Kompakt (auch Kataloge)		
Preis je Stück bis 20 g	0,28	EUR
Preis je Stück über 20 g bis 50 g – so wird berechnet: (ganze g − 20) x 0,352 ct + 28 ct	0,28 bis 0,39	EUR
Infopost Groß (auch Kataloge)		
Preis je Stück bis 20 g	0,36	EUR
Preis je Stück über 20 g bis 100 g – so wird berechnet: (ganze g − 20) x 0,352 ct + 36 ct	0,36 bis 0,64	EUR
Preis je Stück über 100 g bis 1000 g – so wird berechnet: (ganze g − 100) x 0,046 ct + 64 ct	0,64 bis 1,05	EUR

Das Ergebnis ist auf volle Cent mathematisch zu runden.
Bruchteile von Gramm sind auf ganze Gramm aufzurunden.

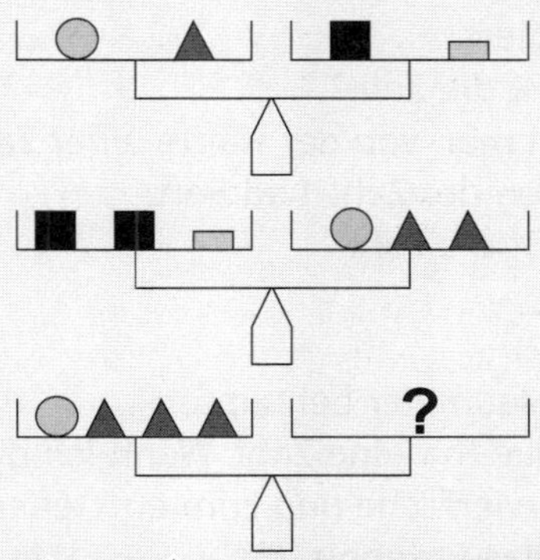

Bist du sicher?

1 a) Berechne die Termwerte.

x	−1	0	$\frac{1}{3}$	2,5
$\frac{1}{4}x - 1$				

b) Bestimme den Term.

x	0	1	2	3
	2	5	8	11

2 Welche der folgenden Terme sind äquivalent?
$4(x - 1) + 0,3$; $x + 2(x + 1) - (x - 1,7)$; $4x + 4,3$;
$(2x - 0,5) \cdot 3 - 2 \cdot (-x + 1,1)$

3 Löse die Gleichungen.
a) $4x - 3 = 4 - x$
b) $\frac{1}{3}(2x - 1) = \frac{1}{2}$
c) $20 - (3x + 1) \cdot 3 = x - 13$
d) $0,7x + 1,5 = \frac{3}{4} - \frac{1}{2}x$
e) $(9 - 2x) \cdot \frac{1}{2} = 4 - (2 + x)$
f) $(5x - 1) \cdot 3 = 2(x - 1) - 1$

4 a) Was kostet ein Stück *Infopost kompakt*, das 27 g (39,4 g) wiegt?
b) Jemand liefert 2500 Stück *Infopost Groß* ein und zahlt dafür 1775,00 €. Was wiegt jedes dieser Poststücke?

5 Schreibe je einen Term auf für
a) das Sechsfache einer ganzen Zahl,
b) eine ungerade natürliche Zahl,
c) das Doppelte von zwei aufeinanderfolgenden ganzen Zahlen.

6 Stelle je eine Formel für die Gesamtkantenlänge k, den Oberflächeninhalt O und das Volumen V des Quaders auf.

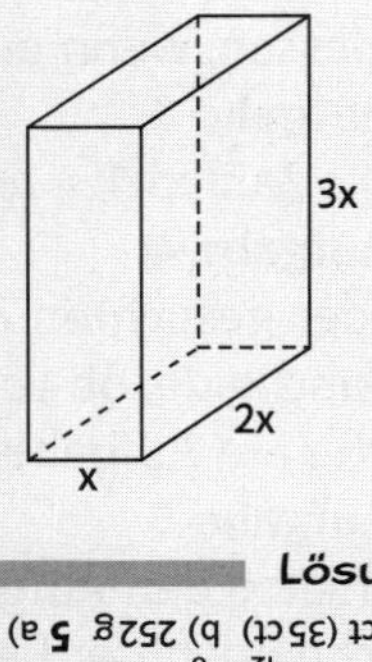

Lösungen

1 a) $-\frac{5}{4}$; -1; $-\frac{11}{12}$; $-\frac{3}{8}$ b) $3 \cdot x + 2$ **2** Der erste und der letzte Term sind äquivalent: $4x - 3,7$ **3** a) $x = \frac{7}{5}$ b) $x = \frac{5}{4}$ c) $x = 3$ d) $x = -\frac{5}{8}$ e) $L = \{\,\}$ f) $x = 0$
4 a) 30 ct (35 ct) b) 252 g **5** a) $6 \cdot z$, $z \in \mathbb{Z}$ b) $2 \cdot n + 1$, $n \in \mathbb{N}$ c) $2 \cdot (z + (z + 1))$, $z \in \mathbb{Z}$ **6** $k = 24x$, $O = 22x^2$, $V = 6x^3$

Anfangszeit: ______________________ + 45 Minuten → Abgabe: ______________________

1 (2 + 2 + 2 + 2 VP)
Vereinfache die Terme und fasse soweit wie möglich zusammen.
a) $3\cdot(x-5)-(2x+1)\cdot 4$ b) $0{,}7\cdot(4x-1)+0{,}2x-0{,}3$
c) $\left(\frac{1}{2}-\frac{2}{3}x\right)\cdot\frac{2}{5}+\frac{2}{5}x+\frac{4}{5}$ d) $(1{,}5x-6):\frac{3}{2}-(x-5)$

2 (0,5 + 0,5 + 0,5 + 0,5 VP)
Schreibe jeweils einen Term auf, der für jede natürliche Einsetzzahl
a) eine Quadratzahl ergibt.
b) die Summe von drei aufeinanderfolgenden Zahlen ergibt.
c) eine durch 5 teilbare Zahl ergibt.
d) eine Zahl ergibt, die bei Division durch 3 den Rest 1 liefert.

3 (2 + 1 + 1 VP)
Gegeben ist der Term t mit $t(x)=\frac{1}{4}x-2,\ x\in\mathbb{Q}$.
a) Berechne die Termwerte für $x=3,\ x=-2,\ x=\frac{2}{3},\ x=-\frac{1}{4}$.
b) Für welche Einsetzzahl wird der Termwert -1?
c) Für welche Einsetzzahl wird der Termwert $\frac{1}{3}$?

4 (3 + 3 VP)
a) Wenn man das Fünffache einer Zahl von 21 subtrahiert, erhält man genau so viel, wie wenn man 9 zur Zahl addiert.
Wie heißt die Zahl?
b) Wenn man von der Hälfte einer Zahl 14 subtrahiert, erhält man genau so viel, wie wenn man zum Doppelten der Zahl 1 addiert.
Wie heißt die Zahl?

5 (4 VP)
Max Schlaumaier behauptet:
„Ich denke mir eine Zahl. Wenn ich diese Zahl mit 5 multipliziere, vom Ergebnis 3 subtrahiere, die Differenz dann vervierfache und zum entstehenden Produkt 2 addiere, dann erhalte ich nach Abschneiden der Einerziffer 0 das Ergebnis 23."
Wie heißt die gedachte Zahl? Verwende eine Gleichung!

Lerntipps

zu Aufgabe 1
Beachte das Distributivgesetz: $(a+b)\cdot c=a\cdot c+b\cdot c$.
Steht vor einer Klammer ein Minuszeichen, dann kannst du dieses Minuszeichen und das Klammernpaar weglassen, wenn du bei allen Summanden in der Klammer das Vorzeichen änderst!
zu Aufgabe 2
d) Die Zahlen 1, 4 und 7 lassen bei Division durch 3 den Rest 1, denn: $1=3\cdot 0+1,\ 4=3\cdot 1+1,\ 7=3\cdot 2+1$.
zu Aufgabe 4
Gib der gesuchten Zahl einen Namen.
Unterscheide, ob *von einer Zahl subtrahiert* wird oder ob *eine Zahl subtrahiert* wird.
Mache am Aufgabentext die Probe mit deinem Rechenergebnis.
zu Aufgabe 5
Übersetze den Aufgabentext nacheinander in einen Term für die linke Seite der Gleichung.
Abschneiden der Einerziffer 0 bedeutet eine Division durch 10.

Anfangszeit: ____________ + 45 Minuten → Abgabe: ____________

1 (1 + 2 + 2 VP)

Welche der Terme sind zum Term $\frac{4}{5}x - 2$, $x \in \mathbb{Q}$, äquivalent?

a) $(-2) \cdot (1 - 0{,}4x)$ b) $1{,}6x + (0{,}4x - 1) \cdot (-2)$ c) $\frac{2}{3}\left(3x + \frac{1}{2}\right) - \left(x + \frac{5}{2}\right) : \frac{5}{6}$

2 (1 + 1 + 1 + 1 VP)

Wofür stehen die Variablen a, x, y, u, v bei folgenden Beispielen?

a) Umfang U eines Quadrats: $U = 4 \cdot a$

b) Oberflächeninhalt O eines Würfels: $O = 6 \cdot a^2$

c) Nelly hat fünfmal so viele CDs wie Angela: $y = 5 \cdot x$

d) Bernd ist drei Jahre jünger als Christian: $u + 3 = v$

3 (2 + 1 + 2 VP)

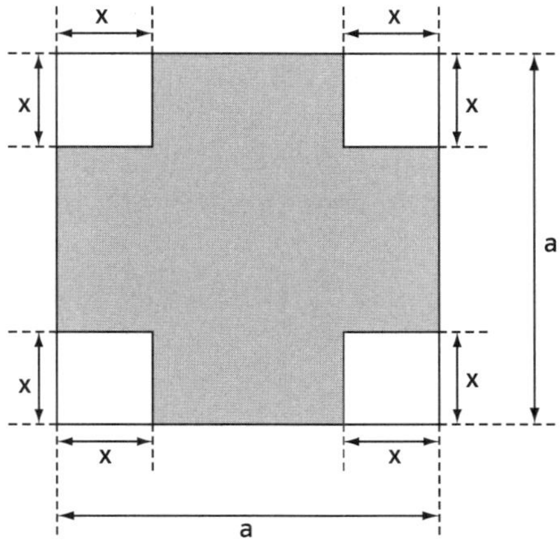

a) Welche der folgenden Terme beschreiben den Flächeninhalt der gefärbten Fläche zutreffend? Kreuze alle richtigen Terme an.

- ☐ $a \cdot a - x \cdot x$
- ☐ $a^2 - (4x)^2$
- ☐ $(a - x) \cdot a$
- ☐ $a^2 - 4x^2$
- ☐ $(a - 2x)^2 + 4(a - 2x) \cdot x$

b) Schreibe eine Formel für den Umfang der gefärbten Fläche auf.

c) Gib je eine Formel für den Flächeninhalt und den Umfang der gefärbten Fläche an, wenn $x = \frac{1}{4}a$ gelten soll.

4 (2 + 2 + 2 VP)

a) Löse die Gleichung $-\frac{3}{4}x + 0{,}4 = \frac{1}{2}x - 1$, $x \in \mathbb{Q}$.

b) Welche Zahl muss man für t, $t \in \mathbb{Q}$, einsetzen, damit die Gleichung $3x - t = -2$ die Lösung $x = -\frac{7}{12}$ hat?

c) Kann man t, $t \in \mathbb{Q}$, so wählen, dass die Gleichung $2tx + t = 8$ die Lösung $x = -3$ hat?

5 (2 + 2 VP)

Knobelix behauptet: „Die Summe von vier aufeinanderfolgenden geraden Zahlen ist immer durch 8 teilbar."
Knobelinchen meint: „Die Summe kann sogar manchmal eine Quadratzahl sein!"
Wer hat Recht?

Lerntipps

zu Aufgabe 3

a) Zwei Terme sind richtig. Du kannst einen Term für den Flächeninhalt aufstellen und dann prüfen, welche der gegebenen Terme dazu äquivalent sind. Du kannst aber auch die Teile der gegebenen Terme an der Figur deuten.

zu Aufgabe 4

b) Setze den bekannten x-Wert ein und bestimme t.

zu Aufgabe 5

Aufeinanderfolgende gerade Zahlen unterscheiden sich um 2. Kannst du bei dem Term für die Summe der vier Zahlen immer 8 ausklammern?
Probieren mit kleinen Zahlen kann helfen!

Klassenarbeit 4.3

Anfangszeit: ____________________ + 45 Minuten → Abgabe: ____________________

1 (2 + 2 + 2 VP)
Vereinfache die Terme und fasse soweit wie möglich zusammen.

a) $(2 + x) \cdot \left(-\frac{4}{3}\right) - \frac{1}{2} \cdot \left(\frac{2}{3}x + \frac{16}{3}\right)$

b) $\left[(0{,}6x + 1) \cdot \left(-\frac{3}{5}\right) + 0{,}4\right] \cdot (-5)$

c) $\frac{5x + 2}{4} - \frac{x - 3}{2} : \frac{1}{2}$

2 (1 + 1 VP)

a) Für welche Einsetzzahl ergibt der Term t mit $t(x) = -\frac{4}{9}x + 1$, $x \in \mathbb{Q}$, den Termwert 0?

b) Gib eine Einsetzzahl an, so dass der Termwert des Terms t mit $t(x) = -\frac{2}{3}x + 3$, $x \in \mathbb{Q}$, negativ ist.

3 (1 + 1 + 1 + 1 VP)
Wofür stehen die Variablen a, b, x, y, g, h bei folgenden Beispielen?

a) Gesamtkantenlänge k eines Würfels: $k = 12a$

b) Ein Brief kostet 10 Cent mehr als eine Postkarte: $a + 10 = b$

c) In einer Schule kommen auf jeweils 28 Schüler ein Lehrer: $x = 28 \cdot y$

d) Für den Flächeninhalt A eines Dreiecks gilt: $A = \frac{1}{2} \cdot g \cdot h$

4 (1 + 1 + 2 + 2 VP)
Löse die Gleichungen.

a) $5x - \frac{1}{2} = -x + 4$

b) $0{,}3 \cdot (2x + 1) - \frac{1}{4}x = 0$

c) $2 \cdot \left(\frac{1}{3}x - 5\right) - \frac{1}{4} \cdot (8 - x) = -1$, $x \in \mathbb{Q}$

d) $(((x + 1) \cdot 2 + 1) \cdot 3 + 1) \cdot 4 = 0$, $x \in \mathbb{Q}$

5 (2 + 2 VP)
Bei Holzwürfeln mit der Kantenlänge a wird wie in den Abbildungen 1 und 2 ein kleiner Würfel mit der Kantenlänge x herausgesägt.

Abbildung 1

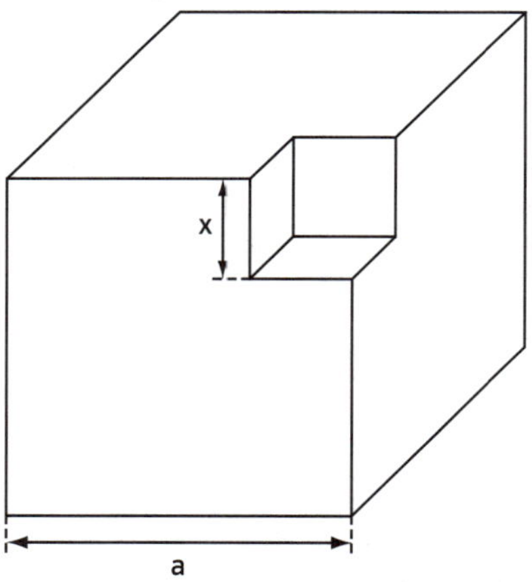

Abbildung 2

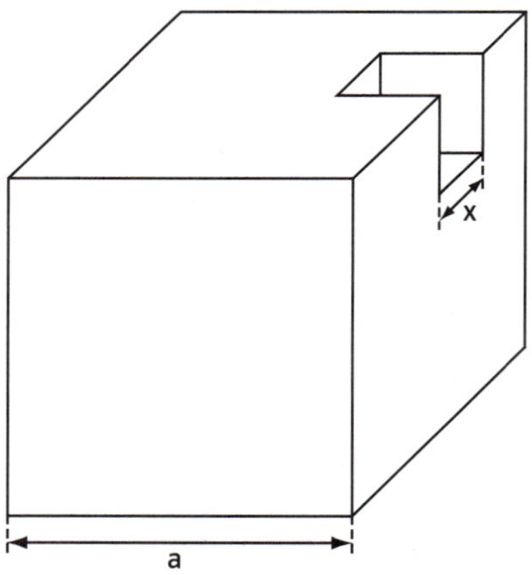

a) Gib jeweils eine Formel für die Kantenlängen der beiden Restkörper an.

b) Gib jeweils eine Formel für den Oberflächeninhalt der beiden Restkörper an.

6 (2 VP)
Ein Flohmarkthändler hat drei identische Artikel im Angebot. Den ersten verkauft er mit 15 % Gewinn, beim zweiten kann er noch 10 % verdienen. Den dritten Artikel gibt er zum Selbstkostenpreis ab. Insgesamt hat er für die drei Artikel 58,50 € eingenommen.
Was hat er beim Verkauf verdient?

Klassenarbeit 4.4

Anfangszeit: ____________________ + 45 Minuten → Abgabe: ____________________

1 (1 + 1 + 1 + 1 VP)
Welche der folgenden Termumformungen sind korrekt? Kreuze an.
Korrigiere die falschen Umformungen.

☐ $3x - x = 3$ ☐ $\left(\frac{2}{3}z - \frac{1}{4}\right):\left(-\frac{1}{3}\right) = -2z + \frac{3}{4}$ ☐ $\left(\frac{1}{2}y + 2\right)\cdot 2 = y + 2$ ☐ $\frac{9u - 3}{3} = 3u - 3$

2 (3 VP)
Vereinfache den Term $(6x - 8)\cdot\frac{1}{2} - 2x\cdot 3$. Gib bei jedem Umformungsschritt die verwendeten Rechengesetze an (Assoziativgesetz AG, Kommutativgesetz KG, Distributivgesetz DG).

3 (2 + 1 VP)
a) Gibt es eine rationale Zahl, die um 3 größer ist als ihre Gegenzahl?
b) Gibt es eine rationale Zahl, die halb so groß ist wie ihre Gegenzahl?

4 (0,5 + 0,5 + 0,5 + 0,5 VP)
Gib jeweils eine Gleichung an, die
a) nur die Lösung $-\frac{1}{2}$ hat.
b) jede rationale Zahl als Lösung hat.
c) keine Lösung hat.
d) nur die Lösungen 0 und 1 hat.

5 (2 + 2 VP)
Aus grauen und weißen Plättchen in Form von gleichseitigen Dreiecken werden Figuren gelegt.

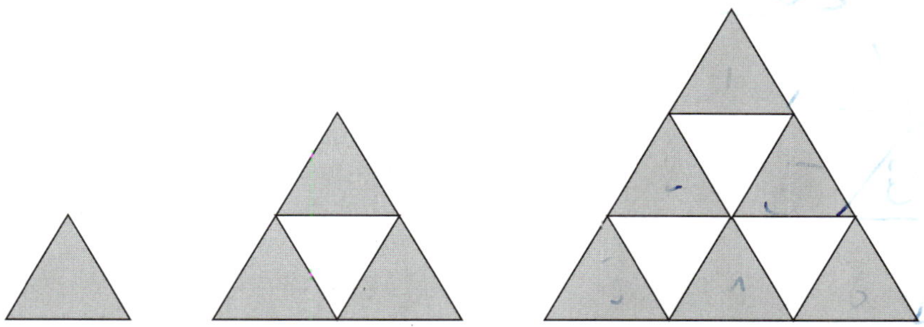

1. Figur 2. Figur 3. Figur

a) Wie viele Plättchen braucht man für die 4. Figur?
Wie viele dieser Plättchen sind grau?
b) Wie viele Plättchen braucht man wohl für die n-te Figur ($n \geq 1$)?
Wie viele dieser Plättchen sind grau?

6 (2 + 2 VP)
Knobelinchen behauptet: „Die Summe von drei aufeinander folgenden ungeraden Zahlen ist immer durch 3 teilbar."
Knobelix behauptet: „Die Summe von drei aufeinander folgenden ungeraden Zahlen ist nie durch 9 teilbar."
Wer hat Recht?
Begründe deine Antworten unter Verwendung geeigneter Terme.

7 (3 + 1 VP)
a) In jedem Feld soll die Summe der beiden darunter stehenden Terme stehen.
Trage die fehlenden Terme ein.
b) Wie ändert sich der Term im obersten Feld, wenn man in jedem Feld der untersten Zeile 1 subtrahiert?

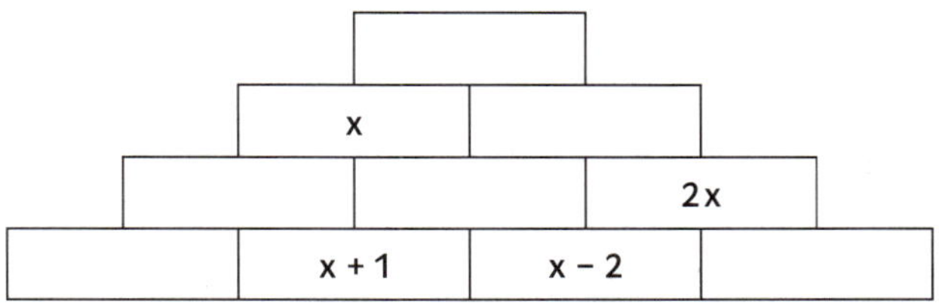

Klassenarbeit 4.1

1 (2 + 2 + 2 + 2 VP)

Alle Aufgaben solltest du problemlos ohne Taschenrechner bewältigen! Mache bei den Termumformungen nicht zwei Schritte auf einmal, wenn du nicht ganz sicher bist. Wenn ein Minuszeichen vor der Klammer steht, solltest du zuerst das Distributivgesetz anwenden und dann im nächsten Schritt das Minuszeichen und die Klammer weglassen.

a) $3\cdot(x-5)-(2x+1)\cdot 4$
$= 3\cdot x - 3\cdot 5 - (2x\cdot 4 + 1\cdot 4)$
$= 3x - 15 - (8x + 4)$
$= 3x - 15 - 8x - 4$
$= -5x - 19$

b) $0{,}7\cdot(4x-1) + 0{,}2x - 0{,}3$
$= 0{,}7\cdot 4x - 0{,}7\cdot 1 + 0{,}2x - 0{,}3$
$= 0{,}28x - 0{,}7 + 0{,}2x - 0{,}3$
$= 0{,}48x - 1$

c) $\left(\frac{1}{2} - \frac{2}{3}x\right)\cdot\frac{2}{5} + \frac{2}{5}x + \frac{4}{5}$
$= \frac{1}{2}\cdot\frac{2}{5} - \frac{2}{3}x\cdot\frac{2}{5} + \frac{2}{5}x + \frac{4}{5}$
$= \frac{1}{5} - \frac{4}{15}x + \frac{2}{5}x + \frac{4}{5}$
$= \frac{1}{5} - \frac{4}{15}x + \frac{6}{15}x + \frac{4}{5}$
$= \frac{2}{15}x + 1$

d) $(1{,}5x - 6):\frac{3}{2} - (x - 5)$
$= (1{,}5x - 6)\cdot\frac{2}{3} - (x - 5)$
$= 1{,}5x\cdot\frac{2}{3} - 6\cdot\frac{2}{3} - x + 5$
$= \frac{3}{2}x\cdot\frac{2}{3} - 4 - x + 5$
$= 1x - 4 - x + 5$
$= 1$

2 (0,5 + 0,5 + 0,5 + 0,5 VP)

Prüfe für die von dir notierten Terme durch Einsetzen von natürlichen Zahlen nach, ob sie die Forderung der Aufgabenstellung erfüllen. Es gibt oft mehr als eine Lösung.

a) n^2, $n \in \mathbb{N}$

b) *Du kannst die Variable für die kleinste, aber auch für die mittlere der drei Zahlen wählen.*
$n + (n+1) + (n+2)$, $n \in \mathbb{N}$
oder: $(n-1) + n + (n+1)$, $n \in \mathbb{N}$

c) $5\cdot n$, $n \in \mathbb{N}$
Eine Zahl ist durch 5 teilbar, wenn sie ein Vielfaches von 5 ist.

d) $3\cdot n + 1$, $n \in \mathbb{N}$

3 (2 + 1 + 1 VP)

a) $t(3) = \frac{1}{4}\cdot 3 - 2 = \frac{3}{4} - 2 = \frac{3}{4} - \frac{8}{4} = -\frac{5}{4}$
$t(-2) = \frac{1}{4}\cdot(-2) - 2 = -\frac{1}{2} - 2 = -\frac{1}{2} - \frac{4}{2} = -\frac{5}{2}$
$t\left(\frac{2}{3}\right) = \frac{1}{4}\cdot\frac{2}{3} - 2 = \frac{1}{6} - 2 = \frac{1}{6} - \frac{12}{6} = -\frac{11}{6}$
$t\left(-\frac{1}{4}\right) = \frac{1}{4}\cdot\left(-\frac{1}{4}\right) - 2 = -\frac{1}{16} - 2 = -\frac{1}{16} - \frac{32}{16} = -\frac{33}{16}$

b) $t(x) = -1$
$\frac{1}{4}x - 2 = -1 \quad | +2$
$\frac{1}{4}x = 1 \quad | \cdot 4$
$1x = 4$
$x = 4$

c) $t(x) = \frac{1}{3}$
$\frac{1}{4}x - 2 = \frac{1}{3} \quad | +2$
$\frac{1}{4}x = \frac{7}{3} \quad | \cdot 4$
$1x = \frac{28}{3}$
$x = \frac{28}{3}$

4 (3 + 3 VP)

a) Die gesuchte Zahl heiße x, $x \in \mathbb{Q}$.
$21 - 5\cdot x = x + 9 \quad | -21$
$-5x = x - 12 \quad | -x$
$-6x = -12 \quad | :(-6)$
$x = 2$
Die Zahl heißt 2.

b) Die gesuchte Zahl heiße x, $x \in \mathbb{Q}$.
$\frac{1}{2}\cdot x - 14 = 2\cdot x + 1 \quad | +14$
$\frac{1}{2}\cdot x = 2\cdot x + 15 \quad | -2\cdot x$
$-\frac{3}{2}\cdot x = 15 \quad | \cdot\left(-\frac{2}{3}\right)$
$x = -10$
Die Zahl heißt −10.

5 (4 VP)

Wenn du unsicher bist, wie du vorgehen sollst, so nimm zuerst eine bestimmt selbstgewählte Zahl an, mit der du dann die geforderten Rechenoperationen vornimmst.

Die gedachte Zahl heiße x, $x \in \mathbb{Q}$.
$[(x\cdot 5 - 3)\cdot 4 + 2]:10 = 23 \quad | \cdot 10$
$(x\cdot 5 - 3)\cdot 4 + 2 = 230 \quad | -2$
$(x\cdot 5 - 3)\cdot 4 = 228 \quad | :4$
$x\cdot 5 - 3 = 57 \quad | +3$
$x\cdot 5 = 60 \quad | :5$
$x = 12$
Die gedachte Zahl heißt 12.

Alternativen
Konsequente Umformung der linken Seite:
$[20\cdot x - 12 + 2]:10 = 23$
$[20x - 10]:10 = 23$
$2x - 1 = 23$
$2x = 24$
$x = 12$

Du kannst notfalls auch rückwärts rechnen. Lies den Aufgabentext vom Satzende her und führe die entsprechende Umkehroperation aus:

$23 \xrightarrow{\cdot 10} 230 \xrightarrow{-2} 228 \xrightarrow{:4} 57 \xrightarrow{+3} 60 \xrightarrow{:5} 12$

Klassenarbeit 4.2

1 (1 + 2 + 2 VP)

Eine häufige Fehlerquelle bei Termen mit Variablen ist die Missachtung des Distributivgesetzes, die zu einer falschen Rechnung wie z. B. $5x - 2x = 3$ führt.
Beachte: $5x - 2x = 5 \cdot x - 2 \cdot x = (5 - 2) \cdot x = 3 \cdot x = 3x$

a) $(-2) \cdot (1 - 0{,}4x)$
$= -2 \cdot 1 - (-2) \cdot 0{,}4x$
$= -2 + 0{,}8x$
$= \frac{4}{5}x - 2$

b) $1{,}6x + (0{,}4x - 1) \cdot (-2)$
$= 1{,}6x + 0{,}4x \cdot (-2) - 1 \cdot (-2)$
$= 1{,}6x - 0{,}8x + 2$
$= 0{,}8x + 2$
$= \frac{4}{5}x + 2$
$\neq \frac{4}{5}x - 2$

c) $\frac{2}{3}(3x + \frac{1}{2}) - (x + \frac{5}{2}) : \frac{5}{6}$
$= \frac{2}{3} \cdot 3x + \frac{2}{3} \cdot \frac{1}{2} - (x + \frac{5}{2}) \cdot \frac{6}{5}$
$= 2x + \frac{1}{3} - (x \cdot \frac{6}{5} + \frac{5}{2} \cdot \frac{6}{5})$
$= 2x + \frac{1}{3} - (\frac{6}{5}x + 3)$
$= 2x + \frac{1}{3} - \frac{6}{5}x - 3$
$= \frac{4}{5}x - \frac{8}{3}$
$\neq \frac{4}{5}x - 2$

Nur der erste der drei Terme ist zum gegebenen Term äquivalent.

2 (1 + 1 + 1 + 1 VP)

a) a steht für die Seitenlänge des Quadrats.
b) a steht für die Kantenlänge des Würfels.
c) *Manchmal bringt auch eine sprachliche Umformulierung mehr Klarheit: „Wenn ich die Anzahl der CDs von Angela verfünffache, erhalte ich die Anzahl der CDs von Nelly."*
x steht für die Anzahl der CDs von Angela, y für die Anzahl der CDs von Nelly.
d) *„Wenn ich zum Alter von Bernd drei Jahre addiere, erhalte ich das Alter von Christian."*
u steht für das Alter von Bernd in Jahren, v für das Alter von Christian in Jahren.

3 (2 + 1 + 2 VP)

a) *Versuche, die angegebenen Terme an der Figur zu erkennen. Es muss sich um Flächen (hier: Rechtecke) handeln!*
Beschreibe zunächst die zur Flächenberechnung erforderlichen Streckenlängen durch geeignete Terme.

- [ ] $a \cdot a - x \cdot x$
- [ ] $a^2 - (4x)^2$
- [ ] $(a - x) \cdot a$
- [X] $a^2 - 4x^2$
- [X] $(a - 2x)^2 + 4(a - 2x) \cdot x$

Bemerkung
Der Term $a \cdot a - x \cdot x$ beschreibt den Flächeninhalt des großen Quadrats mit der Seitenlänge a abzüglich dem Flächeninhalt eines der kleinen Quadrate mit der Seitenlänge x (Abbildung 1).
Der Term $a^2 - (4x)^2$ beschreibt den Flächeninhalt des Quadrats mit der Seitenlänge a abzüglich dem Flächeninhalt eines Quadrats mit der Seitenlänge 4x. Ein solches Quadrat kommt in der Abbildung nicht vor! (Beachte: $(4x)^2 = 16 \cdot x^2 \neq 4 \cdot x^2$)
Der Term $(a - x) \cdot a$ beschreibt den Inhalt der in Abbildung 2 dunkel getönten Fläche.
Der Term $a^2 - 4x^2$ beschreibt den Inhalt der getönten Fläche korrekt.
Der Term $(a - 2x)^2 + 4(a - 2x) \cdot x$ beschreibt den Flächeninhalt des dunkel getönten Quadrats mit der Seitenlänge $a - 2x$ und den Flächeninhalt der vier etwas heller getönten Rechtecke mit den Seitenlängen $(a - 2x)$ und x (Abbildung 3).

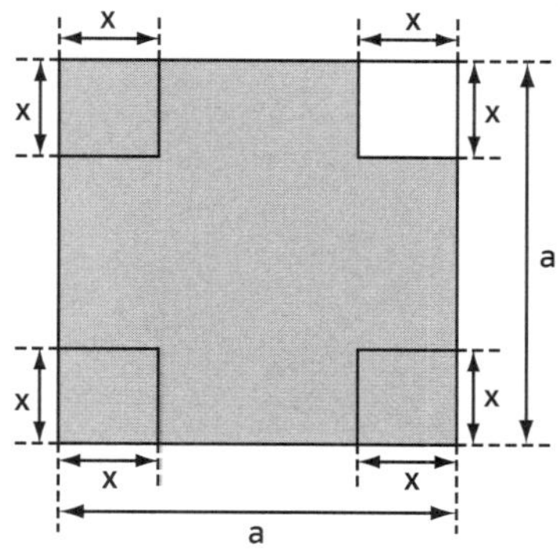

Abbildung 1

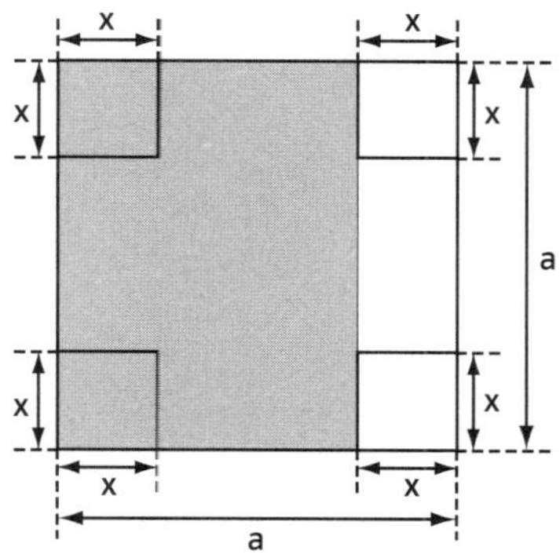

Abbildung 2

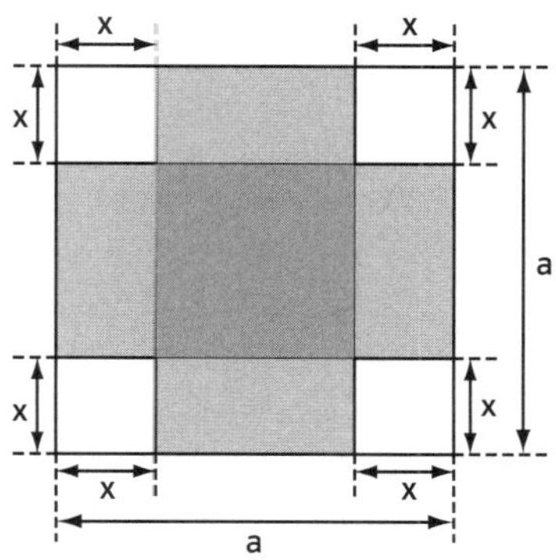

Abbildung 3

b) Eine Formel für den Umfang ist $U = 4 \cdot a$.
Dies sieht man unmittelbar an der Figur:

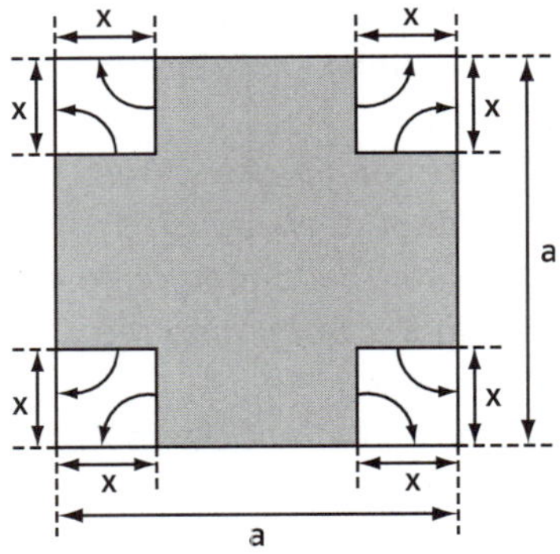

Dies erkennt man z. B. aber auch durch Aufschreiben der Terme aller vorkommenden Streckenlängen:
$U = [x + x + (a - 2x)] \cdot 4$
Äquivalente Umformung ergibt hierfür $4 \cdot a$.
c) Formel für den Flächeninhalt
Aus Teilaufgabe a) weiß man: $A = a^2 - 4x^2$
Mit $x = \frac{1}{4}a$ folgt daraus:
$A = a^2 - 4 \cdot (\frac{1}{4}a)^2$
$A = a^2 - 4 \cdot \frac{1}{16}a^2$
$A = a^2 - \frac{1}{4}a^2$
$A = \frac{3}{4}a^2$

Formel für den Umfang
Aus Teilaufgabe b) weiß man: $U = 4 \cdot a$
Der Umfang ist unabhängig von x.

Bemerkung
Verwendet man die Formel $U = [x + x + (a - 2x)] \cdot 4$, so erhält man nach Einsetzen von $x = \frac{1}{4}a$ dasselbe Ergebnis:
$U = [\frac{1}{4}a + \frac{1}{4}a + (a - 2 \cdot \frac{1}{4}a)] \cdot 4$
$U = [\frac{1}{2}a + a - \frac{1}{2}a] \cdot 4$
$U = 4 \cdot a$

4 (2 + 2 + 2 VP)
a)
$$-\frac{3}{4}x + 0{,}4 = \frac{1}{2}x - 1 \qquad | -\frac{1}{2}x$$
$$-\frac{3}{4}x - \frac{1}{2}x + 0{,}4 = -1 \qquad | -0{,}4$$
$$-\frac{3}{4}x - \frac{2}{4}x = -1 - 0{,}4$$
$$-\frac{5}{4}x = -1{,}4 \qquad | \cdot(-\frac{4}{5})$$
$$1x = -1{,}4 \cdot (-\frac{4}{5})$$
$$x = -\frac{14}{10} \cdot (-\frac{4}{5})$$
$$x = +\frac{28}{25}$$
Die Lösung heißt $\frac{28}{25}$.

b)
$$3 \cdot (-\frac{7}{12}) - t = -2$$
$$-\frac{7}{4} - t = -2 \qquad | +\frac{7}{4}$$
$$-t = -2 + \frac{7}{4}$$
$$-t = -\frac{1}{4} \qquad | \cdot(-1)$$
$$t = \frac{1}{4}$$
Man muss für t die Zahl $\frac{1}{4}$ einsetzen.

c)
$$2t \cdot (-3) + t = 8$$
$$-6t + t = 8$$
$$-5t = 8 \qquad | :(-5)$$
$$t = -\frac{8}{5}$$
Wenn man $t = -\frac{8}{5}$ wählt, dann hat die gegebene Gleichung die Lösung −3.

5 (2 + 2 VP)
Oft werden die vier Zahlen mit n, n + 2, n + 4 und n + 6 bezeichnet. Dabei wird nicht bedacht, dass für n jede natürliche Zahl eingesetzt werden darf, insbesondere also auch jede ungerade Zahl. Damit beschreibt der Ausdruck nicht immer vier aufeinanderfolgende gerade Zahlen sondern vier aufeinanderfolgende Zahlen, die sich um jeweils 2 unterscheiden. Diese können also auch negativ sein.
Die erste der vier aufeinanderfolgenden geraden Zahlen heiße $2 \cdot n$, $n \in \mathbb{N}$. Die drei folgenden geraden Zahlen sind dann $2 \cdot n + 2$, $2 \cdot n + 4$ und $2 \cdot n + 6$.
Für die Summe dieser vier Zahlen gilt:
$2 \cdot n + (2 \cdot n + 2) + (2 \cdot n + 4) + (2 \cdot n + 6)$
$= 8 \cdot n + 12$
$= 4 \cdot (2n + 3)$
Für alle $n \in \mathbb{N}$ ist 2n eine gerade Zahl und daher steht in der Klammer eine ungerade Zahl. Die Summe der vier Zahlen ist folglich wegen des Faktors 4 durch 4 teilbar, aber nie durch 8 teilbar.
Knobelix hat nicht Recht.
Für die Prüfung der Behauptung von Knobelinchen, kann man Beispiele notieren!

2 + 4 + 6 + 8 = 20	keine Quadratzahl
4 + 6 + 8 + 10 = 28	keine Quadratzahl
6 + 8 + 10 + 12 = 36	Quadratzahl

Da es ein Beispiel für vier aufeinanderfolgende gerade Zahlen gibt, deren Summe eine Quadratzahl ist, hat Knobelinchen Recht.

Bemerkung
Es gibt viele weitere Beispiele für die Behauptung von Knobelinchen:

22 + 24 + 26 + 28 = 100	*Quadratzahl*
46 + 48 + 50 + 52 = 196	*Quadratzahl*

Erkennst du eine Regelmäßigkeit?

Klassenarbeit 4.3

1 (2 + 2 + 2 VP)

a)
$$\begin{aligned}
&(2 + x)\cdot\left(-\tfrac{4}{3}\right) - \tfrac{1}{2}\cdot\left(\tfrac{2}{3}x + \tfrac{16}{3}\right)\\
&= 2\cdot\left(-\tfrac{4}{3}\right) + x\cdot\left(-\tfrac{4}{3}\right) - \left(\tfrac{1}{2}\cdot\tfrac{2}{3}x + \tfrac{1}{2}\cdot\tfrac{16}{3}\right)\\
&= -\tfrac{8}{3} - \tfrac{4}{3}x - \left(\tfrac{1}{3}x + \tfrac{8}{3}\right)\\
&= -\tfrac{8}{3} - \tfrac{4}{3}x - \tfrac{1}{3}x - \tfrac{8}{3}\\
&= -\tfrac{5}{3}x - \tfrac{16}{3}
\end{aligned}$$

b)
$$\begin{aligned}
&\left[(0{,}6x + 1)\cdot\left(-\tfrac{3}{5}\right) + 0{,}4\right]\cdot(-5)\\
&= \left[0{,}6x\cdot\left(-\tfrac{3}{5}\right) + 1\cdot\left(-\tfrac{3}{5}\right) + 0{,}4\right]\cdot(-5)\\
&= \left[\tfrac{3}{5}x\cdot\left(-\tfrac{3}{5}\right) - \tfrac{3}{5} + \tfrac{2}{5}\right]\cdot(-5)\\
&= \left[-\tfrac{9}{25}x - \tfrac{1}{5}\right]\cdot(-5)\\
&= -\tfrac{9}{25}x\cdot(-5) - \tfrac{1}{5}\cdot(-5)\\
&= +\tfrac{9}{5}x + 1
\end{aligned}$$

c)
$$\begin{aligned}
&\tfrac{5x + 2}{4} - \tfrac{x - 3}{2} : \tfrac{1}{2}\\
&= (5x + 2)\cdot\tfrac{1}{4} - \left[(x - 3)\cdot\tfrac{1}{2}\right] : \tfrac{1}{2}\\
&= 5x\cdot\tfrac{1}{4} + 2\cdot\tfrac{1}{4} - \left[(x - 3)\cdot\tfrac{1}{2}\right]\cdot\tfrac{2}{1}\\
&= \tfrac{5}{4}x + \tfrac{1}{2} - (x - 3)\\
&= \tfrac{5}{4}x + \tfrac{1}{2} - x + 3\\
&= \tfrac{1}{4}x + \tfrac{7}{2}
\end{aligned}$$

2 (1 + 1 VP)

a)
$$\begin{aligned}
-\tfrac{4}{9}x + 1 &= 0 && \mid -1\\
-\tfrac{4}{9}x &= -1 && \mid \cdot\left(-\tfrac{9}{4}\right)\\
x &= (-1)\cdot\left(-\tfrac{9}{4}\right)\\
x &= +\tfrac{9}{4}
\end{aligned}$$

Die Einsetzzahl ist $\frac{9}{4}$.

b) *Es reicht die Angabe eines Beispiels.*

Für $x = 6$ gilt: $t(6) = -\frac{2}{3}\cdot 6 + 3 = -1 < 0$

Allgemeine Überlegung:

Es soll gelten: $x > 0$ und $t(x) < 0$.

$$\begin{aligned}
t(x) &< 0\\
-\tfrac{2}{3}x + 3 &< 0 && \mid -3\\
-\tfrac{2}{3}x &< -3 && \mid \cdot\left(-\tfrac{3}{2}\right)\\
1\cdot x &> \tfrac{9}{2}
\end{aligned}$$

Für alle $x > \frac{9}{2}$ ist der Termwert negativ.

3 (1 + 1 + 1 + 1 VP)

a) a steht für die Kantenlänge des Würfels.

b) a steht für den Portobetrag der Postkarte in Cent, b für den Portobetrag des Briefes in Cent.

c) x steht für die Anzahl der Schüler, y steht für die Anzahl der Lehrer dieser Schule.

Achte auf eine genaue Formulierung. x steht nicht für die Schüler, sondern für deren Anzahl.

d) g steht für die Länge der Grundseite eines Dreiecks, h für die Länge der zu dieser Grundseite gehörenden Höhe.

4 (1 + 1 + 2 + 2 VP)

a)
$$\begin{aligned}
5x - \tfrac{1}{2} &= -x + 4 && \mid +x\\
6x - \tfrac{1}{2} &= 4 && \mid +\tfrac{1}{2}\\
6x &= \tfrac{9}{2} && \mid :6\\
x &= \tfrac{9}{2} : 6\\
x &= \tfrac{9}{2}\cdot\tfrac{1}{6}\\
x &= \tfrac{3}{4}
\end{aligned}$$

Die Gleichung hat die Lösung $\frac{3}{4}$.

b)
$$\begin{aligned}
0{,}3\cdot(2x + 1) - \tfrac{1}{4}x &= 0\\
0{,}6x + 0{,}3 - 0{,}25x &= 0\\
0{,}35x + 0{,}3 &= 0 && \mid -0{,}3\\
0{,}35x &= -0{,}3 && \mid :0{,}35\\
x &= -\tfrac{0{,}3}{0{,}35}\\
x &= -\tfrac{6}{7}
\end{aligned}$$

Die Gleichung hat die Lösung $-\frac{6}{7}$.

c)
$$\begin{aligned}
2\cdot\left(\tfrac{1}{3}x - 5\right) - \tfrac{1}{4}\cdot(8 - x) &= -1\\
2\cdot\tfrac{1}{3}x - 2\cdot 5 - \left(\tfrac{1}{4}\cdot 8 - \tfrac{1}{4}\cdot x\right) &= -1\\
\tfrac{2}{3}x - 10 - \left(2 - \tfrac{1}{4}x\right) &= -1\\
\tfrac{2}{3}x - 10 - 2 + \tfrac{1}{4}x &= -1\\
\tfrac{8}{12}x + \tfrac{3}{12}x - 12 &= -1 && \mid +12\\
\tfrac{11}{12}x &= 11 && \mid \cdot\tfrac{12}{11}\\
x &= 11\cdot\tfrac{12}{11}\\
x &= 12
\end{aligned}$$

Die Gleichung hat die Lösung 12.

d)
$$\begin{aligned}
(((x + 1)\cdot 2 + 1)\cdot 3 + 1)\cdot 4 &= 0 && \mid :4\\
((x + 1)\cdot 2 + 1)\cdot 3 + 1 &= 0 && \mid -1\\
((x + 1)\cdot 2 + 1)\cdot 3 &= -1 && \mid :3\\
(x + 1)\cdot 2 + 1 &= -\tfrac{1}{3} && \mid -1\\
(x + 1)\cdot 2 &= -\tfrac{4}{3} && \mid :2\\
x + 1 &= -\tfrac{2}{3} && \mid -1\\
x &= -\tfrac{5}{3}
\end{aligned}$$

Die Gleichung hat die Lösung $-\frac{5}{3}$.

Alternative Lösung

Berechnung der Klammern von innen nach außen:

$$\begin{aligned}
(((x + 1)\cdot 2 + 1)\cdot 3 + 1)\cdot 4 &= 0\\
((2x + 2 + 1)\cdot 3 + 1)\cdot 4 &= 0\\
((2x + 3)\cdot 3 + 1)\cdot 4 &= 0\\
(6x + 9 + 1)\cdot 4 &= 0\\
(6x + 10)\cdot 4 &= 0\\
24x + 40 &= 0\\
24x &= -40\\
x &= -\tfrac{40}{24}\\
x &= -\tfrac{5}{3}
\end{aligned}$$

5 (2 + 2 VP)

a) Körper in Abbildung 1

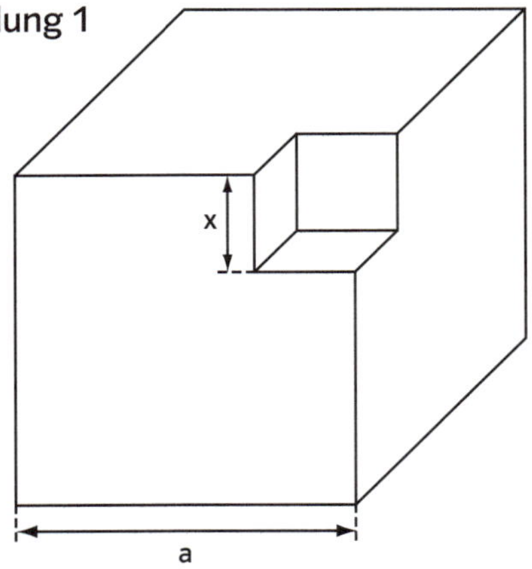

Vom großen Würfel haben neun der zwölf Kanten unverändert die Länge a, drei Kanten werden auf die Länge a − x verkürzt. Hinzu kommen durch den herausgesägten Würfel weitere neun Kanten der Länge x.

Somit gilt für die Kantenlänge des Restkörpers:

$k = 9 \cdot a + 3 \cdot (a - x) + 9 \cdot x$

$k = 9a + 3a - 3x + 9x$

$k = 12a + 6x$

Körper in Abbildung 2

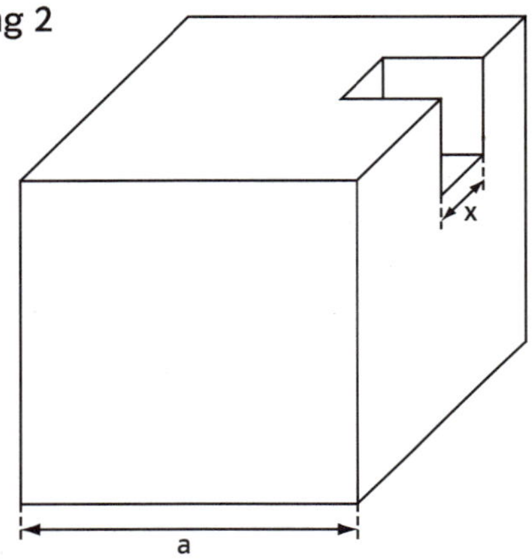

Vom großen Würfel haben elf der zwölf Kanten unverändert die Länge a, eine Kante wird auf die Länge a − x verkürzt. Hinzu kommen elf Kanten der Länge x.

Somit gilt für die Kantenlänge des Restkörpers:

$k = 11 \cdot a + 1 \cdot (a - x) + 11 \cdot x$

$k = 11a + a - x + 11x$

$k = 12a + 10x$

b) Körper in Abbildung 1

Dieser Körper hat denselben Oberflächeninhalt wie der ursprüngliche Würfel, also $O = 6a^2$.

Durch das Heraussägen des kleinen Würfels fallen an drei Würfelflächen Quadrate mit der Seitenlänge x weg, die dafür aber auch am Restkörper wieder auftreten. Daher ändert sich der Oberflächeninhalt nicht.

Körper in Abbildung 2

Der Oberflächeninhalt des Restkörpers beträgt $O = 6a^2 + 2x^2$.

Durch das Heraussägen des kleinen Würfels werden aus der Oberfläche des großen Würfels zwei Quadrate mit der Seitenlänge x entfernt. Gleichzeitig kommen aber auch vier Quadrate mit der Seitenlänge x dazu.

6 (2 VP)

Angenommen, jeder der drei identischen Artikel hat im Einkauf x € gekostet.

Verkaufspreis des ersten Artikels (in €):

$x + \frac{15}{100}$ von $x = x + \frac{15}{100} \cdot x = 1{,}15 \cdot x$

Verkaufspreis des zweiten Artikels (in €):

$x + \frac{10}{100}$ von $x = x + \frac{10}{100} \cdot x = 1{,}10 \cdot x$

Verkaufspreis des dritten Artikels (in €):

x

Daher gilt für die Gesamteinnahmen des Händlers:

$$1{,}15 \cdot x + 1{,}10 \cdot x + x = 58{,}50$$
$$3{,}25 \cdot x = 58{,}50$$
$$x = 18$$

Jeder Artikel hat im Einkauf 18 € gekostet.

Da er beim Einkauf 3 · 18 € = 54 € bezahlt hat, ist sein Gewinn 4,50 €.

Klassenarbeit 4.4

1 (1 + 1 + 1 + 1 VP)
Es gilt:
$3x - x = 3 \cdot x - 1 \cdot x = (3 - 1) \cdot x = 2 \cdot x$
Die erste Umformung ist daher falsch.
$(\frac{1}{2}y + 2) \cdot 2 = \frac{1}{2}y \cdot 2 + 2 \cdot 2 = y + 4$
Die zweite Umformung ist falsch.
$(\frac{2}{3}z - \frac{1}{4}) : (-\frac{1}{3}) = (\frac{2}{3}z - \frac{1}{4}) \cdot (-3)$
$= \frac{2}{3}z \cdot (-3) - \frac{1}{4} \cdot (-3)$
$= -2z + \frac{3}{4}$
Die dritte Umformung ist korrekt.
$\frac{9u - 3}{3} = (9u - 3) : 3 = 9u : 3 - 3 : 3 = 3u - 1$
Die vierte Umformung ist falsch.

2 (3 VP)

$(6x - 8) \cdot \frac{1}{2} - 2x \cdot 3$	| DG
$= (6 \cdot x) \cdot \frac{1}{2} - 8 \cdot \frac{1}{2} - (2 \cdot x) \cdot 3$	| KG
$= \frac{1}{2} \cdot (6 \cdot x) - 4 - 3 \cdot (2 \cdot x)$	| AG
$= (\frac{1}{2} \cdot 6) \cdot x - 4 - (3 \cdot 2) \cdot x$	
$= 3 \cdot x - 4 - 6 \cdot x$	| KG
$= 3 \cdot x - 6 \cdot x - 4$	| DG
$= (3 - 6) \cdot x - 4$	
$= -3 \cdot x - 4$	

3 (2 + 1 VP)
a) Angenommen, die rationale Zahl heiße x. Dann heißt ihre Gegenzahl −x.
Der Text fordert:

$x - 3 = -x$	| $+ x$
$2x - 3 = 0$	| $+ 3$
$2x = 3$	| $: 2$
$x = \frac{3}{2}$	

Es gibt eine solche Zahl. Sie heißt $\frac{3}{2}$.
b) Angenommen, die rationale Zahl heiße x.
Der Text fordert:

$x = \frac{1}{2} \cdot (-x)$	
$1 \cdot x = -\frac{1}{2} \cdot x$	| $+ \frac{1}{2} \cdot x$
$\frac{3}{2} \cdot x = 0$	| $\cdot \frac{2}{3}$
$x = 0$	

Es gibt eine solche Zahl. Sie heißt 0.

4 (0,5 + 0,5 + 0,5 + 0,5 VP)
a) $x + \frac{1}{2} = 0$
b) $x = x$
c) $0 \cdot x = 1$
d) $x \cdot (x - 1) = 0$

Bemerkung
Die angegebenen Gleichungen sind die einfachst möglichen. Jede dazu äquivalente Gleichung ist ebenfalls eine Lösung der Aufgabe.

5 (2 + 2 VP)
a) *Beobachtungen an den drei Figuren lassen Rückschlüsse auf das Aussehen und die Plättchenanzahlen der vierten Figur zu.*

Nummer der Figur	1	2	3	4
Anzahl der grauen Plättchen	1	1 + 2	1 + 2 + 3	1 + 2 + 3 + 4
Anzahl der weißen Plättchen	0	1	1 + 2	1 + 2 + 3
Gesamtzahl der Plättchen	1	4	9	16

Für die 4. Figur braucht man 16 Plättchen. Davon sind 10 Plättchen grau.
b) Man erkennt an der Tabelle, dass die Gesamtzahl der Plättchen bei der n-ten Figur wohl n^2 sein wird.
Für die n-te Figur braucht man
$1 + 2 + 3 + \ldots + (n - 2) + (n - 1) + n$ graue Plättchen.

Bemerkung
Dies sind $\frac{1}{2} \cdot n \cdot (n + 1)$ Plättchen.
Kannst du herausfinden, warum?

6 (2 + 2 VP)
Die kleinste der drei ungeraden Zahlen sei $2z + 1$, $z \in \mathbb{Z}$. Die nächsten beiden ungeraden Zahlen sind dann um jeweils 2 größer, also $2z + 3$, $2z + 5$.
Für die Summe dieser drei Zahlen gilt:
$(2z + 1) + (2z + 3) + (2z + 5)$
$= 6z + 9$
$= 3 \cdot (2z + 3)$
Für alle $z \in \mathbb{Z}$ ist $2z + 3$ eine ganze Zahl. Die Summe ist daher ein Vielfaches von 3, also durch 3 teilbar.
Knobelinchen hat Recht.
Die Summe kann nur durch 9 teilbar sein, wenn der Faktor $2z + 3$ noch durch 3 teilbar ist. Dies ist z. B. für $z = 3$ der Fall.
Knobelix hat somit nicht Recht.

Bemerkung
Für den Nachweis, dass Knobelix nicht Recht hat, genügt die Angabe eines Gegenbeispiels:
$8 + 9 + 10 = 27 = 3 \cdot 9$

7 (3 + 1 VP)

a)

<table>
<tr><td colspan="3"></td><td colspan="2">$5x - 1$</td><td colspan="3"></td></tr>
<tr><td colspan="2"></td><td colspan="2">x</td><td colspan="2">$4x - 1$</td><td colspan="2"></td></tr>
<tr><td colspan="1"></td><td colspan="2">$-x + 1$</td><td colspan="2">$2x - 1$</td><td colspan="2">$2x$</td><td colspan="1"></td></tr>
<tr><td colspan="2">$-2x$</td><td colspan="2">$x + 1$</td><td colspan="2">$x - 2$</td><td colspan="2">$x + 2$</td></tr>
</table>

Begründung

Untere Zeile

Eintragung im rechten Feld:

$2x - (x - 2) = 2x - x + 2 = x + 2$

Zweite Zeile von unten

Eintragung im mittleren Feld:

$(x + 1) + (x - 2) = 2x - 1$

Eintragung im linken Feld:

$x - (2x - 1) = x - 2x + 1 = -x + 1$

Untere Zeile

Eintragung im linken Feld:

$(-x + 1) - (x + 1) = -x + 1 - x - 1 = -2x$

Dritte Zeile von unten

Eintragung im rechten Feld:

$(2x - 1) + 2x = 4x - 1$

Oberstes Feld

$x + (4x - 1) = 5x - 1$

b) Der Term im obersten Feld heißt dann $5x - 9$.

Begründung

Wenn in jedem Feld der untersten Zeile 1 subtrahiert wird, dann wird in jedem Feld der darüberstehenden Zeile 2 subtrahiert. In der dritten Zeile von unten wird daher in jedem Feld 4 subtrahiert. Im obersten Feld muss folglich 8 subtrahiert werden.

Carl Friedrich Gauß (1777 – 1855)

Eine Episode aus seinem Leben

Der Knabe zeigte einen so regen Geist und eine so scharfe Fassungskraft, daß er das Lesen von selbst lernte, indem er sich da und dort bei den Hausgenossen Auskunft erholte; für Zahlenverhältnisse aber entwickelte er schon in der frühesten Jugend eine solche Sicherheit, daß er später oft scherzweise behauptete, „er habe früher rechnen als sprechen können."
Bezeichnend ist ein Vorfall, den Gauß oft zu erzählen pflegte, wie sein Vater an einem Sonnabend-Abend seinen Maurergesellen den Wochenlohn auszahlte und nach geschlossener Abrechnung soeben zum Geldbeutel griff, als sich der kaum dreijährige Knabe, welcher der Verhandlung von seinem Lager aus zugehört hatte, erhob und rief: „Vater, die Rechnung ist falsch, es macht ...", indem er eine bestimmte Summe angab. Der Kleine war als Kopfrechner im Hause bereits so geachtet, daß Vater und die Gesellen die Abrechnung noch einmal vornahmen, und der Befund ergab genau die Summe, welche der Knabe angegeben hatte.
Als Gauß sieben Jahre alt war, wurde er in die Catharinen-Schule geschickt, die damals unter Büttner's strengem Regimente stand. Diese Schulstube hatte bei Weitem nicht jene Stattlichkeit wie die Klassen der jetzigen Bürgerschule am Steingraben. Büttner ging in dem niedrigen, von Kindern vollgestopften Zimmer mit der Karwatsche auf und ab, Fluch und Segen erteilend je nach Leistung der Schüler und nach eigener Stimmung. Der Knabe blieb hier zwei Jahre lang im großen Haufen; erst als er in die Rechenclasse emporrückte, machte sich seine Begabung bemerklich. Büttner ließ die Schüler, welche zuerst fertig waren, ihre Rechentafel zu unterst auf den Tisch mitten in der Classe legen; die Aufschichtung erfolgte je nach der Fertigkeit der einzelnen Schüler bis zum letzten. Gauß war soeben in die Rechenclasse aufgenommen worden, als der Lehrer ein Addirexempel aufgab. Kaum aber war die Zahlenreihe ausgesprochen, als der Knabe schon seine Tafel mit den Worten: „Ligget se!" (Da liegt sie!) auf den Tisch schob. Als am Schluß der Stunde die Tafeln nachgesehen wurden und viele Schüler mit der Karwatsche von ihren Fehlern überzeugt wurden, fand sich auf der untersten Tafel nur eine Zahl, aber diese war die richtige. Büttner erwies sich jetzt als treuen Lehrer, indem er sich des Knaben warm annahm, sogar ein neues, damals sehr beliebtes Rechenbuch aus Hamburg verschreiben ließ und – als damit sein Latein am Ende war – erklärte, nun könne der Junge bei ihm nichts mehr lernen.

Die Rechenaufgabe des Lehrers Büttner lautete:
„Addiert die Zahlen von 1 bis 60."
Auf der Schiefertafel von Carl Friedrich stand nur eine einzige Zahl, nämlich 1830.
Wie hat der Knirps das gemacht? Er erläutert dem Lehrer, er habe in Gedanken die höchste unter die niederste Zahl geschrieben, die zweithöchste unter die zweitniederste und so weiter, also:

1	2	3	4	...	29	30
60	59	58	57	...	32	31
61	61	61	61	...	61	61

Dann habe er stets je zwei addiert und die dreißig gleichen Resultate summiert, bzw. durch Multiplikation von 30 mit 61 die Summe erhalten. Dreimal 61 ist doch 183, 183 mal 10 ist 1830.

So einfach ist das! Aber darauf muss man erst einmal kommen! Mit diesem Trick kannst du das auch. Versuch es!
Was ergibt:
a) 1 + 2 + 3 + 4 + ... + 98 + 99 + 100?
b) 1 + 2 + 3 + 4 + ... + 998 + 999?
c) 1 + 2 + 3 + 4 + ... + (n – 1) + n?
d) 11 + 12 + 13 + 14 + ... + 108 + 109 + 110?

Pinboard – Beziehungen in Dreiecken

Grundkonstruktionen

Konstruktion der Mittelsenkrechten zu einer Strecke mit den Endpunkten A und B

1. Zeichne um die Punkte A und B zwei Kreise mit gleich großen Radien.
   Die Schnittpunkte der beiden Kreise mögen S und T heißen.
2. Die Gerade durch die Punkte S und T ist die gesuchte Mittelsenkrechte m_{AB}.

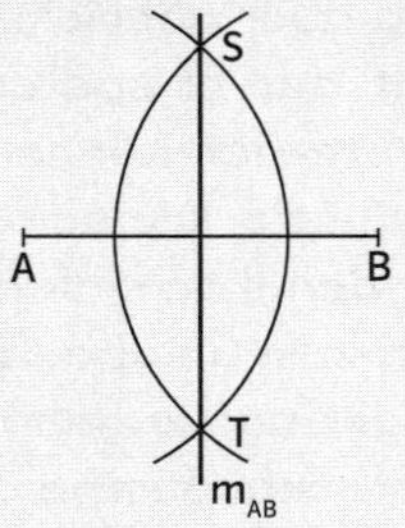

Konstruktion der Winkelhalbierenden eines Winkels

1. Zeichne einen Kreis um den Winkelscheitel W. Dieser Kreis schneidet die beiden Winkelschenkel in den Punkten S und T.
2. Zeichne um S und T zwei Kreise mit gleich großen Radien, die sich in den Punkten U und V schneiden mögen.
3. Die Gerade durch W und U ist die gesuchte Winkelhalbierende w.

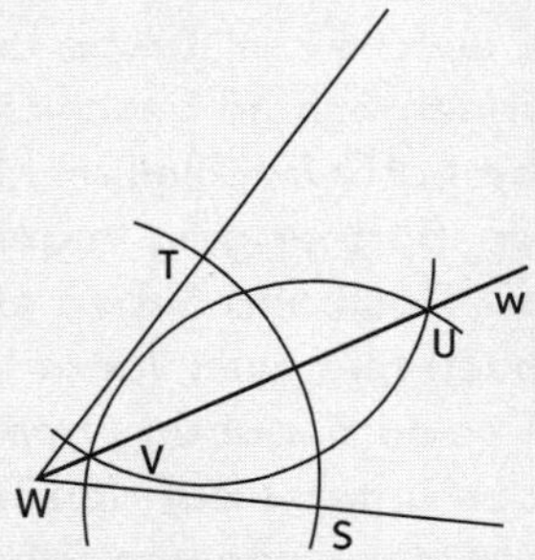

Ortslinien

Satz	Kehrsatz
Wenn ein Punkt von zwei Punkten A und B den gleichen Abstand hat, dann liegt er auf der Mittelsenkrechten zur Strecke AB.	Wenn ein Punkt auf der Mittelsenkrechten zur Strecke AB liegt, dann hat er von A und B den gleichen Abstand.
Wenn ein Punkt von zwei sich schneidenden Geraden den gleichen Abstand hat, dann liegt er auf einer der beiden Winkelhalbierenden des Winkels, den diese Geraden einschließen.	Wenn sich zwei Geraden schneiden und ein Punkt auf einer Winkelhalbierenden eines der von ihnen eingeschlossenen Winkels liegt, dann hat er von den beiden Geraden den gleichen Abstand.
Wenn ein Punkt von zwei parallelen Geraden den gleichen Abstand hat, dann liegt er auf der Mittelparallelen zu diesen Geraden.	Wenn ein Punkt auf der Mittelparallele von zwei parallelen Geraden liegt, dann hat er von diesen Geraden den gleichen Abstand.

Besondere Linien und Punkte am Dreieck

Satz von den Mittelsenkrechten

In jedem Dreieck schneiden sich die drei Mittelsenkrechten in einem Punkt.

Folgerungen

Dieser Punkt hat von allen Eckpunkten des Dreiecks denselben Abstand. Daher gibt es einen Kreis um diesen Punkt, der durch alle Dreiecksecken geht.
Dieser Kreis heißt der Umkreis des Dreiecks, sein Mittelpunkt heißt Umkreismittelpunkt. Dieser wird mit U bezeichnet. Der Radius dieses Kreises heißt Umkreisradius r_U.

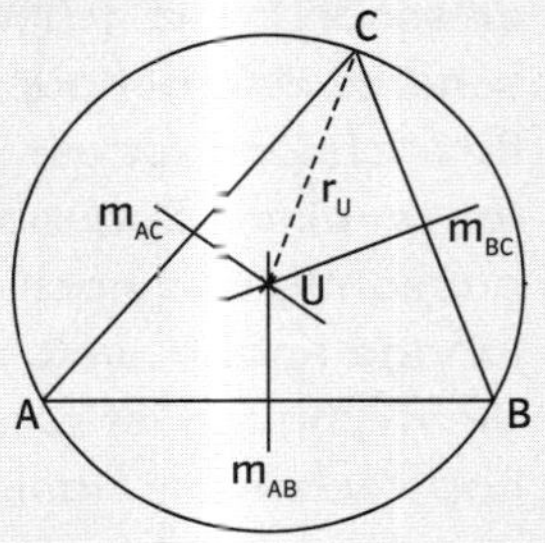

Satz von den Winkelhalbierenden

In jedem Dreieck schneiden sich die drei Winkelhalbierenden in einem Punkt.

Folgerungen

Dieser Punkt hat von allen Seiten des Dreiecks denselben Abstand. Daher gibt es einen Kreis um diesen Punkt, der alle Dreiecksseiten berührt.
Dieser Kreis heißt der Inkreis des Dreiecks, sein Mittelpunkt heißt Inkreismittelpunkt. Dieser wird mit I bezeichnet. Der Radius dieses Kreises heißt Inkreisradius ϱ.

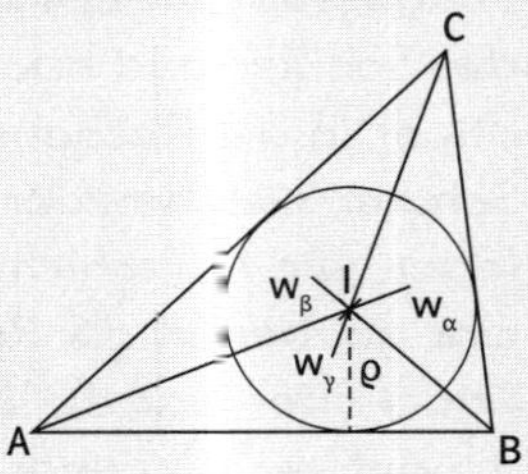

Winkelsummensätze

In jedem Dreieck beträgt die Summe der Innenwinkelweiten 180°.

In jedem Viereck beträgt die Summe der Innenwinkelweiten 360°.

In jedem n-Eck (n > 4) beträgt die Summe der Innenwinkelweiten $(n - 2) \cdot 180°$.

Der Satz des Thales

Satz

Wenn eine Seite eines Dreiecks ein Kreisdurchmesser ist und die dritte Ecke auf dem zugehörigen Kreis liegt, dann ist der Innenwinkel des Dreiecks mit dieser Ecke als Scheitel ein rechter Winkel.

Kehrsatz

Wenn eine Seite eines Dreiecks ein Kreisdurchmesser ist und der ihr gegenüberliegende Innenwinkel ein rechter Winkel ist, dann liegt dessen Scheitel auf dem zugehörigen Kreis.

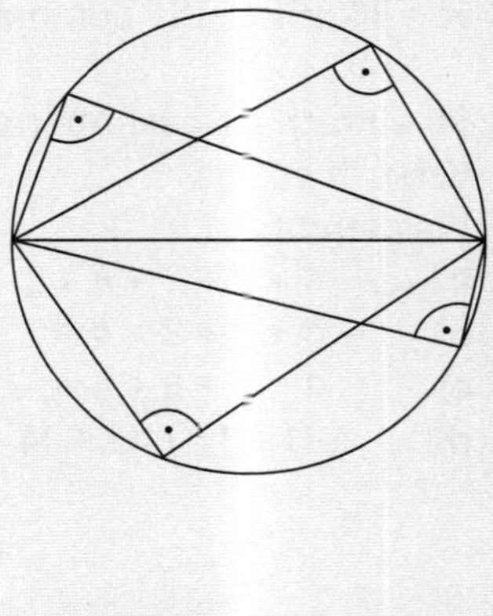

Winkel an sich schneidenden Geraden

Satz	
Scheitelwinkel an zwei sich schneidenden Geraden sind gleich groß.	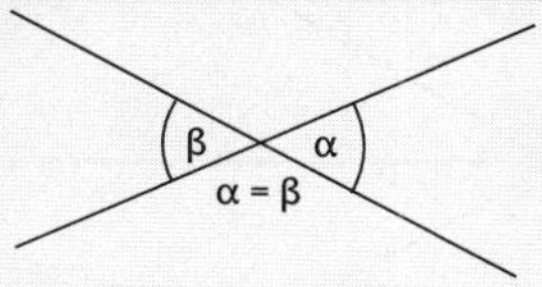

Satz	
Nebenwinkel an zwei sich schneidenden Geraden ergänzen sich zu 180°.	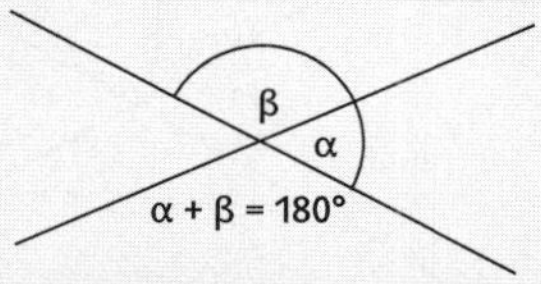

Winkel an parallelen Geraden

Satz	
Wenn zwei parallele Geraden von einer dritten Geraden geschnitten werden, dann sind Wechselwinkel gleich weit.	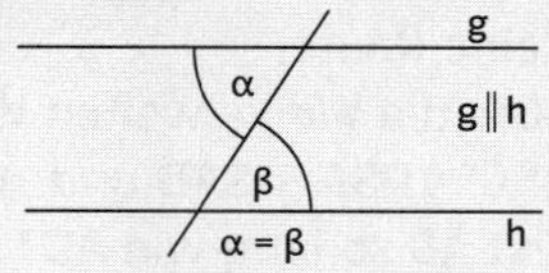

Satz	
Wenn zwei parallele Geraden von einer dritten Geraden geschnitten werden, dann sind Stufenwinkel gleich weit.	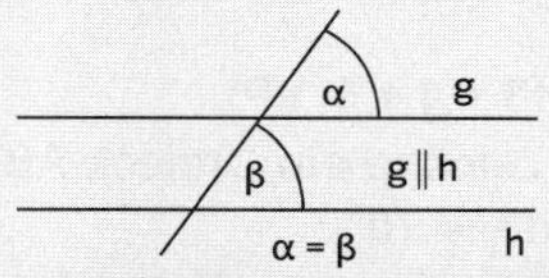

Die Kongruenzsätze für Dreiecke

Lehrsätze		Beispiele für kongruente Dreiecke
Kongruenzsatz sss Wenn zwei Dreiecke in den Längen aller Seiten paarweise übereinstimmen, dann sind diese Dreiecke kongruent.	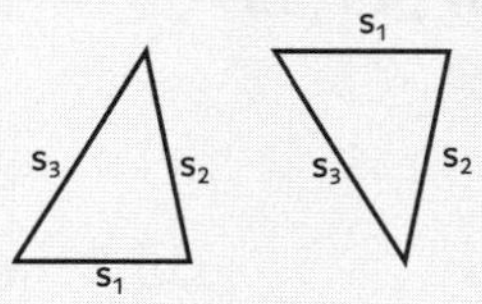	Kongruenzsatz sss a = 4,0 cm, b = 5,2 cm, c = 6,9 cm a′ = 6,9 cm, b′ = 4,0 cm, c′ = 5,2 cm
Kongruenzsatz wsw Wenn zwei Dreiecke in der Länge einer Seite und den Weiten der beiden dieser Seite anliegenden Winkel übereinstimmen, dann sind diese Dreiecke kongruent.	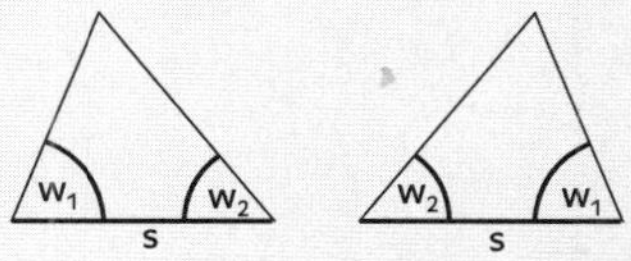	Kongruenzsatz wsw α = 30°, c = 4,6 cm, β = 50° α′ = 50°, a′ = 4,6 cm, γ′ = 30°
Kongruenzsatz sws Wenn zwei Dreiecke in den Längen zweier Seiten und der Weite des von diesen Seiten eingeschlossenen Winkels übereinstimmen, dann sind diese Dreiecke kongruent.	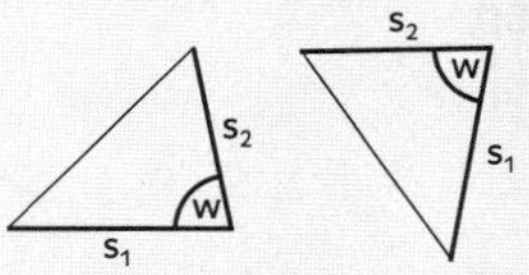	Kongruenzsatz sws c = 5,7 cm, β = 72°, a = 3,4 cm b′ = 3,4 cm, γ′ = 72°, a′ = 5,7 cm
Kongruenzsatz Ssw Wenn zwei Dreiecke in den Längen zweier Seiten und der Weite des Winkels, der der größeren Seite gegenüberliegt, übereinstimmen, dann sind diese Dreiecke kongruent.	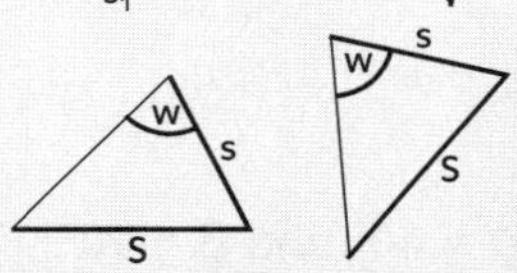	Kongruenzsatz Ssw c = 9,8 cm, a = 4,3 cm, γ = 65° b′ = 9,8 cm, c′ = 4,3 cm, β′ = 65°

Bist du sicher?

1 a) Zeichne eine Raute ABCD mit einem Innenwinkel von 68°.
b) Berechne die Weiten der anderen Innenwinkel.
c) Geht der Kreis mit dem Durchmesser AB durch den Diagonalenschnittpunkt?

2 a) Konstruiere ein Dreieck ABC aus c = 5,7 cm, h_c = 4,0 cm und α = 50°.
b) Unter welchem Winkel schneidet die Winkelhalbierende von α die Höhe h_c?

3 Konstruiere ein Dreieck ABC aus c = 7,3 cm, β = 70° und dem Inkreisradius ρ = 2,0 cm.

4 Begründe mit einem Kongruenzsatz, warum die folgenden Dreiecke ABC und A′B′C′ kongruent zueinander sind.

	Dreieck ABC	Dreieck A′B′C′
a)	a = 6,3 cm, b = 7,1 cm, c = 5,6 cm	a′ = 7,1 cm, b′ = 6,3 cm, c′ = 5,6 cm
b)	a = 5,5 cm, b = 4,9 cm, γ = 67°	c′ = 4,9 cm, a′ = 5,5 cm, β′ = 67°
c)	c = 8,4 cm, α = 59°, β = 37°	b′ = 8,4 cm, α′ = 37°, γ′ = 59°
d)	b = 4,8 cm, α = 60°, β = 39°	c′ = 4,8 cm, β′ = 39°, γ′ = 60°
e)	c = 7,2 cm, a = 3,8 cm, γ = 121°	b′ = 7,2 cm, a′ = 3,8 cm, β′ = 121°

Lösungen

1 a) Alle Seiten der Raute sind gleich lang und paarweise parallel. b) Mit α = 68° folgt: β = 112°, γ = 68°, δ = 112°. c) Die Diagonalen sind zueinander orthogonal. Mit der Umkehrung des Satzes von Thales folgt daraus, dass der Diagonalenschnittpunkt auf dem Kreis mit dem Durchmesser AB liegt. **2** a) AB mit der Länge c; Parallele p zu AB im Abstand h_c; α in A an AB antragen. Der freie Schenkel von α schneidet p in C. (Zur Kontrolle: β = 60°.) b) Winkelweite 65°. **3** AB mit c = 7,3 cm; β = 70° in B an AB; Winkelhalbierende $w_β$ (Grundkonstruktion); Parallele p zu AB im Abstand ρ = 2,0 cm schneidet $w_β$ im Inkreismittelpunkt I; Inkreis. Der Thaleskreis über AI schneidet den Inkreis in zwei Punkten, von denen einer auf AB liegt. Der andere Schnittpunkt heiße D. Die Gerade durch A und D schneidet den freien Schenkel von β im Punkt C. **4** a) Kongruenzsatz sss b) Kongruenzsatz sws c) Kongruenzsatz wsw d) Kongruenzsatz wsw e) Kongruenzsatz Ssw

Anfangszeit: ____________________ + 45 Minuten → Abgabe: ____________________

1 (3 + 1 VP)
Das Viereck ABCD ist ein Rechteck, das Viereck DSCE ist eine Raute.
a) Gib die Winkelweiten der Winkel ∢DCA, ∢CDE, ∢BSC, ∢DSA, ∢SAD und ∢DEC an.
b) Ist AS so lang wie AD?

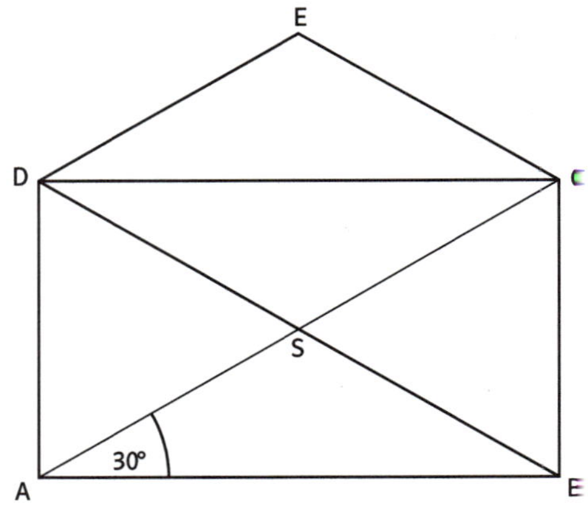

2 (3 + 1 + 1 VP)
a) Zeichne ein Dreieck ABC mit $a = 6{,}0\,cm$, $b = 5{,}0\,cm$ und $\gamma = 70°$.
Ist ein Dreieck A'B'C' mit $b' = 6{,}0\,cm$, $c' = 5{,}0\,cm$ und $\alpha' = 70°$ zum gezeichneten Dreieck kongruent? Begründe deine Antwort.
b) Ist ein Dreieck A"B"C" mit den Innenwinkelweiten $\alpha'' = 45°$, $\beta'' = 70°$, $\gamma'' = 65°$ zum Dreieck ABC kongruent?
c) Sind alle Dreiecke mit den Winkelweiten 37°, 70°, 73° untereinander kongruent?

3 (3 + 4 VP)
a) Berechne die Winkelweite α.

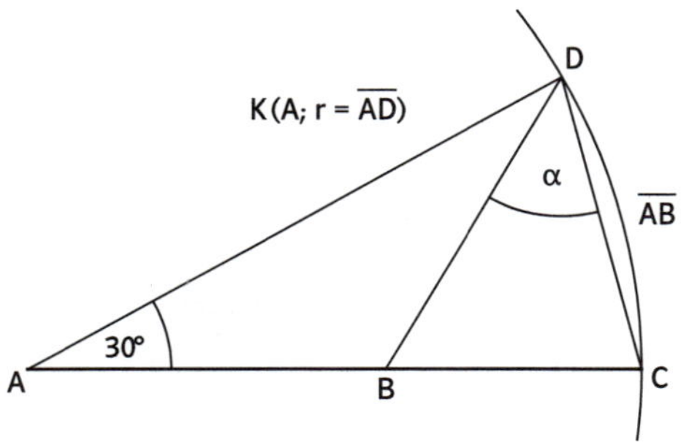

b) Berechne die Winkelweite α in Abhängigkeit von β.

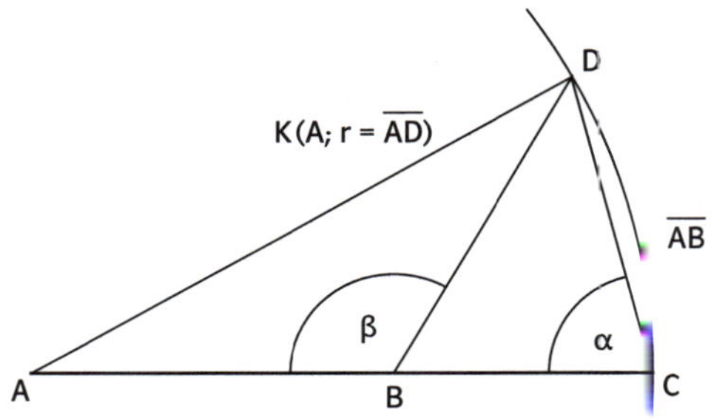

4 (4 VP)
Konstruiere ein Dreieck ABC mit $b = 8{,}0\,cm$, $\alpha = 40°$ und $\beta = 90°$.

5 (2 + 2 VP)
a) In jedem Siebeneck *ohne* einspringende Ecke ist die Summe der Innenwinkelweiten 900°.
Beweise diese Behauptung unter Verwendung der nebenstehenden Figur.
b) Hat auch das Siebeneck *mit* einspringender Ecke die Winkelsumme 900°?

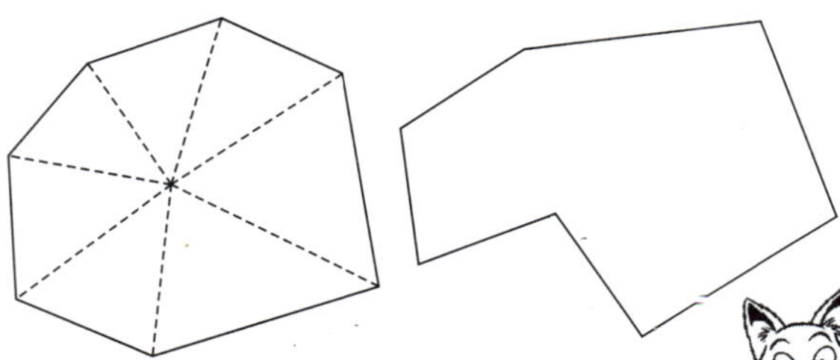

Lerntipps

zu Aufgabe 2
b) Wie groß sind die Winkel im Dreieck ABC?
zu Aufgabe 3
Denke an gleichschenklige Dreiecke und den Satz von der Winkelsumme im Dreieck.
zu Aufgabe 4
Der Winkel der Weite 90° liegt der Seite der Länge b gegenüber. Wo liegt sein Scheitel?
zu Aufgabe 5
b) Zeichne alle Diagonalen von der einspringenden Ecke aus.

Klassenarbeit 5.2

Anfangszeit: ______________ + 45 Minuten → Abgabe: ______________

1 (3 + 2 VP)
a) Formuliere den Kongruenzsatz wsw für Dreiecke in Worten.
Zeichne zwei nach diesem Kongruenzsatz kongruente Dreiecke.
b) Erläutere, warum du einen Kongruenzsatz sww für Dreiecke nicht brauchst.

2 (1 + 1 + 1 + 1 VP)
Welche der folgenden Behauptungen sind wahr, welche falsch?
Begründe deine Antworten.
a) Jedes Dreieck hat immer höchstens zwei spitze Winkel.
b) Es gibt keine Dreiecke mit einem rechten und einem stumpfen Winkel.
c) Manche Dreiecke haben die Winkelsumme von 270°.
d) Wenn ein Dreieck einen spitzen Winkel hat, dann hat es wenigstens auch noch einen zweiten.

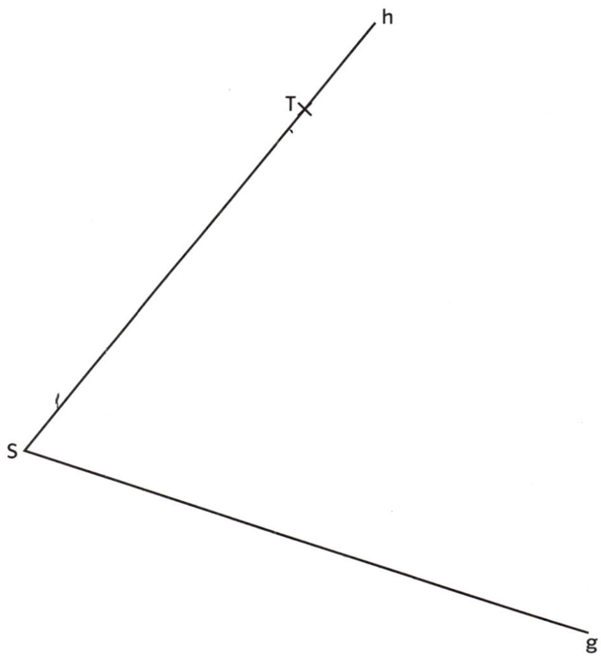

3 (3 + 2 VP)
a) Bestimme durch Konstruktion alle Punkte, die sowohl von S und T den gleichen Abstand haben als auch von g und h den gleichen Abstand haben.
b) Konstruiere einen Kreis, der g und h berührt und durch T geht.

4 (5 + 1 VP)
a) Konstruiere ein Dreieck ABC mit $a = 8{,}0\,\text{cm}$, $\alpha = 90°$ und $h_a = 3{,}0\,\text{cm}$.
(Planfigur, Konstruktion, Konstruktionsbeschreibung)
b) Für welche Werte von a ist (bei sonst unveränderten Daten) diese Konstruktion überhaupt möglich?

5 (4 VP)
Es gilt folgender Lehrsatz:
In jedem Fünfeck ist die Summe der Innenwinkelweiten 540°.
Bestimme unter dieser Voraussetzung die Summe der Innenwinkelweiten im fünfzackigen Stern.

Lerntipps

Wahr oder falsch?
Eine falsche Behauptung kann man durch ein einziges Gegenbeispiel widerlegen.
Eine richtige Behauptung erfordert immer eine Begründung unter Verwendung bereits bekannter Lehrsätze. Noch so viele Beispiele können den Beweis nicht ersetzen!

Klassenarbeit 5.3

Anfangszeit: ____________________ + 45 Minuten → Abgabe: ____________________

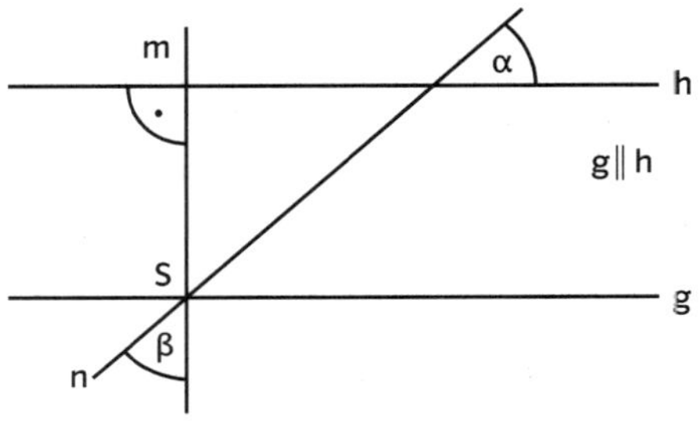

1 (1 + 1 VP)
a) Berechne β für $\alpha = 23°$.
b) Kann man α so wählen, dass $\alpha = \beta$ gilt?

2 (6 VP)
Anna und Beate haben jeweils ein Dreieck gezeichnet und vergleichen die Maße der beiden Figuren.
Anna: „Bei meinem Dreieck ABC habe ich gemessen: $\alpha = 68°$, $\beta = 65°$, $a = 5{,}0\,\text{cm}$, $c = 4{,}0\,\text{cm}$."
Beate: „Bei meinem Dreieck A'B'C' stelle ich fest: $b' = 4{,}0\,\text{cm}$, $\alpha' = 68°$, $\gamma' = 65°$."
Welche der folgenden Behauptungen sind wahr, welche falsch? Kreuze an. Begründe deine Antworten.

Behauptung	w	f
1. Die beiden Dreiecke sind gleichschenklig.		
2. Die beiden Dreiecke sind kongruent.		
3. $a' = 5{,}0\,\text{cm}$		
4. Der Flächeninhalt von Dreieck ABC ist ein wenig größer als der Flächeninhalt von Dreieck A'B'C'.		

3 (3 + 2 + 2 VP)
a) Berechne α.
b) Sind die Geraden durch B und C sowie durch M und D parallel?
c) Sind die Geraden durch B und D sowie durch M und C orthogonal?

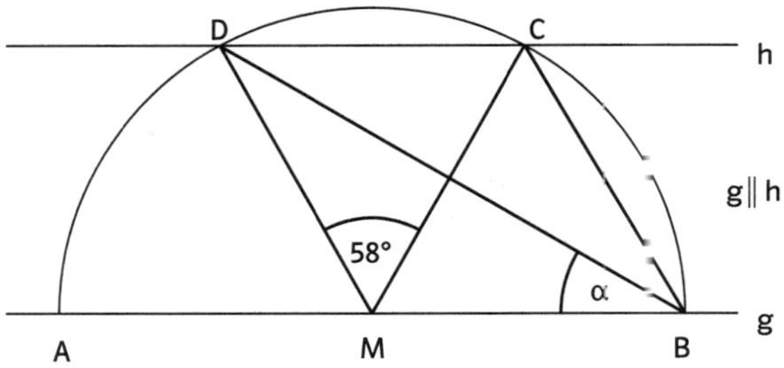

4 (2 VP)
Anne behauptet: „Die Punkte A, H_c und H liegen auf einem Kreis."
Barbara behauptet: „Die Punkte A, H und H_b liegen auf einem Kreis."
Christina behauptet: „Die Punkte A, B, H_a und H_b liegen auf einem Kreis."
Wer hat Recht?

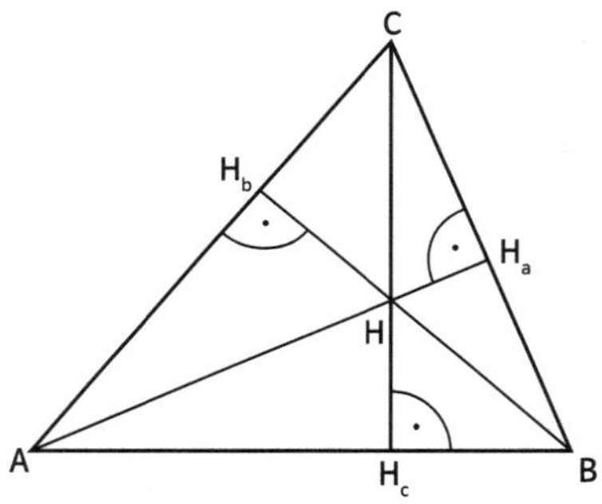

5 (5 + 2 VP)
a) Konstruiere ein Dreieck ABC aus $c = 7{,}4\,\text{cm}$, $\alpha = 60°$ und Inkreisradius $r_i = 2{,}0\,\text{cm}$.
b) Ein Dreieck ABC mit $\gamma = 56°$ hat den Inkreismittelpunkt I.
Wie groß ist der Winkel ∢AIB?

Lerntipps

Lehrsätze sammeln!
Hast du schon einmal daran gedacht, mathematische Lehrsätze zu sammeln? Besorge dir Karteikarten (z. B. in Postkartengröße) und notiere auf der Vorderseite einen Lehrsatz, evtl. mit einer geeigneten Abbildung. Auf der Rückseite schreibst du einen Beweis des Lehrsatzes auf und gegebenenfalls ein Anwendungsbeispiel. Auf diese Weise entsteht im Laufe der Zeit eine stattliche mathematische Bibliothek.

Anfangszeit: ______________ + 45 Minuten → Abgabe: ______________

1 (1 + 1 + 1 + 1 VP)
Welche der folgenden Behauptungen sind wahr, welche falsch?
Kreuze an. Begründe deine Antworten.

Behauptung	w	f
1. Alle gleichschenkligen Dreiecke mit gleicher Basislänge sind kongruent.		
2. Es gibt rechtwinklige Dreiecke mit gleicher Hypotenusenlänge, die nicht kongruent sind.		
3. Wenn bei zwei Dreiecken a, b und α übereinstimmen, dann sind sie stets kongruent.		
4. Alle Rechtecke mit dem gleichen Flächeninhalt sind kongruent.		

2 (4 + 2 VP)
a) Konstruiere die Tangenten von P aus an den Kreis k(M; r).
Beschreibe und begründe die Konstruktion.

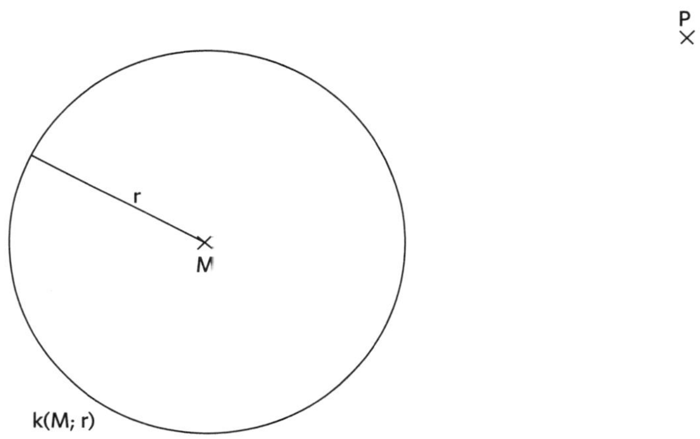

b) Zeichne die beiden Kreistangenten im Punkt A. Der kleinere der beiden Winkel zwischen den Tangenten habe die Weite α = 65°.
Berechne die Weite des Winkels $\sphericalangle M_1AM_2$.

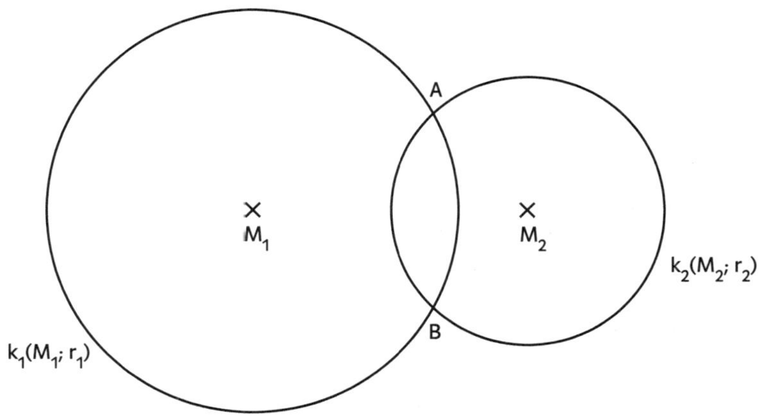

3 (3 + 3 VP)
a) Ist das Viereck ABCD ein Trapez?
b) Bestimme die Winkelweiten der Winkel ∢MEB und ∢EBF.

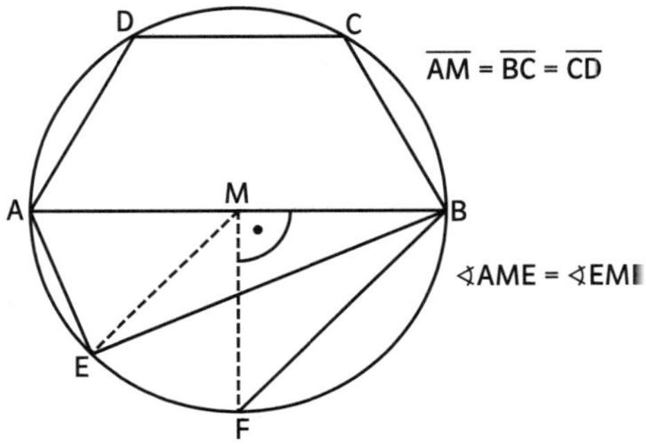

4 (4 + 1 VP)
Zeichne die Punkte A(1 | −2), S(7 | 0,5) und T(−1 | 5) in einem Koordinatensystem.
a) Konstruiere auf der Geraden g durch S und T zwei Punkte B und C so, dass das Dreieck ABC mit der Basis BC gleichschenklig ist und die Schenkel die Länge 6,0 cm haben.
b) Ist das Dreieck ABC sogar gleichseitig? Erläutere, wie du dies nachprüfen kannst.

5 (3 VP)
Max Schlaumaier behauptet:
„Es gibt kein Dreieck ABC mit Inkreismittelpunkt I, sodass der Winkel ∢AIB ein rechter Winkel ist."
Was meinst du?

Lerntipps

Begründen in der Geometrie
Begründungen fallen dir leichter, wenn du die bisher behandelten Lehrsätze kennst. Memoriere immer wieder die in deiner Sammlung enthaltenen Lehrsätze. Wiederhole auch die Beweise und mache dir die Beweisideen klar. Kannst du die folgenden Lehrsätze vervollständigen?
Wenn zwei parallele Geraden von einer dritten Geraden geschnitten werden, dann …
Wenn in einem beliebigen Dreieck die Mittelsenkrechten konstruiert werden, dann …
Wenn in einem Dreieck zwei Seiten gleich lang sind, dann …
Wenn …, dann hat das Dreieck einen rechten Winkel.
Wenn …, dann schneiden sich diese drei Geraden in einem Punkt. Dieser Schnittpunkt hat von allen Dreiecksseiten den gleichen Abstand.
Wenn in einem Dreieck …, dann sind alle drei Seiten gleich lang.

Klassenarbeit 5.1

1 (3 + 1 VP)

Denke an Scheitelwinkel, Wechselwinkel und den Winkelsummensatz für Dreiecke. Begründe deine Aussagen über Winkelweiten zumindest stichwortartig durch den jeweils verwendeten Lehrsatz. Mache auch deutlich, in welchen Teilfiguren du argumentierst. Selbstverständlich gelingt mit dem Messen von Streckenlängen oder Winkelweiten keine zulässige Argumentation.

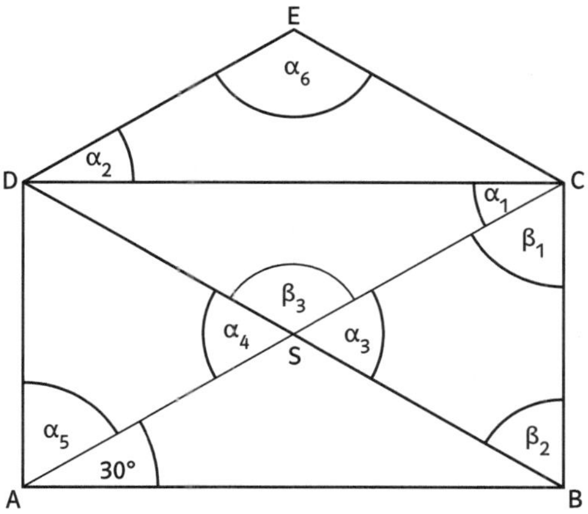

a) ∢DCA hat die Weite $\alpha_1 = 30°$ (Wechselwinkel an parallelen Geraden (AB) und (CD)).
∢CDE hat die Weite $\alpha_2 = 30°$ (Wechselwinkel an parallelen Geraden (SC) und (DE)).
∢BSC hat die Weite $\alpha_3 = 60°$.
(Das Dreieck BCS ist gleichschenklig mit $\overline{BS} = \overline{CS}$, da die Diagonalen im Rechteck gleich lang sind und sich gegenseitig halbieren. Daher: $\beta_1 = \beta_2$.
Der Winkel ∢DCB ist ein rechter Winkel, daher:
$\beta_1 = 90° - \alpha_1 = 90° - 30° = 60°$.
Der Winkelsummensatz im Dreieck BCS ergibt:
$\alpha_3 = 180° - \beta_1 - \beta_2 = 180° - 2\beta_1 = 180° - 120° = 60°$.)
∢DSA hat die Weite $\alpha_4 = 60°$ (Scheitelwinkel beim Scheitel S).
∢SAD hat die Weite $\alpha_5 = 60°$ (Das Viereck ABCD ist ein Rechteck. Daher: $\alpha_5 = 90° - 30° = 60°$).
∢DEC hat die Weite $\alpha_6 = 120°$. (Da das Viereck SCED eine Raute ist, ist der Winkel ∢CSD genau so groß wie der Winkel ∢DEC. ∢CSD hat die Weite
$\beta_3 = 180° - \alpha_3 = 180° - 60° = 120°$.
Daher: $\alpha_6 = \beta_3 = 120°$.)
b) Im Dreieck ASD haben zwei Winkel die Weite 60°: $\alpha_4 = \alpha_5 = 60°$. Wegen dem Winkelsummensatz im Dreieck hat auch der dritte Winkel ∢ADS die Weite 60°. Das Dreieck ist demzufolge gleichseitig und daher ist AS so lang wie AD.

2 (3 + 1 + 1 VP)

a) Dreieck ABC

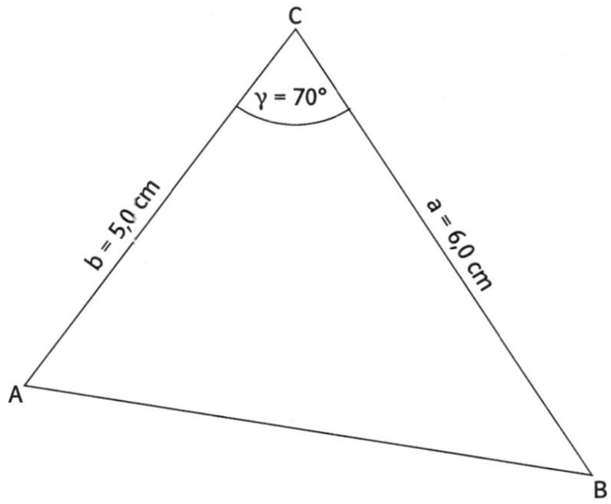

Dreieck A'B'C'

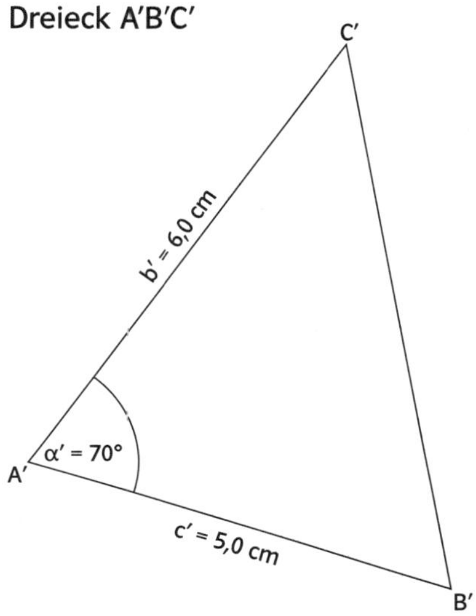

Die beiden Dreiecke stimmen in den Längen zweier Seiten und der Weite des von diesen Seiten eingeschlossenen Winkels überein.
Daher sind die Dreiecke ABC und A'B'C' nach dem Kongruenzsatz sws kongruent.
b) Die Winkelweiten im Dreieck ABC betragen:
$\alpha = 62°$, $\beta = 48°$ und $\gamma = 70°$.
Im Dreieck A"B"C" gibt es jedoch keine Winkel mit den Weiten 62° bzw. 48°. Daher ist das Dreieck A"B"C" mit den Winkelweiten $\alpha'' = 45°$, $\beta'' = 70°$, $\gamma'' = 65°$ nicht kongruent zum Dreieck ABC.

c) Nein, denn es gibt beliebig viele Dreiecke mit diesen Winkelweiten, die durch Vergrößern oder Verkleinern aus einem solchen Dreieck hervorgehen. Drei solche Dreiecke mit den gegebenen Winkelweiten sind hier gezeichnet.

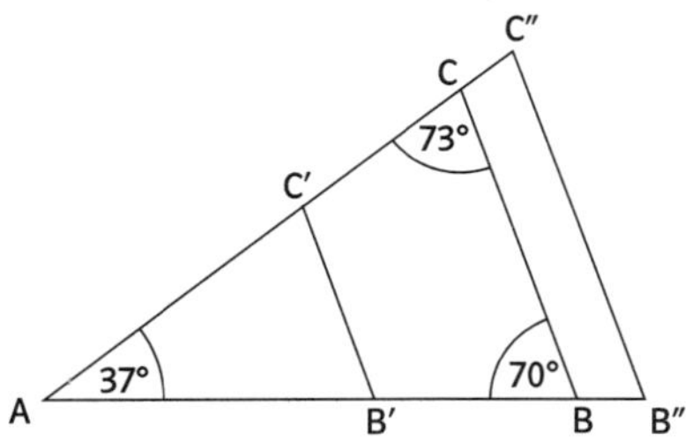

3 (3 + 4 VP)

a) *Suche in der Figur gleichschenklige Dreiecke. Was weißt du über Winkelweiten in gleichschenkligen Dreiecken? Bezeichne weitere Winkelweiten in der Abbildung.*

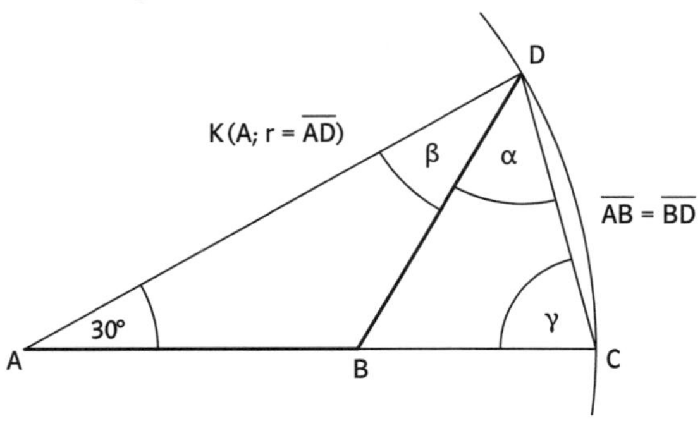

Das Dreieck ABD ist gleichschenklig mit $\overline{AB} = \overline{BD}$. Daher sind die Basiswinkel gleich weit und es gilt $\beta = 30°$.

Das Dreieck ACD ist gleichschenklig mit $\overline{AC} = \overline{AD}$. Daher sind die Basiswinkel gleich weit und es gilt:

$\beta + \alpha = \gamma$

$\alpha = \gamma - \beta$

$\alpha = \gamma - 30°$

Der Winkelsummensatz im Dreieck ACD ergibt:

$30° + \gamma + (\beta + \alpha) = 180°$

$\gamma + (\beta + \alpha) = 150°$

$\gamma + \gamma = 150°$

$\gamma = 75°$

Somit: $\alpha = 75° - 30°$

$\alpha = 45°$

b) *Ziel ist es, die Winkelweite α in Abhängigkeit von β auszudrücken. Du musst hier also mit Variablen rechnen. Du kannst das Ergebnis deiner Rechnung kontrollieren: Für β = 120° solltest du α = 75° erhalten.*

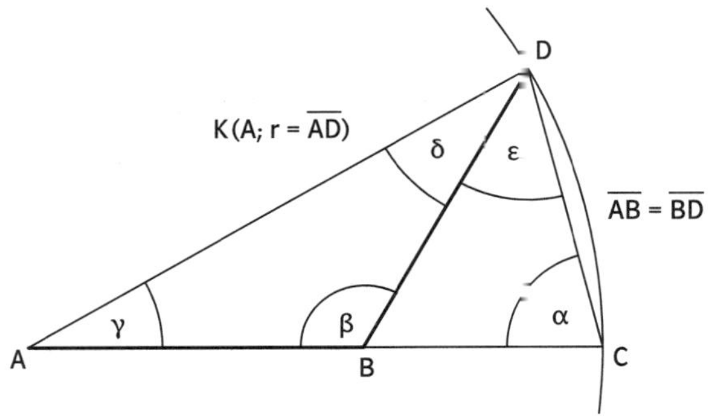

Das Dreieck ACD ist gleichschenklig mit $\overline{AC} = \overline{AD}$. Daher sind die Basiswinkel gleich weit: $\alpha = \varepsilon + \delta$.

Der Winkelsummensatz im Dreieck ACD ergibt:

$\gamma + \alpha + (\delta + \varepsilon) = 180°$

$\gamma + \alpha + \alpha = 180°$

$2 \cdot \alpha = 180° - \gamma$

$\alpha = 90° - \frac{1}{2} \cdot \gamma$

Das Dreieck ABD ist gleichschenklig mit $\overline{AB} = \overline{BD}$. Daher sind die Basiswinkel gleich weit: $\gamma = \delta$.

Der Winkelsummensatz im Dreieck ABD ergibt:

$\gamma + \beta + \delta = 180°$

$\gamma + \beta + \gamma = 180°$

$2\gamma = 180° - \beta$

$\gamma = 90° - \frac{1}{2} \cdot \beta$

Somit: $\alpha = 90° - \frac{1}{2} \cdot \left(90° - \frac{1}{2} \cdot \beta\right)$

$\alpha = 90° - 45° + \frac{1}{4} \cdot \beta$

$\alpha = 45° + \frac{1}{4} \cdot \beta$

4 (4 VP)

Eine Planfigur lässt dich leichter erkennen, welche Konstruktionsschritte du in welcher Reihenfolge erledigen kannst.

Was signalisiert dir die Angabe der Winkelweite 90°?

Planfigur

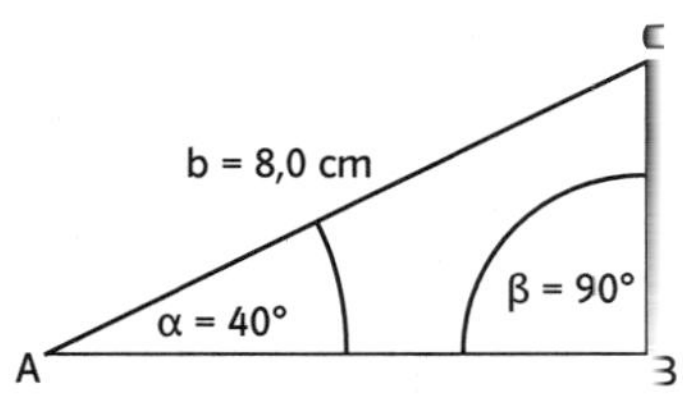

Konstruktionsüberlegungen

Da β = 90°, liegt B auf dem Thaleskreis über AC. B liegt außerdem auf dem freien Schenkel des Winkels der Weite α = 40°, der in A an AC angetragen wird.

Konstruktion

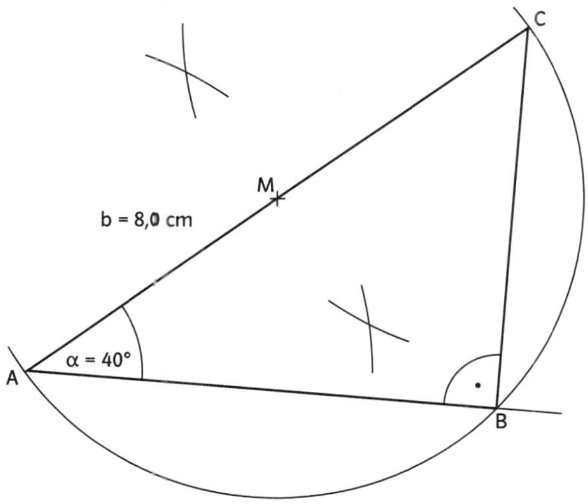

5 (2 + 2 VP)

a)

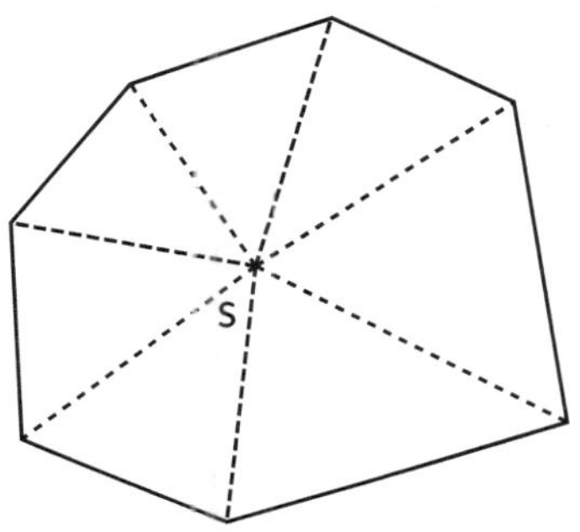

Die Winkelsumme des Siebenecks ergibt sich durch Addition der Winkelsummen der sieben Dreiecke und Subtraktion der Weite des Vollwinkels bei S, der ja nicht als Innenwinkel des Siebenecks auftritt:
$7 \cdot 180° - 360° = 900°$
Dies war behauptet worden.

b)

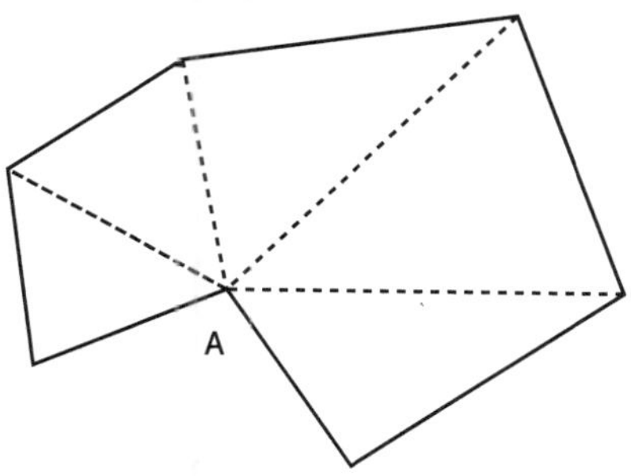

Zeichnet man von der einspringenden Ecke A aus die Verbindungsstrecken zu allen Eckpunkten des Siebenecks, so wird dieses Siebeneck in fünf Dreiecke zerlegt. Die Innenwinkel dieser Dreiecke sind genau die Innenwinkel des Siebenecks. Daher beträgt dessen Winkelsumme $5 \cdot 180° = 900°$.
Auch bei Siebenecken mit einspringender Ecke beträgt die Winkelsumme 900°.

Bemerkung

Kannst du entsprechende Überlegungen auch für Vielecke mit größeren Eckenzahlen durchführen?

Klassenarbeit 5.2

1 (3 + 2 VP)

a) *Achte bei der Formulierung auch auf sprachliche Genauigkeit. „Seite" und „Länge einer Seite" oder „Winkel" und „Weite eines Winkels" meinen verschiedenes!*
Wenn zwei Dreiecke in der Länge einer Seite und den Weiten der beiden anliegenden Winkel übereinstimmen, dann sind diese Dreiecke kongruent.

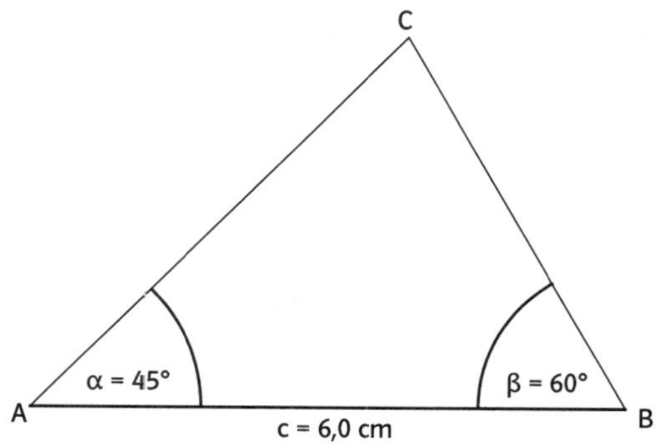

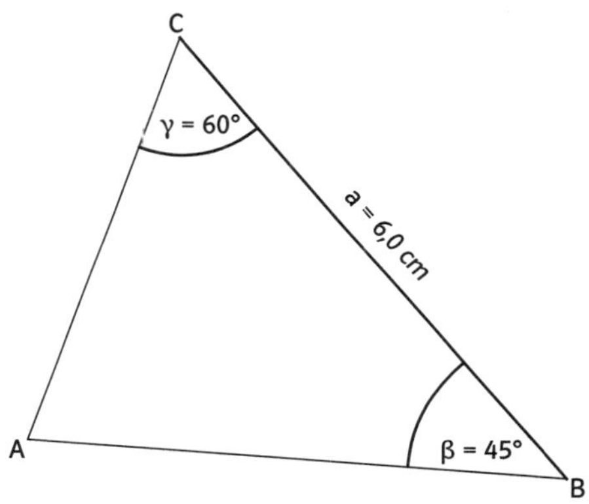

b) *„sww" bedeutet, dass ein der Seite anliegender Winkel und ein ihr gegenüberliegender Winkel gegeben sind. Wieso kennst du dann auch den zweiten dieser Seite anliegenden Winkel?*
Wenn in einem Dreieck zwei Winkelweiten bekannt sind, dann liegt wegen des Satzes von der Winkelsumme im Dreieck auch die dritte Winkelweite fest. Wenn also zwei Dreiecke auf Grund des Kongruenzsatzes wsw kongruent sind, dann sind in diesen Dreiecken auch die den Seiten mit gleicher Länge gegenüberliegenden Winkel gleich weit. Daher ist der Kongruenzsatz sww entbehrlich.

2 (1 + 1 + 1 + 1 VP)

a) Die Behauptung ist falsch.
Ein gleichseitiges Dreieck hat z. B. *drei* spitze Winkel der Weite 60°.

b) Die Behauptung ist wahr.
Wenn ein Dreieck einen rechten Winkel hat, dann haben die beiden anderen Winkel zusammen die Weite 90°. Keiner dieser beiden Winkel kann also

größer als 90° sein. Es gibt daher keine Dreiecke mit einem rechten und einem stumpfen Winkel.
c) Diese Behauptung ist falsch.
Der Satz von der Winkelsumme im Dreieck besagt, dass *alle* Dreiecke die Winkelsumme 180° haben.
d) Die Behauptung ist wahr.
Wenn ein Dreieck genau einen spitzen Winkel hätte, dann müssten die anderen beiden Winkel mindestens jeweils die Weite 90° haben. Dann wäre die Winkelsumme im Dreieck aber größer als 180°, was nicht möglich ist. Daher muss ein Dreieck mit einem spitzen Winkel mindestens noch einen zweiten spitzen Winkel haben.

3 (3 + 2 VP)
a) *Alle Punkte, die von zwei gegebenen Punkten A und B den gleichen Abstand haben, liegen auf der Mittelsenkrechten von Strecke AB. Du kennst diese Grundkonstruktion.*
Alle Punkte, die von zwei gegebenen Geraden g und h den gleichen Abstand haben, liegen auf der Winkelhalbierenden der von den Geraden eingeschlossenen Winkel.

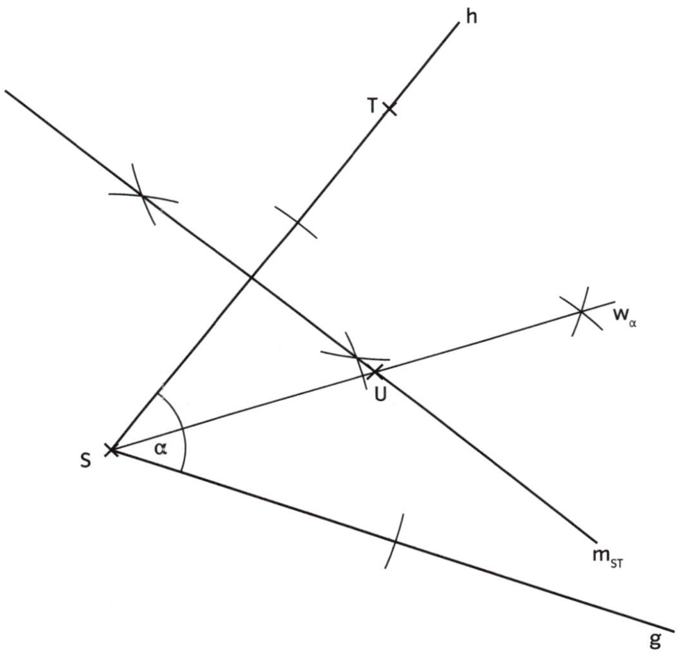

Konstruktionsbeschreibung
1. *Konstruiere die Mittelsenkrechte m_{ST} der Strecke ST (Grundkonstruktion).*
2. *Konstruiere die Winkelhalbierende w_α des Winkels $\sphericalangle(g; h)$ (Grundkonstruktion).*
3. *Die Mittelsenkrechte m_{ST} und die Winkelhalbierende w_α schneiden sich im gesuchten Punkt U.*

b) *Auf welcher Ortslinie muss der Kreismittelpunkt M liegen? Was weißt du über die Verbindungsstrecke MT? Den Kreisradius darfst du nicht durch Probieren finden! Du kannst konstruieren!*

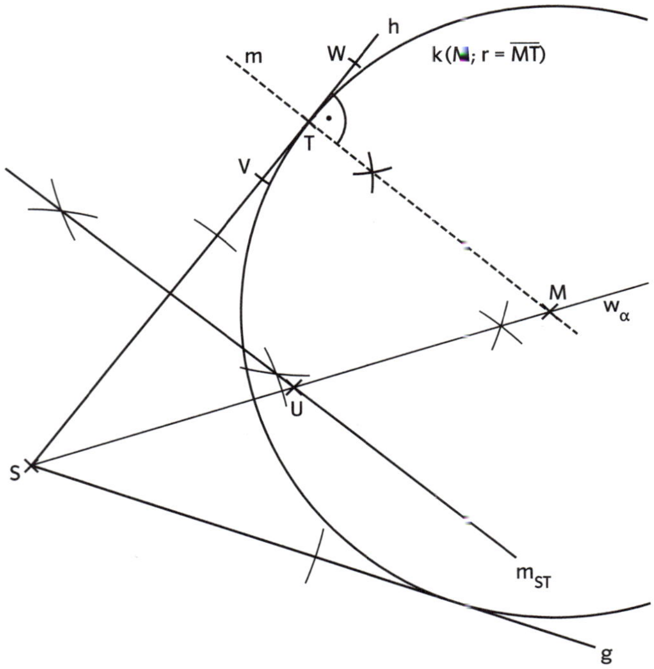

Konstruktionsbeschreibung
1. *Konstruiere die orthogonale Gerade m zum Winkelschenkel h durch den Punkt T (Grundkonstruktion).*
2. *Diese Gerade m schneidet die Winkelhalbierende w_α im Punkt M.*
3. *Der Kreis um M mit dem Radius $\overline{MT}$ ist die gesuchte Punktmenge.*

4 (5 + 1 VP)
Mit h_a ist die Länge der Höhe des Dreiecks auf die Seite der Länge a gemeint.
Eine Dreieckshöhe ist orthogonal zu einer Seite des Dreiecks. Sie geht durch den Eckpunkt des Dreiecks, der dieser Seite gegenüber liegt.
a) Planfigur

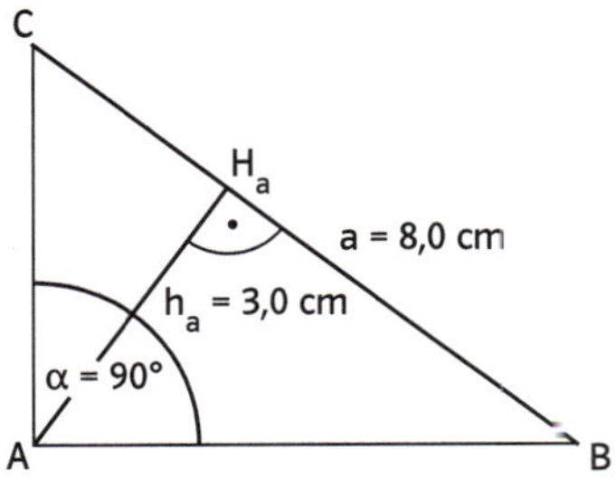

Bei deinen Konstruktionsüberlegungen kannst du ganz systematisch vorgehen. Angenommen, du willst mit α beginnen. Jetzt weißt du nicht, in welcher Richtung h_a angetragen werden soll. Du weißt auch nicht, wie weit die Punkte B bzw. C von A entfernt sind, um α einzuzeichnen. Folglich ist der Beginn mit α nicht geeignet.
Würdest du mit h_a beginnen und damit A und H_a festlegen, so könntest du zwar eine dazu orthogonale Gerade durch H_a zeichnen, wüsstest aber nicht,

wie weit z. B. Punkt B von H_a entfernt sein soll. Auch dieser Weg führt nicht zum Ziel.
Du solltest also wohl mit der Strecke BC der Länge a beginnen! Du weißt jetzt von Punkt A zweierlei: A hat von BC den Abstand h_a und der Winkel ∢BAC hat die Weite 90°. Für beide Bedingungen kennst du eine Ortslinie!
Konstruktion

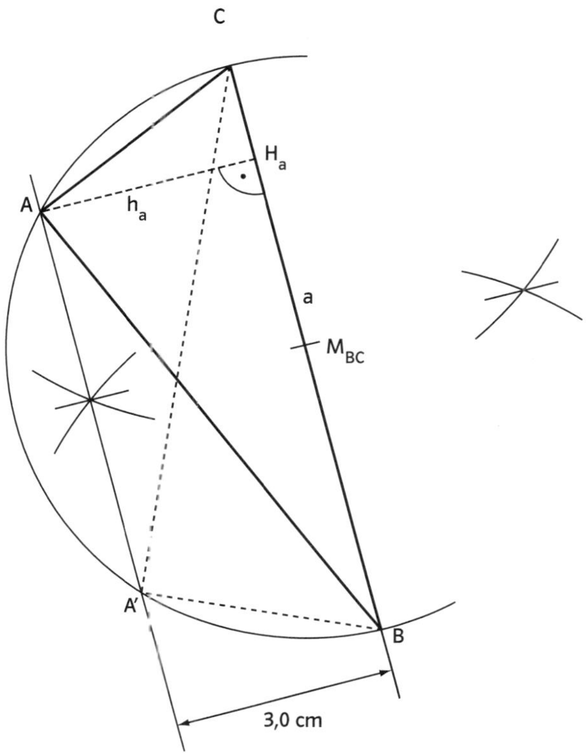

Konstruktionsbeschreibung
Die Punkte B und C sind durch $\overline{BC} = a = 8{,}0\,cm$ festgelegt.
Der Punkt A liegt:
1. auf dem Thaleskreis über BC,
2. auf der Parallelen zu (BC) im Abstand $h_a = 3{,}0\,cm$.

Bemerkung
Es gibt zwei Lösungsdreiecke ABC und A'BC auf derselben Seite der Geraden (BC). Die Dreiecke auf der anderen Seite von (BC) sind hier nicht konstruiert, da sie einen anderen Umlaufsinn haben.
b) Damit der Punkt A als Schnittpunkt des Thaleskreises mit der Parallelen zu (BC) im Abstand h_a entstehen kann, darf h_a höchstens so groß werden wie der Radius des Thaleskreises. Daher lautet die Bedingung für a: $h_a \le \frac{a}{2}$ bzw. $a \ge 2 \cdot h_a$.

5 (4 VP)
Zeichne ein geeignetes Fünfeck in den Stern ein! Markiere jetzt alle Innenwinkel des Sterns und überlege, wie sie sich aus den Innenwinkeln des Fünfecks und der Dreiecke zusammensetzen.

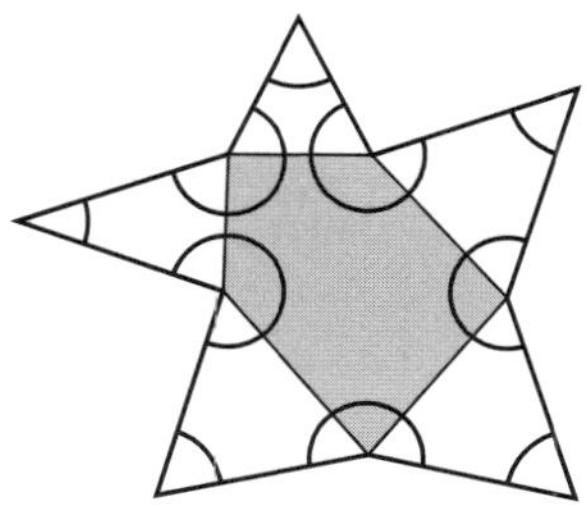

Alle Innenwinkel im fünfzackigen Stern setzen sich zusammen aus allen Innenwinkeln der fünf Dreiecke und allen Innenwinkel des getönten Fünfecks. Folglich beträgt die Winkelsumme im fünfzackigen Stern $5 \cdot 180° + 540° = 1440°$.

Klassenarbeit 5.3

1 (1 + 1 VP)

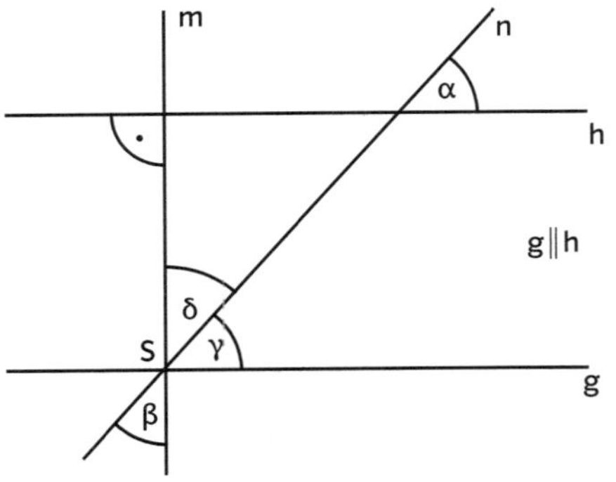

a) Die Winkel mit den Weiten α und γ sind Stufenwinkel an den Parallelen g und h, also gleich weit:
$\gamma = \alpha = 23°$.
Da m orthogonal ist zu g, ergänzen sich γ und δ zu 90°. Folglich: $\delta = 67°$.
Die Winkel der Weiten β und δ sind Scheitelwinkel und daher gleich weit.
Somit: $\beta = \delta = 67°$
b) Allgemein gilt mit den entsprechenden Begründungen wie in Teilaufgabe a):
$\gamma = \alpha$
$\delta = 90° - \gamma$
$\delta = 90° - \alpha$
$\beta = \delta$
$\beta = 90° - \alpha$
Falls $\alpha = \beta$ gelten soll, dann erfordert dies:
$\alpha = 90° - \alpha \quad | + \alpha$
$2\alpha = 90° \quad | :2$
$\alpha = 45°$

2 (6 VP)
Man erkennt gleichschenklige Dreiecke auch daran, dass zwei Winkel die gleiche Weite haben. Wieso kann der dritte Winkel im Dreieck ABC weder 68° noch 65° weit sein?
Die erste Behauptung ist falsch.
Mit dem Satz von der Winkelsumme im Dreieck ABC erhält man:
$\gamma = 180° - \alpha - \beta$
$\gamma = 180° - 68° - 65°$
$\gamma = 47°$
In diesem Dreieck gibt es also nicht zwei gleich weite Winkel. Daher ist das Dreieck ABC nicht gleichschenklig.
Entsprechendes gilt für das Dreieck A'B'C', wo $\beta' = 47°$ gilt.

Beim zweiten Dreieck sind eine Seitenlänge und zwei Winkelweiten gegeben. Welcher Kongruenzsatz kommt damit nur in Frage? Eine Skizze kann helfen!

Die zweite Behauptung ist wahr.
Im Dreieck ABC sind mit c, α und β eine Seitenlänge und die Weiten zweier anliegender Winkel gegeben. Im Dreieck A'B'C' sind mit b', α' und γ' ebenfalls eine Seitenlänge und die Weiten zweier anliegender Winkel gegeben.
Da $c = b'$, $\alpha = \alpha'$ und $\beta = \gamma'$ gilt, sind die Dreiecke nach dem Kongruenzsatz wsw kongruent.

Die dritte Behauptung ist wahr.

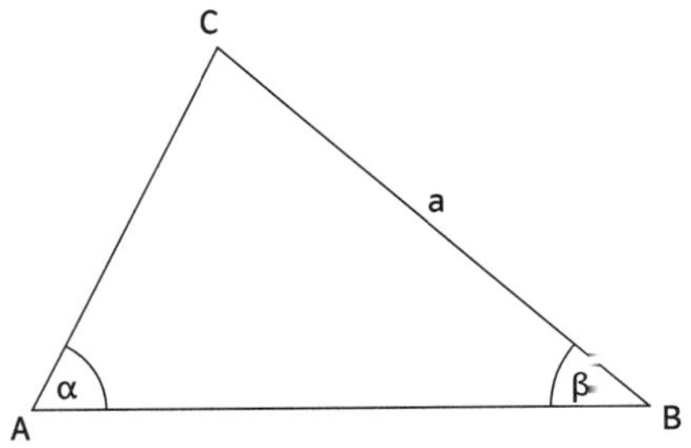

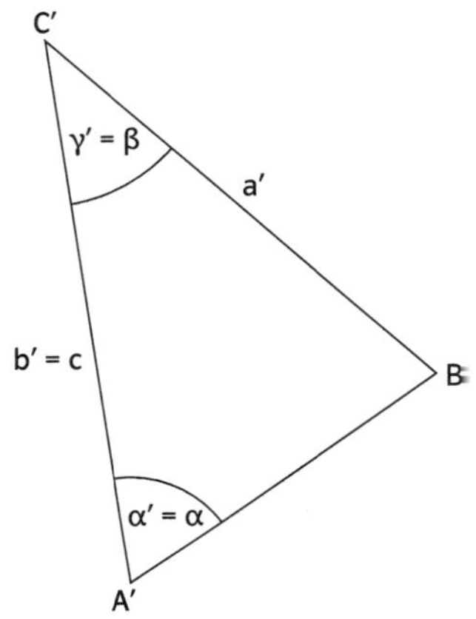

Die Dreiecke sind kongruent. In kongruenten Dreiecken sind gleich liegende Strecken gleich lang. Im Dreieck ABC liegt die Strecke der Länge a dem Winkel der Weite α gegenüber. Da $\alpha = \alpha'$ gilt und die Strecken gleich liegend sind, folgt $a = a'$.

Die vierte Behauptung ist falsch.
Wenn zwei Dreiecke kongruent sind, dann haben sie den gleichen Flächeninhalt.

3 (3 + 2 + 2 VP)

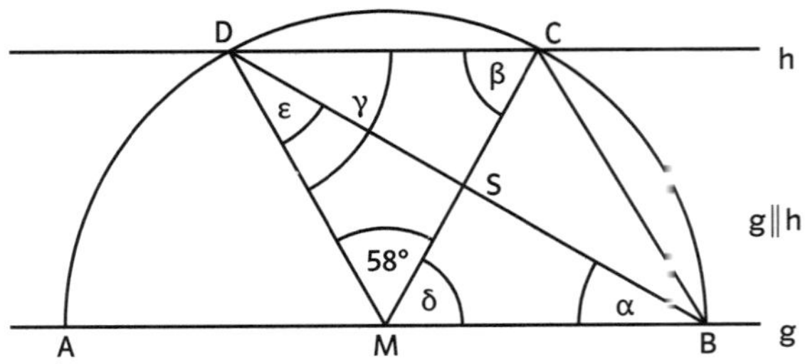

a) Das Dreieck CDM ist gleichschenklig mit $\overline{MC} = \overline{MD}$ (Kreisradius). Daher sind die Basiswinkel gleich weit: $\beta = \gamma$.
Mit dem Winkelsummensatz im Dreieck CDM folgt:

$$\begin{aligned} \beta + \gamma + 58° &= 180° \\ \beta + \gamma &= 122° \\ 2 \cdot \beta &= 122° \\ \beta &= 61° \\ \gamma &= 61° \end{aligned}$$

Die Geraden g und h sind nach Voraussetzung parallel. Nach dem Satz von den Wechselwinkeln gilt $\delta = \beta = 61°$.
Das Dreieck BDM ist gleichschenklig mit $\overline{MB} = \overline{MD}$.
Daher sind die Basiswinkel gleich weit: $\alpha = \varepsilon$.
Mit dem Winkelsummensatz im Dreieck BDM folgt:

$$\begin{aligned} \alpha + \varepsilon + 58° + \delta &= 180° \\ \alpha + \varepsilon + 58° + 61° &= 180° \\ \alpha + \varepsilon &= 61° \\ 2 \cdot \alpha &= 61° \\ \alpha &= 30{,}5° \end{aligned}$$

Der gesuchte Winkel hat die Weite $\alpha = 30{,}5°$.
b) Das Dreieck BCM ist gleichschenklig mit $\overline{MB} = \overline{MC}$ (Kreisradius). Daher sind die Basiswinkel gleich weit: $\sphericalangle MCB = \sphericalangle CBM$.
Mit dem Winkelsummensatz im Dreieck BCM folgt:

$$\begin{aligned} \delta + \sphericalangle MCB + \sphericalangle CBM &= 180° \\ 61° + 2 \cdot \sphericalangle MCB &= 180° \\ 2 \cdot \sphericalangle MCB &= 119° \\ \sphericalangle MCB &= 59{,}5° \end{aligned}$$

Die beiden Wechselwinkelweiten $\sphericalangle MCB = 59{,}5°$ und $\sphericalangle CMD = 58°$ an den Geraden (BC) und (MD) sind somit nicht gleich groß und die Geraden folglich nicht parallel.
c) Die Geraden (BD) und (MC) schneiden sich in S.
Im Dreieck MBS gilt mit dem Winkelsummensatz:

$$\begin{aligned} \delta + \alpha + \sphericalangle MSB &= 180° \\ 61° + 30{,}5° + \sphericalangle MSB &= 180° \\ 91{,}5° + \sphericalangle MSB &= 180° \\ \sphericalangle MSB &= 88{,}5° \end{aligned}$$

Der Winkel $\sphericalangle MSB$ ist kein rechter Winkel, die Geraden (BD) und (MC) sind nicht orthogonal.

4 (2 VP)

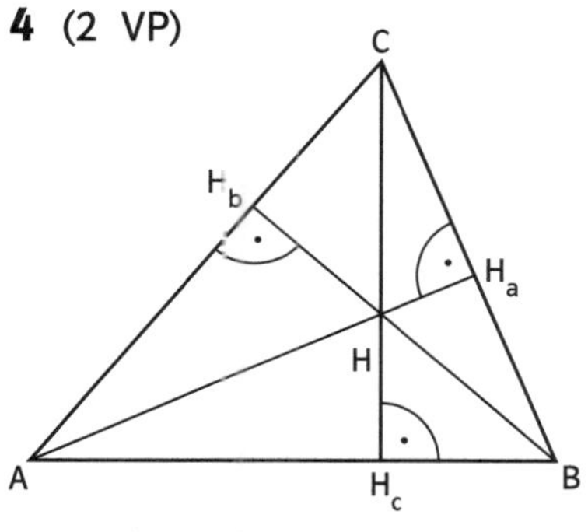

Die Behauptung von Anne ist wahr.
Drei Punkte liegen immer auf einem Kreis, insbesondere also auch die Punkte A, H_c und H (Umkreis des Dreiecks AH_cH; hier ist der Umkreis zugleich der Thaleskreis über der Strecke AH).
Die Behauptung von Barbara ist daher ebenfalls wahr.
Die Behauptung von Christina ist wahr.
Wegen der rechten Winkel bei H_a und H_b liegen sowohl H_a als auch H_b nach der Umkehrung des Satzes von Thales auf dem Kreis mit dem Durchmesser AB.
Alle drei Mädchen haben Recht.

5 (5 + 2 VP)
a) Planfigur

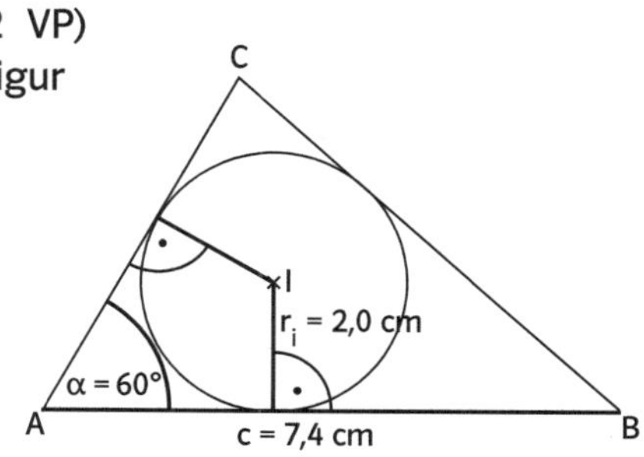

Konstruktionsbeschreibung
Zeichne die Strecke AB mit der Länge c = 7,4 cm. Konstruiere einen Winkel der Weite $\alpha = 60°$ in A an AB (Grundkonstruktion) und die Winkelhalbierende w_α.
Zeichne eine Parallele p zu (AB) im Abstand $r_i = 2{,}0$ cm.
Die Winkelhalbierende w_α schneidet die Parallele p im Inkreismittelpunkt I. Zeichne den Inkreis.
Konstruiere den Thaleskreis über IB. Dieser Thaleskreis schneidet den Inkreis in zwei Punkten. Der nicht auf AB liegende Schnittpunkt sei der Punkt T.
Zeichne die Gerade durch B und T. Diese Gerade schneidet den freien Schenkel von α in C.
Konstruktion

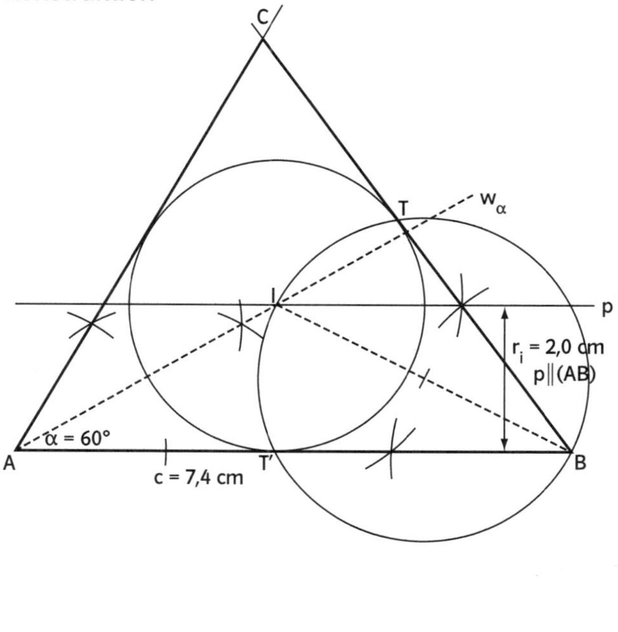

Alternative Konstruktion

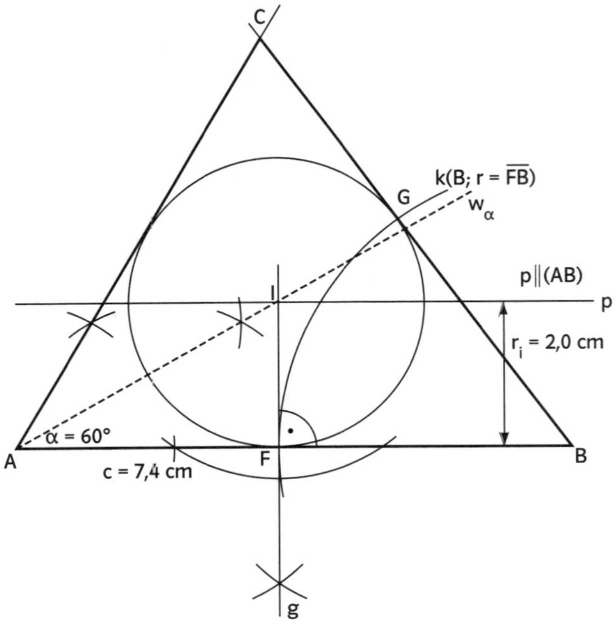

Konstruktionsbeschreibung
Zeichne die Strecke AB mit der Länge c = 7,4 cm. Konstruiere einen Winkel der Weite α = 60° in A an AB (Grundkonstruktion) und die Winkelhalbierende w_α.
Zeichne eine Parallele p zu (AB) im Abstand r_i = 2,0 cm.
Die Winkelhalbierende w_α schneidet die Parallele p im Inkreismittelpunkt I.
Konstruiere die orthogonale Gerade g zu (AB) durch I (Grundkonstruktion).
Die Gerade g schneidet AB in F.
Zeichne den Inkreis um I mit dem Radius $\overline{IF}$.
Zeichne den Kreis um B mit dem Radius $\overline{BF}$.
Dieser Kreis schneidet den Inkreis (außer in F) in G.
Zeichne die Gerade durch B und G.
Diese Gerade schneidet den freien Schenkel von α in C.

b) Skizze

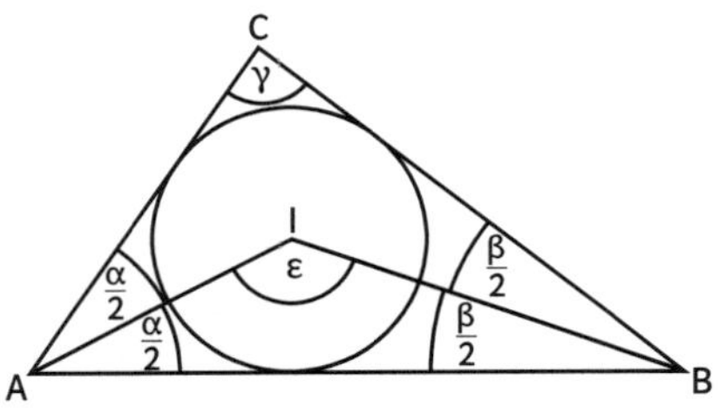

Der Inkreismittelpunkt I ist der Schnittpunkt der Winkelhalbierenden des Dreiecks ABC. Im Dreieck ABI gilt mit dem Satz von der Winkelsumme im Dreieck:

$\frac{\alpha}{2} + \frac{\beta}{2} + \varepsilon = 180°$

$\varepsilon = 180° - \frac{\alpha}{2} - \frac{\beta}{2}$

$\varepsilon = 180° - \frac{1}{2}(\alpha + \beta)$

Im Dreieck ABC gilt:

$\alpha + \beta + \gamma = 180°$

$\alpha + \beta = 180° - \gamma$

$\alpha + \beta = 180° - 56°$

$\alpha + \beta = 124°$

Damit erhält man:

$\varepsilon = 180° - \frac{1}{2} \cdot 124°$

$\varepsilon = 180° - 62°$

$\varepsilon = 118°$

Der Winkel ∢AIB hat die Weite 118°.

Klassenarbeit 5.4

1 (1 + 1 + 1 + 1 VP)
Die erste Behauptung ist falsch.
Es gibt gleichschenklige Dreiecke mit gleicher Basislänge, die *nicht* kongruent sind.
Gegenbeispiele:

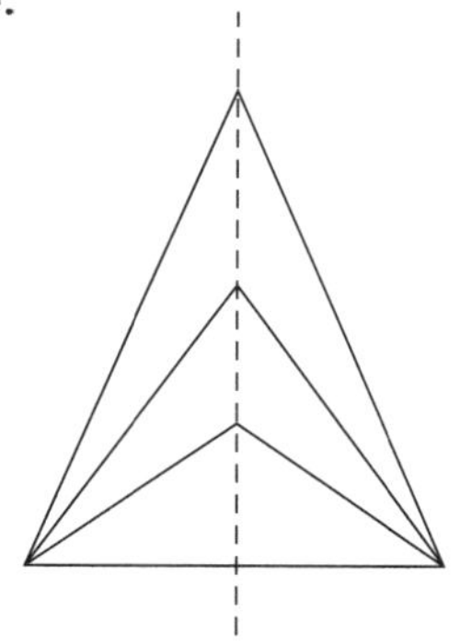

Die zweite Behauptung ist wahr.
Beispiele:
$\triangle ABC \cong \triangle BA'C$

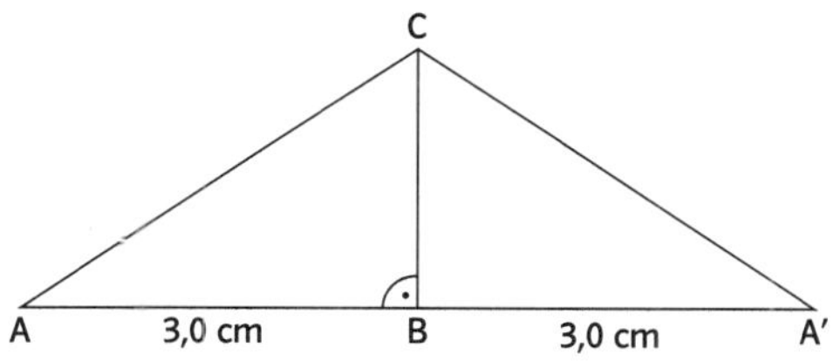

$\triangle ABC \cong \triangle BAC'$

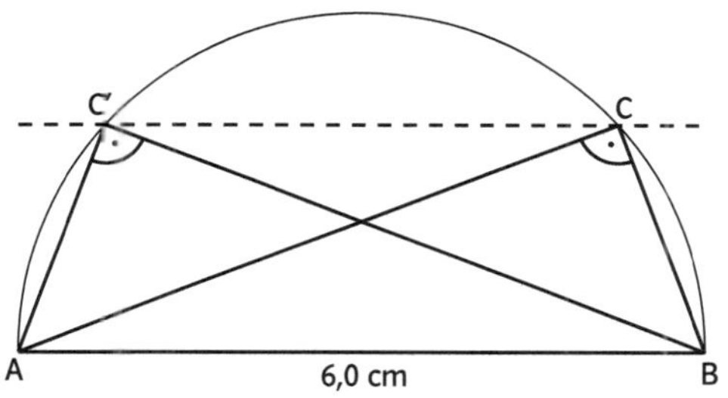

Die dritte Behauptung ist falsch.
Gegenbeispiel:
$\triangle ABC$ ist nicht kongruent zu $\triangle AB'C$.

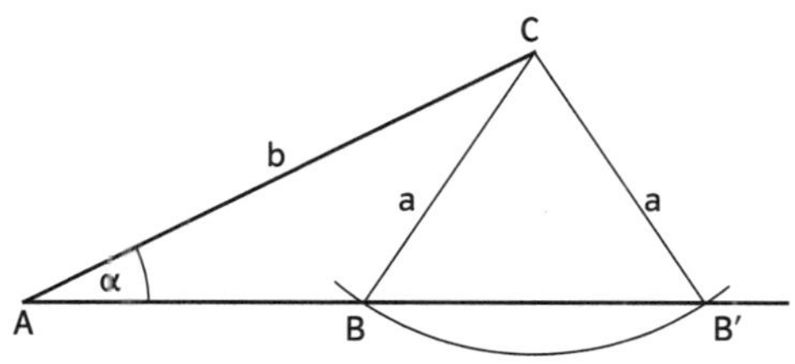

Die Kongruenz der Dreiecke aus zwei Seiten und einem Winkel ist nur garantiert, wenn die *größere* Seite dem gegebenen Winkel gegenüberliegt (Kongruenzsatz Ssw).

Die vierte Behauptung ist falsch.
Gegenbeispiele:
Die beiden abgebildeten Rechtecke haben gleichen Flächeninhalt, sind aber offenkundig nicht deckungsgleich.

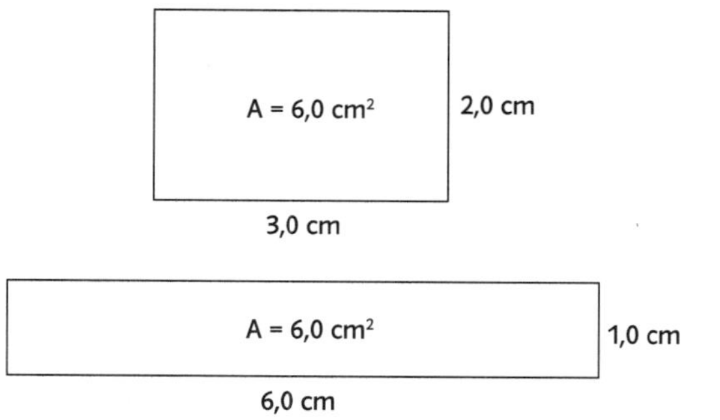

2 (4 + 2 VP)
a) Konstruktion

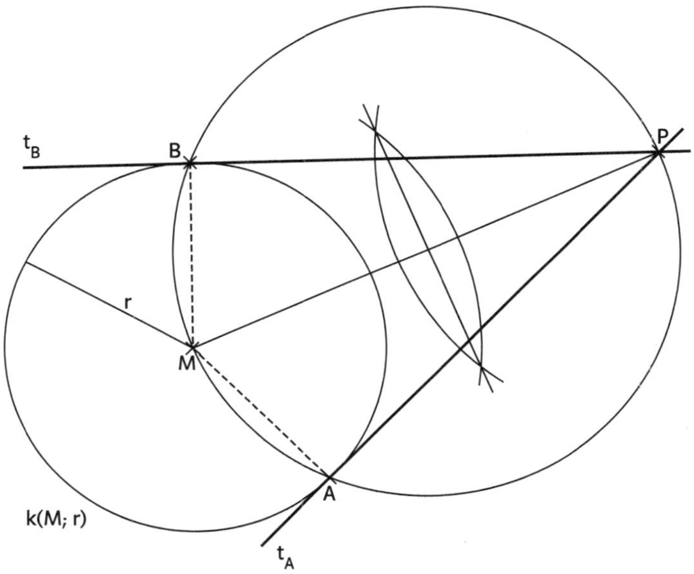

Beschreibung
Konstruiere den Thaleskreis über der Strecke MP (Grundkonstruktion).
Der Thaleskreis schneidet den gegebenen Kreis in zwei Punkten A und B. Zeichne die Geraden durch A und P bzw. durch B und P. Dies sind die gesuchten Tangenten t_A und t_B.
Begründung
Nach dem Satz von Thales haben die Winkel ∢PAM und ∢MBP die Weite 90°. Die Gerade (AP) ist daher orthogonal zum Kreisradius MA und geht durch den Kreispunkt A. Somit ist die Gerade (AP) Kreistangente.
Entsprechendes gilt für (BP).

b)

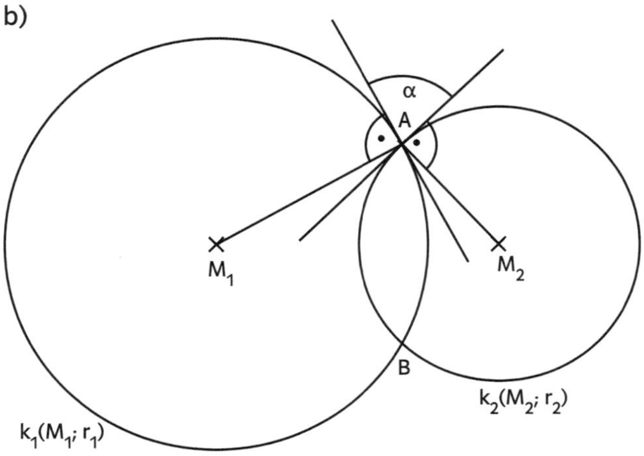

Betrachten des Vollwinkels mit dem Scheitel A ergibt:

$\sphericalangle M_1AM_2 + 90° + \alpha + 90° = 360°$
$\sphericalangle M_1AM_2 + 90° + 65° + 90° = 360°$
$\sphericalangle M_1AM_2 + 245° = 360°$
$\sphericalangle M_1AM_2 = 115°$

3 (3 + 3 VP)

a)

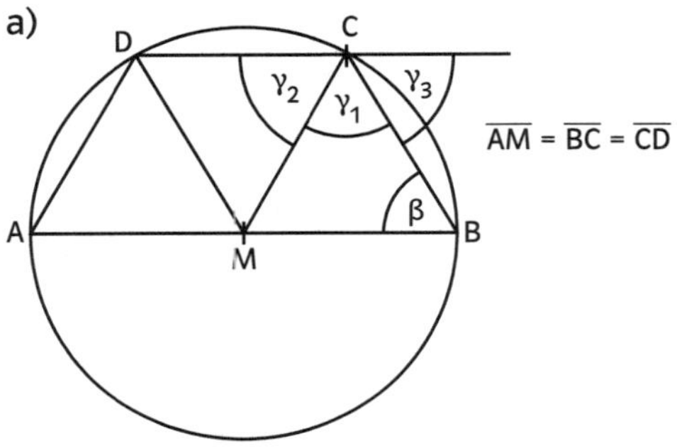

Das Viereck ABCD ist dann ein Trapez, wenn die Seiten AB und CD parallel sind.
Auf Grund der Konstruktion des Punktes C ist das Dreieck MBC gleichseitig. Daher haben alle Innenwinkel die Weite 60°. Insbesondere gilt: $\beta = \gamma_1 = 60°$.
Entsprechendes gilt für das Dreieck MCD und daher $\gamma_2 = 60°$.
Für γ_3 ergibt sich:

$\gamma_3 = 180° - \gamma_1 - \gamma_2$
$\gamma_3 = 180° - 60° - 60°$
$\gamma_3 = 60°$

Die beiden Winkel mit den Weiten β und γ_3 sind gleich groß. Nach der Umkehrung des Wechselwinkelsatzes sind die Geraden (AB) und (CD) parallel. Das Viereck ABCD ist demnach ein Trapez.

b)

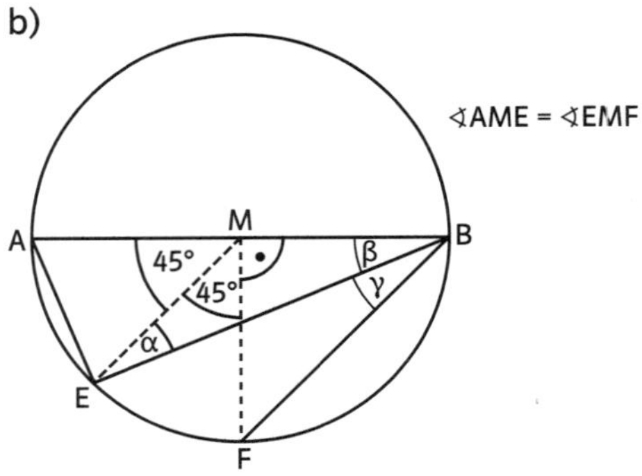

Die Winkel ∢AME und ∢EMF haben die Weite 45°, denn

$\sphericalangle AMF = \sphericalangle AME + \sphericalangle EMF$
$90° = 2 \cdot \sphericalangle AME$
$\sphericalangle AME = 45°$
$\sphericalangle EMF = 45°$

Das Dreieck EBM ist gleichschenklig mit $\overline{ME} = \overline{MB}$.
Daher sind die Basiswinkel gleich weit: $\alpha = \beta$.
Der Winkel an der Spitze M hat die Weite $45° + 90° = 135°$.
Mit dem Satz von der Winkelsumme im Dreieck EBM folgt:

$\alpha + \beta + 135° = 180°$
$\alpha + \beta = 45°$
$2\alpha = 45°$
$\alpha = 22{,}5°$
$\beta = 22{,}5°$

Das Dreieck FBM ist gleichschenklig mit $\overline{MF} = \overline{MB}$.
Daher sind die Basiswinkel gleich weit. Da das Dreieck sogar rechtwinklig ist, hat jeder Basiswinkel die Weite 45°.
Folglich:

$\beta + \gamma = 45°$
$\gamma = 45° - \beta$
$\gamma = 45° - 22{,}5°$
$\gamma = 22{,}5°$

Die Winkel ∢MEB und ∢EBF haben beide die Weite 22,5°.

4 (4 + 1 VP)

a) Konstruktion des Dreiecks ABC

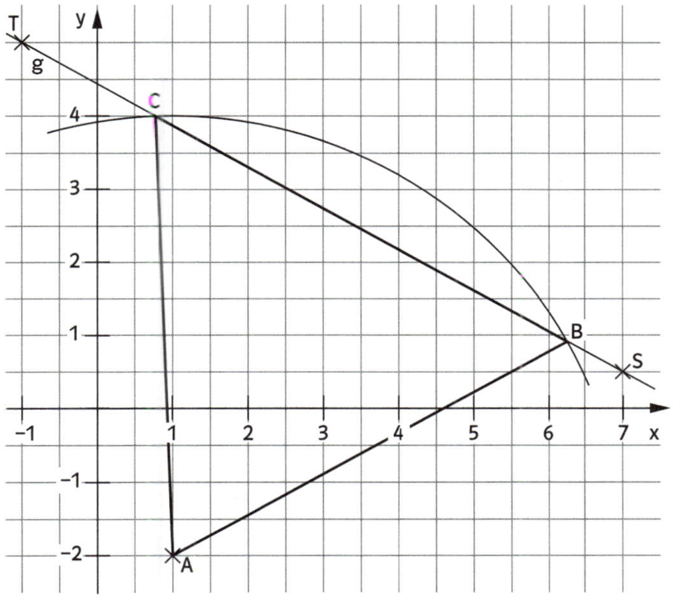

b) Nachmessen ergibt: $\overline{BC} \approx 6{,}3\,\text{cm}$. Das Dreieck hat nicht drei gleichlange Seiten, ist also nicht gleichseitig.

Bemerkung
Man kann auch die Innenwinkelweiten messen. Da diese Weiten nicht alle 60° betragen, ist das Dreieck nicht gleichseitig.

5 (3 VP)

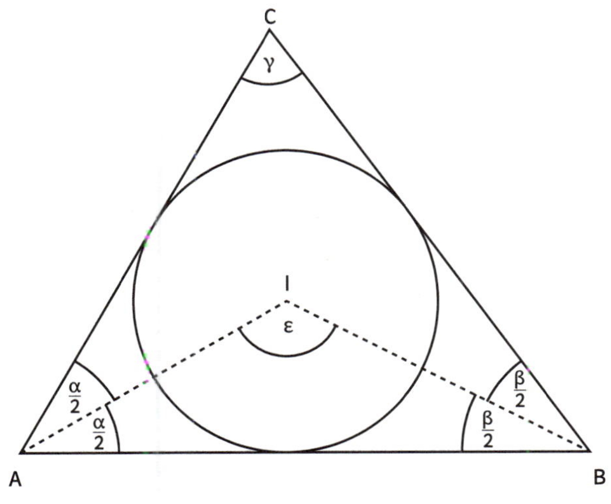

Der Inkreismittelpunkt I ist der Schnittpunkt der Winkelhalbierenden des Dreiecks ABC. Im Dreieck ABI gilt mit dem Satz von der Winkelsumme im Dreieck:

$\frac{\alpha}{2} + \frac{\beta}{2} + \varepsilon = 180°$

$\varepsilon = 180° - \frac{\alpha}{2} - \frac{\beta}{2}$

$\varepsilon = 180° - \frac{1}{2} \cdot (\alpha + \beta)$

Im Dreieck ABC gilt:

$\alpha + \beta + \gamma = 180°$

$\alpha + \beta = 180° - \gamma$

Somit:

$\varepsilon = 180° - \frac{1}{2} \cdot (180° - \gamma)$

$\varepsilon = 180° - 90° + \frac{1}{2}\gamma$

$\varepsilon = 90° + \frac{1}{2}\gamma$

Da in jedem Dreieck $\gamma > 0°$ gelten muss, kann ε kein 90°-Winkel sein.

Max Schlaumaier hat Recht.

Pinboard – Systeme linearer Gleichun

Lineare Gleichungen

Definitionen	Beispiele
Jede Gleichung $y = m \cdot x + n$, $x \in \mathbb{Q}$, $m, n \in \mathbb{Q}$ heißt lineare Gleichung (in den zwei Variablen x und y).	$y = 3 \cdot x - 1$, $y = -2 \cdot x + 5$ $y = 4 \cdot x$, $y = \frac{1}{2}\left(= 0 \cdot x + \frac{1}{2}\right)$
Ein Zahlenpaar $(x_1 \mid y_1)$ heißt Lösung der linearen Gleichung $y = m \cdot x + n$, $x \in \mathbb{Q}$, falls gilt: $y_1 = m \cdot x_1 + n$.	$y = 5 \cdot x - 2$ hat die Lösungen $(-1 \mid -7)$, denn $-7 = 5 \cdot (-1) - 2$, $(0 \mid -2)$, denn $-2 = 5 \cdot 0 - 2$, $\left(\frac{2}{5} \mid 0\right)$, denn $0 = 5 \cdot \frac{2}{5} - 2$.
Verallgemeinerung Jede Gleichung $a \cdot x + b \cdot y = c$, $x, y \in \mathbb{Q}$, $a, b, c \in \mathbb{Q}$ heißt lineare Gleichung (in den Variablen x und y).	$2 \cdot x + 5 \cdot y = 1$ $-1 \cdot x + y = \frac{1}{2}$ $0 \cdot x + 2 \cdot y = 3$ $2 \cdot x + 0 \cdot y = -6$

Folgerungen	Beispiel
Die unendlich vielen Lösungen der linearen Gleichung $a \cdot x + b \cdot y = c$, $x, y \in \mathbb{Q}$, $a, b, c \in \mathbb{Q}$ wobei nicht a und b beide zugleich Null sind, lassen sich als Punkte auf einer Geraden interpretieren. Wählt man den x-Wert einer Lösung, so lässt sich mit Hilfe der Gleichung der zugehörige y-Wert berechnen. Wählt man den y-Wert, so erhält man entsprechend den zugehörigen x-Wert.	$3 \cdot x + 2 \cdot y = 7$ kann umgeformt werden zu $y = -\frac{3}{2} \cdot x + \frac{7}{2}$. 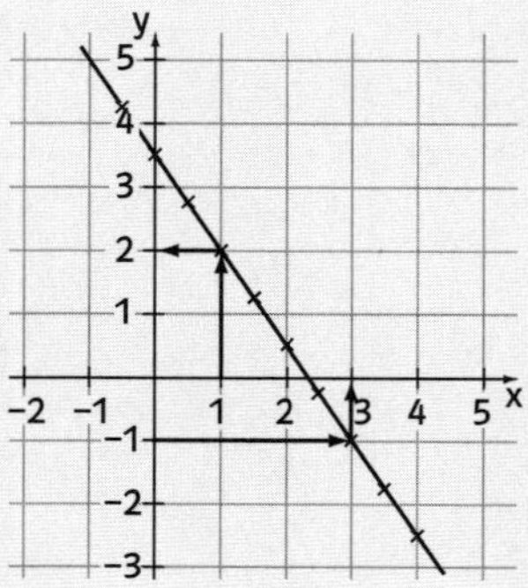
Die Gleichung $0 \cdot x + 0 \cdot y = 0$ hat jedes Zahlenpaar $(x_1 \mid y_1)$ als Lösung. Die Gleichung beschreibt also alle Punkte der xy-Ebene.	
Die Gleichung $0 \cdot x + 0 \cdot y = c$ mit $c \neq 0$ hat kein Zahlenpaar $(x_1 \mid y_1)$ als Lösung. Die Gleichung beschreibt also keinen einzigen Punkt der xy-Ebene.	

Lineare Gleichungssysteme

Definitionen	Beispiele
Zwei zusammengehörende lineare Gleichungen mit zwei Variablen bezeichnet man als lineares Gleichungssystem aus zwei Gleichungen mit zwei Variablen (2 x 2-System).	(1) $y = 3 \cdot x + 1$ (2) $2 \cdot x - y = 5$ (1) $5 \cdot x - 3 \cdot y = 3$ (2) $-\frac{1}{2} \cdot x + y = 0$
Wenn ein Zahlenpaar Lösung jeder der beiden Gleichungen eines linearen Gleichungssystems ist, so heißt dieses Zahlenpaar Lösung des Gleichungssystems.	(1) $x + 4 \cdot y = 3$ (2) $-2 \cdot x + 6 \cdot y = -\frac{5}{2}$ hat die Lösung $\left(2 \mid \frac{1}{4}\right)$, denn es gilt: (1) $2 + 4 \cdot \frac{1}{4} = 3$ (2) $-2 \cdot 2 + 6 \cdot \frac{1}{4} = -\frac{5}{2}$

Folgerungen	Beispiele
Es gibt lineare Gleichungssysteme mit genau einer Lösung. Geometrische Bedeutung: Die beiden Geraden schneiden sich.	(1) $x - y = 6$ (2) $3 \cdot x + y = 10$ Die Lösung ist $(4 \mid -2)$. Die Lösungsmenge ist $L = \{(4 \mid -2)\}$.
Es gibt lineare Gleichungssysteme mit keiner Lösung. Geometrische Bedeutung: Die beiden Geraden sind parallel und verschieden.	(1) $x + 2 \cdot y = 1$ (2) $x + 2 \cdot y = 2$ Es gibt keine Lösung. Die Lösungsmenge ist $L = \{\,\}$.
Es gibt lineare Gleichungssysteme mit unendlich vielen Lösungen. Geometrische Bedeutung: Die beiden Geraden sind identisch (fallen zusammen).	(1) $2 \cdot x + y = 1$ (2) $4 \cdot x + 2 \cdot y = 2$ Es gibt unendlich viele Lösungen. $L = \{(x \mid y) \mid 2 \cdot x + y = 1 \text{ und } x \in \mathbb{Q}\}$

Die Symbole stehen für die Anzahlen der Äpfel, Bananen und Birnen.
Welche Zahl steht mindestens anstelle des Fragezeichens?

Kleine Ursache – große Wirkung

Das folgende Gleichungssystem hat die Lösung $\left(\frac{49}{3} \mid -44\right)$:

(1) $3{,}3\,x + 1{,}2\,y = 1{,}1$
(2) $6{,}9\,x + 2{,}5\,y = 2{,}7$

Das nur geringfügig veränderte Gleichungssystem

(1) $3{,}31\,x + 1{,}2\,y = 1{,}1$
(2) $6{,}9\,x + 2{,}5\,x = 2{,}7$

hat dagegen die Lösung $(98 \mid -269{,}4)$.

Kannst du dir diese riesige Veränderung bei der Lösung erklären?

Lösungsverfahren für lineare Gleichungssysteme

Verfahren	Beispiele
Gleichsetzungsverfahren Beide Gleichungen sind bereits nach y aufgelöst. Man setzt die Terme der rechten Seite gleich und löst die entstehende lineare Gleichung nach x auf. Der gefundene x-Wert wird in eine der beiden Ausgangsgleichungen eingesetzt und der zugehörige y-Wert berechnet.	(1) $y = 3 \cdot x + 1$ (2) $y = 2 \cdot x - 5$ Gleichsetzen der Terme und Lösen der Gleichung: $3 \cdot x + 1 = 2 \cdot x - 5$ $x = -6$ Einsetzen in Gleichung (1): $y = -17$ Lösungsmenge: $L = \{(-6 \mid -17)\}$
Einsetzungsverfahren Eine Gleichung ist nach y aufgelöst. Man setzt den Term der rechten Seite in der anderen Gleichung anstelle von y ein und löst die entstehende Gleichung nach x auf. Anschließend berechnet man mit der bereits nach y aufgelösten Gleichung den zugehörigen y-Wert.	(1) $x + 4 \cdot y = -3$ (2) $y = x - 2$ Einsetzen des Terms aus (2) in (1) und Lösen der Gleichung: $x + 4 \cdot (x - 2) = -3$ $x + 4 \cdot x - 8 = -3$ $5 \cdot x = 5$ $x = 1$ Einsetzen in Gleichung (2): $y = -1$ Lösungsmenge: $L = \{(1 \mid -1)\}$

Verfahren	Beispiele
Additionsverfahren Keine der Gleichungen ist nach einer der Variablen aufgelöst. Man multipliziert eine der beiden Gleichungen mit einer geeigneten Zahl so, dass beim Addieren beider Gleichungen eine Variable, z. B. x entfällt. Die entstehende Gleichung mit der Variablen y löst man. Den erhaltenen y-Wert setzt man in eine der Gleichungen ein und berechnet den zugehörigen x-Wert.	(1) $3 \cdot x - y = 7$ (2) $x + 4 \cdot y = -2$ Multiplikation der zweiten Gleichung mit (−3): (1) $3 \cdot x - y = 7$ (2′) $-3 \cdot x - 12 \cdot y = +6$ Addieren von (1) zu (2′): (1) $3 \cdot x - y = 7$ (2″) $-13 \cdot y = 13$ $y = -1$ Einsetzen in (2): $x + 4 \cdot (-1) = -2$ $x = 2$ Lösungsmenge: $L = \{(2 \mid -1)\}$
Zeichnerische Lösung Man zeichnet die zu beiden Gleichungen gehörenden Geraden in ein gemeinsames Koordinatensystem ein. Die Koordinaten des Schnittpunkts geben die Lösung des Gleichungssystems an. Dieser Weg ist nur zu empfehlen, wenn die Zeichengenauigkeit ausreicht und keine exakte Lösung erforderlich ist.	(1) $x - y = 2$ (2) $\frac{1}{2} \cdot x + y = 1$ 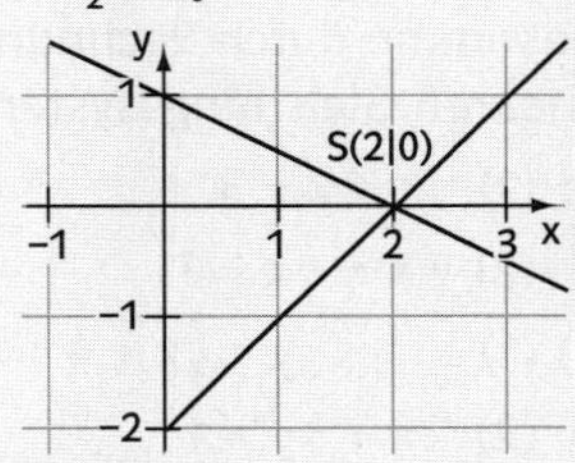 Lösungsmenge $L = \{(2 \mid 0)\}$.

Mischobst

In einer Obstschale liegen Äpfel, Birnen und Pflaumen, insgesamt etwas weniger als zwanzig Früchte. Äpfel und Birnen zusammen ergeben weniger als zwei Drittel aller Früchte. Außerdem sind es weniger Pflaumen als Äpfel. Von den Äpfeln sind jedoch fast doppelt so viele vorhanden wie von den Birnen.
Wie viele Früchte jeder Sorte liegen in der Schale?

Bist du sicher?

1 Löse die Gleichungssysteme durch Rechnung.

a) (1) $y = x - 2$
(2) $y = -\frac{1}{2}x + 1$

b) (1) $y = \frac{1}{4}x - 2$
(2) $y = -x - \frac{1}{3}$

c) (1) $y = 2x + 1$
(2) $2x + y = 3$

d) (1) $3x = 2 - 4y$
(2) $y = -x - 1$

e) (1) $x - y = 5$
(2) $x + 2y = 3$

f) (1) $2x - 6y = 3$
(2) $3x - 9y = 4$

g) (1) $x + y = 2$
(2) $x = -\frac{1}{2}(2y - 4)$

h) (1) $x - \frac{3}{2}y = 2$
(2) $\frac{2}{5}x + \frac{1}{2}y = 3$

i) (1) $0{,}8x + y = -0{,}4$
(2) $3x - 0{,}4y = 6{,}8$

2 Bestimme die Lösung durch eine Zeichnung.

a) (1) $y = 2x - 3$
(2) $y = -\frac{1}{2}x + 2$

b) (1) $2y = 3x - 3$
(2) $5x - 4y = 7$

c) (1) $\frac{1}{3}x + y + 1 = 0$
(2) $y = -\frac{1}{3}(x - 6)$

3 Gib jeweils ein lineares Gleichungssystem mit einer Lösung, keiner Lösung, unendlich vielen Lösungen an.

4 Eine zweistellige Zahl wird um 27 größer, wenn man ihre Ziffern vertauscht. Die Ziffernsumme ist 7.
Wie heißt die Zahl?

5 Peter ist heute doppelt so alt wie Thomas. Vor zehn Jahren war er noch viermal so alt.
Wie alt sind Peter und Thomas heute?

6 Berechne die Eckpunkte des Dreiecks, das durch die Geraden g_1, g_2 und g_3 gebildet wird.

g_1: $y = \frac{1}{2}x - 2$

g_2: $y = -\frac{4}{5}x + 4$

g_3: $y = 4x - 2$

Lösungen

1 a) $L = \{(2 \mid 0)\}$ b) $L = \{(\frac{4}{3} \mid -\frac{5}{3})\}$ c) $L = \{(\frac{1}{2} \mid 2)\}$ d) $L = \{(-6 \mid 5)\}$ e) $L = \{(\frac{13}{3} \mid -\frac{2}{3})\}$ f) $L = \{\}$ g) $L = \{(x \mid y) \mid x + y = 2, x \in \mathbb{Q}\}$ h) $L = \{(5 \mid 2)\}$ i) $L = \{(2 \mid -2)\}$ **2** a) $L = \{(2 \mid 1)\}$ b) $L = \{(-1 \mid -3)\}$ c) $L = \{\}$ **3** Freie Lösung! Gib jeweils zwei Gleichungen von Geraden an, die einen Schnittpunkt haben, keinen Schnittpunkt haben, aufeinander fallen. Zeichne! **4** Die Zahl heißt 25. **5** Aus $p = 2 \cdot t$ und $p - 10 = 4 \cdot (t - 10)$ folgt: Peter ist heute 30, Thomas 15 Jahre alt. **6** g_1 schneidet g_2 in $A(\frac{60}{13} \mid \frac{4}{13})$, g_1 schneidet g_3 in $B(0 \mid -2)$, g_2 schneidet g_3 in $C(\frac{5}{4} \mid 3)$

Anfangszeit: ______________ + 45 Minuten → Abgabe: ______________

1 (2 + 2 + 2 VP)

a) Zeichne die Geraden g und h im Koordinatensystem ein.

g: $y = \frac{1}{2}x - 2,\ x \in \mathbb{Q}$, h: $y = -x + 3,\ x \in \mathbb{Q}$

b) Prüfe durch Rechnung nach, ob die Punkte $P(-17 \mid -10)$ und $Q(18 \mid 7)$ auf der Geraden g liegen.

c) Bestimme die y-Koordinate des Punktes $R\left(-\frac{3}{4} \middle| y_R\right)$ und die x-Koordinate des Punktes $S\left(x_S \middle| \frac{7}{2}\right)$, so dass R und S auf der Geraden h liegen.

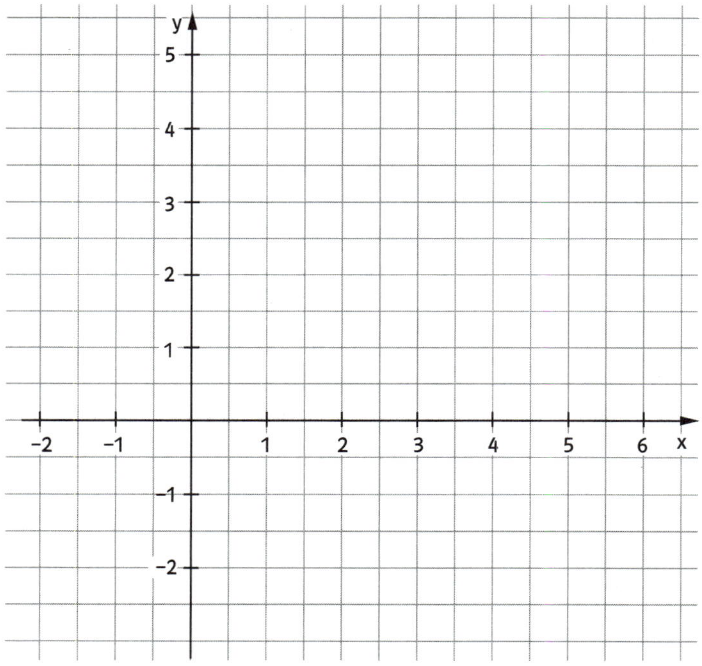

2 (3 + 3 + 3 VP)

Bestimme durch Rechnung die Lösungen der linearen Gleichungssysteme mit $x, y \in \mathbb{Q}$.

a) (1) $y = 2x - 3$
(2) $y = -\frac{1}{2}x + 1$

b) (1) $y = \frac{2}{3}x + 4$
(2) $2x + 3y = 1$

c) (1) $\frac{3}{5}x + 2y = 12$
(2) $5x + 6y = 4$

3 (4 VP)

Ein Teehändler mischt aus zwei Teesorten 40 kg Tee, von dem jedes Kilogramm 22,50 € kostet. Die eine Sorte kostet 30 €, die andere 20 € je Kilogramm.
Wie viel Tee jeder Sorte werden gemischt?

4 (2 + 1 + 2 VP)

a) Wie muss man n, $n \in \mathbb{Q}$, wählen, damit der Punkt $P(-3 \mid -2)$ auf der Geraden mit der Gleichung $y = -x + n$, $x \in \mathbb{Q}$, liegt?
In welchem Punkt schneidet die Gerade die x-Achse?

b) Kann man m, $m \in \mathbb{Q}$, so wählen, dass der Punkt $Q\left(6 \middle| -\frac{9}{2}\right)$ auf der Geraden mit der Gleichung $y = mx - \frac{1}{2}$, $x \in \mathbb{Q}$, liegt?

c) Gib die Gleichung der Geraden durch die Punkte $S(-2 \mid 0)$ und $T\left(3 \middle| \frac{5}{2}\right)$ an.

Lerntipps

zu Aufgabe 2

Bei Gleichungssystemen aus zwei Gleichungen mit zwei Unbekannten empfiehlt es sich, genau hinzuschauen:
Bei welchem der Gleichungssysteme verwendest du zweckmäßigerweise das Einsetzungsverfahren oder das Gleichsetzungsverfahren?
Bei einem dieser Gleichungssysteme ist die Multiplikation einer der Gleichungen mit (−3) geschickt.
Du kannst die Lösungen geometrisch kontrollieren!

zu Aufgabe 3

Schreibe eine Gleichung für die Massen der beiden verwendeten Teesorten auf und eine Gleichung für die Preise. Du kennst die Gesamtmasse der Mischung und den Gesamtpreis!

zu Aufgabe 4

c) Wenn du die Koordinaten der Punkte S und T in die Gleichung $y = m \cdot x + n$ einsetzt, erhältst du zwei Gleichungen mit den Variablen m und n.

Klassenarbeit 6.2

Anfangszeit: ______________ + 45 Minuten → Abgabe: ______________

1 (3 + 5 VP)
Gegeben sind drei Geraden durch ihre Gleichungen:
g_1: $y = -\frac{2}{3}x + 4$, $x \in \mathbb{Q}$; g_2: $y = \frac{1}{6}x - 1$, $x \in \mathbb{Q}$; g_3: $y = \frac{5}{3}x + 5$, $x \in \mathbb{Q}$
a) Zeichne die drei Geraden in ein und dasselbe Koordinatensystem ein.
b) Berechne die Koordinaten der Schnittpunkte von g_1 und g_2 bzw. von g_1 und g_3.

2 (1 + 1 + 1 VP)
Gegeben ist die lineare Gleichung $4x + 3y = 6$, $x, y \in \mathbb{Q}$.
a) Gib ein Lösungspaar mit negativer x-Koordinate an.
b) Gib eine zweite lineare Gleichung an, so dass das System aus beiden Gleichungen keine Lösung hat.
c) Gib eine zweite lineare Gleichung an, so dass das System aus diesen beiden Gleichungen unendlich viele Lösungen hat.

3 (1 + 2 + 2 VP)
Gib jeweils ein lineares Gleichungssystem aus zwei Gleichungen mit zwei Variablen an, das
a) nur die Lösung $(0\,|\,1)$ hat.
b) nur die Lösung $\left(\frac{5}{2}\,\middle|\,-\frac{1}{2}\right)$ hat.
c) die Lösungen $(-1\,|\,-1)$ und $\left(\frac{7}{4}\,\middle|\,\frac{7}{4}\right)$ hat.

4 (1 + 1 + 2 VP)
Die Abbildung zeigt an, wie sich der Inhalt des 80 Liter fassenden Benzintanks eines Autos im Laufe der Zeit verändert.
a) Wie viel Benzin hat das Auto während der gesamten Fahrt verbraucht?
Welche Bedeutung hat das waagrechte Kurvenstück in der dritten Stunde?
b) Der Fahrer behauptet, dass die Zapfsäule der Tankstelle mehr als 10 Liter Benzin je Minute in den Tank füllt. Stimmt das?
c) Ergänze die Abbildung durch einen Graphen, der beschreibt, wie viel Luft im Benzintank ist.

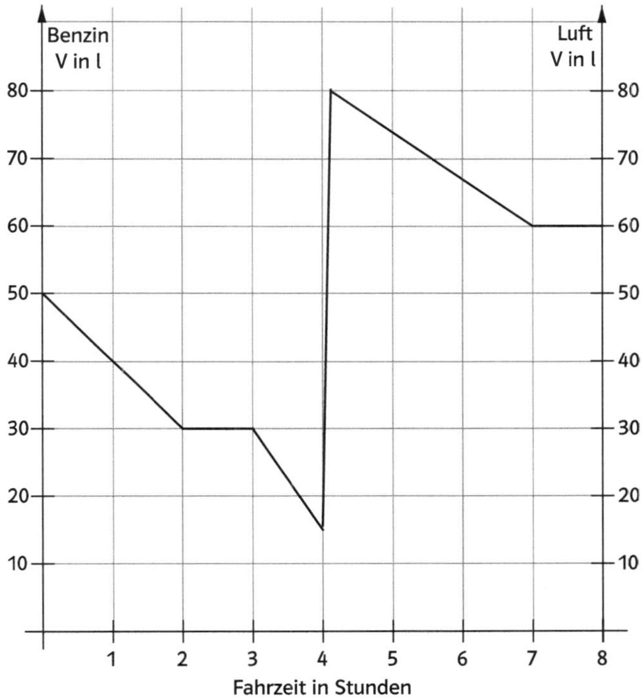

5 (4 VP)
Eine zweistellige Zahl ist viermal so groß wie ihre Quersumme (Ziffernsumme).
Vertauscht man die Ziffern der Zahl, so ist die neue Zahl um 18 größer als die ursprüngliche.
Wie heißt diese Zahl?

Lerntipps

zu Aufgabe 2
b) Wenn zwei Gleichungen mit zwei Unbekannten keine Lösung haben, dann sind die entsprechenden Geraden parallel und verschieden.
c) Wie muss die zweite Gleichung aus der gegebenen Gleichung hervorgehen?
zu Aufgabe 3
c) Das Gleichungssystem hat sogar unendlich viele Lösungen.
zu Aufgabe 4
Beachte, dass das steilste Stück des Schaubilds nicht parallel zur Hochachse ist.
zu Aufgabe 5
Die zweistellige Zahl 25 lässt sich in der Form $2 \cdot 10 + 5 \cdot 1$ schreiben. Ihre Quersumme ist $2 + 5$.

Klassenarbeit 6.3

Anfangszeit: ____________________ + 45 Minuten → Abgabe: ____________________

1 (3 + 3 VP)
Bestimme durch Rechnung die Lösungen der linearen Gleichungssysteme mit $x, y \in \mathbb{Q}$.

a) (1) $\frac{3}{4}x - y = -\frac{5}{4}$
(2) $-x + 3y = \frac{5}{2}$

b) (1) $x - \frac{x+1}{8} = y + \frac{9}{2}$
(2) $\frac{1}{4}(x - 1) - 2y - \frac{9}{2} = 0$

2 (2 + 2 VP)
a) Gegeben ist die lineare Gleichung $3x - 2y = 1$, $x, y \in \mathbb{Q}$.
Gib eine zweite lineare Gleichung an, sodass das System aus diesen beiden Gleichungen nur die Lösung $\left(\frac{2}{3} \middle| 0\right)$ hat.
b) Ein lineares Gleichungssystem aus zwei Gleichungen mit zwei Variablen hat nur die Lösung ([illegible] | −1).
Gib ein solches Gleichungssystem an.

3 (4 VP)
Der Umfang eines gleichschenkligen Dreiecks beträgt 30 cm. Die Basis ist 3 cm länger als jeder Schenkel.
Wie lang sind die Seiten des Dreiecks?

4 (4 VP)
Ein Laborant soll aus 20 %-iger Säure und 80 %-iger Säure 3 Liter einer 60 %-igen Säure mischen.
Wie viel von jeder Sorte muss er verwenden?

5 (2 + 2 + 2 VP)
Eine 20 cm hohe Kerze brennt in jeder Sekunde 2 cm ab. Eine zweite, dickere und nur 12 cm hohe Kerze brennt in jeder Stunde nur 1 cm ab. Die Kerzen werden gleichzeitig angezündet.
a) Bestimme unter Verwendung des nebenstehenden Koordinatensystems, wie lange es dauert, bis beide Kerzen gleich hoch sind.
b) Verwende ein Gleichungssystem um zu berechnen, wie lange es dauert, bis beide Kerzen gleich hoch sind.
c) Angenommen, die dickere Kerze verlischt zwei Stunden nach dem Anzünden.
Wie lange dauert es in diesem Fall, bis beide Kerzen gleich hoch sind?

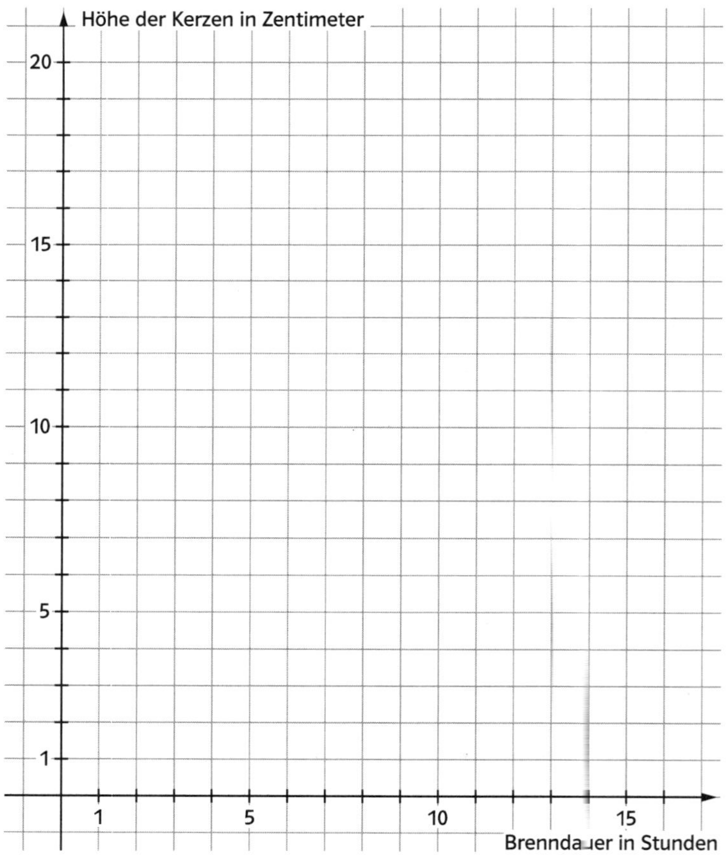

Anfangszeit: ______________ + 45 Minuten → Abgabe: ______________

1 (3 + 1 VP)

a) Zeige, dass das Zahlenpaar $\left(-\frac{1}{2}\middle|-\frac{1}{2}\right)$ eine Lösung der Gleichung $3x - 5y = 1$ ist.
Bestimme y_1 so, dass das Zahlenpaar $(4 \mid y_1)$ Lösung dieser Gleichung ist.
Kannst du ganzzahlige Werte für x_1, y_1 angeben, so dass $(x_1 \mid y_1)$ Lösung dieser Gleichung ist?

b) Gib eine lineare Gleichung an, welche die beiden Zahlenpaare $(0 \mid 1)$ und $(4 \mid 3)$ als Lösungen hat.

2 (4 VP)

Peter ist fünf Jahre jünger als Paul. Zusammen sind sie halb so alt wie ihre 62-jährige Oma.
Wie alt sind beide?

3 (5 VP)

Für die Klassenparty verdünnt Corinna eine gewisse Menge reinen Orangensaft mit Mineralwasser, um 60%-iges Orangensaftgetränk zu erhalten. Würde sie nur halb so viel Orangensaft nehmen und einen Liter Mineralwasser mehr, so erhielte sie ein 40%-iges Orangensaftgetränk.
Wie viel Orangensaft und wie viel Mineralwasser verwendet Corinna?

4 (4 + 5 VP)

Die Abbildung zeigt die Telefonkosten bei drei Anbietern in Abhängigkeit von der Anzahl der verbrauchten Telefoneinheiten.

a) Beschreibe in Worten die drei Tarife. Gib insbesondere auch die Einheitenpreise bzw. Grundgebühren an.

b) Berechne, ab wie vielen Einheiten der Anbieter Tele B günstiger ist als Tele A.

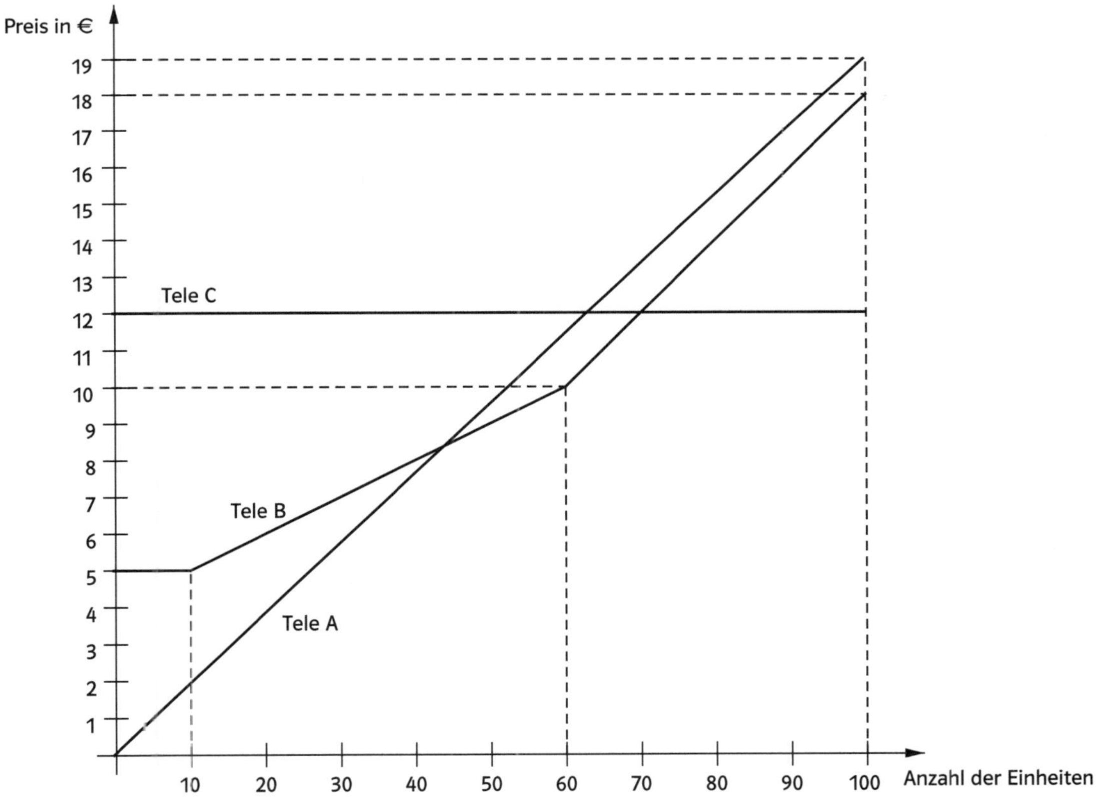

5 (2 VP)

Max Schlaumaier behauptet:
„Ich kann rationale Zahlen u und v so wählen, dass die beiden Geraden mit den Gleichungen $3x + uy = 1$ und $x - 2y = v$ zusammenfallen."
Nimm Stellung zu dieser Behauptung. Begründe deine Antwort.

Klassenarbeit 6.1

1 (2 + 2 + 2 VP)

a) *Zum Zeichnen einer Geraden muss man zwei Punkte auf der Geraden kennen.*

Gerade g

Für $x = 0$ ergibt sich $y = -2$,

für $x = 4$ ergibt sich $y = 0$.

Die Punkte $A(0|-2)$ und $B(4|0)$ liegen auf g.

Gerade h

Für $x = 0$ ergibt sich $y = 3$,

für $x = 3$ ergibt sich $y = 0$.

Die Punkte $C(0|3)$ und $D(3|0)$ liegen auf h.

Zeichnung

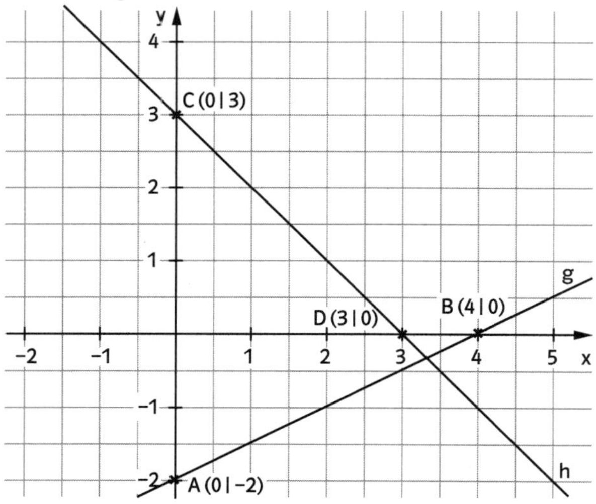

b) Punktprobe für $P(-17|-10)$

Einsetzen von $x_P = -17$ in die Geradengleichung von g ergibt:

$y = \frac{1}{2} \cdot (-17) - 2$

$y = -10{,}5$

Da $y_P = -10$ gegeben ist, liegt P nicht auf g.

Punktprobe für $Q(18|7)$

Einsetzen von $x_Q = 18$ in die Geradengleichung von g ergibt:

$y = \frac{1}{2} \cdot 18 - 2$

$y = 7$

Da $y_Q = 7$ gegeben ist, liegt Q auf g.

c) Bestimmung von y_R

Einsetzen von $x_R = -\frac{3}{4}$ in die Geradengleichung von h ergibt:

$y_R = -\left(-\frac{3}{4}\right) + 3$

$y_R = \frac{15}{4}$

Bestimmung von x_S

Einsetzen von $y_S = \frac{7}{2}$ in die Geradengleichung von h ergibt:

$\frac{7}{2} = -x_S + 3 \quad | + x_S$

$x_S + \frac{7}{2} = 3 \quad | - \frac{7}{2}$

$x_S = -\frac{1}{2}$

2 (3 + 3 + 3 VP)

a) *Verwende das jeweils geeignetste Rechenverfahren: Einsetzungsverfahren, Gleichsetzungsverfahren oder Additionsverfahren.*

(1) $y = 2x - 3$

(2) $y = -\frac{1}{2}x + 1$

Gleichsetzen der Terme auf den rechten Seiten von (1) und (2):

(2′) $2x - 3 = -\frac{1}{2}x + 1 \quad | + 3$

$2x = -\frac{1}{2}x + 4 \quad | + \frac{1}{2}x$

$\frac{5}{2}x = 4 \quad | \cdot \frac{2}{5}$

$x = \frac{8}{5}$

Einsetzen von x aus (2′) in (1):

(1′) $y = 2 \cdot \frac{8}{5} - 3$

$y = \frac{16}{5} - 3$

$y = \frac{1}{5}$

Das Gleichungssystem hat die Lösung $\left(\frac{8}{5}\middle|\frac{1}{5}\right)$.

b) (1) $y = \frac{2}{3}x + 4$

(2) $2x + 3y = 1$

Einsetzen von y aus Gleichung (1) in (2):

(2′) $2x + 3 \cdot \left(\frac{2}{3}x + 4\right) = 1$

$2x + 2x + 12 = 1$

$4x + 12 = 1 \quad | - 12$

$4x = -11 \quad | : 4$

$x = -\frac{11}{4}$

Einsetzen von x aus (2′) in (1):

(1′) $y = \frac{2}{3} \cdot \left(-\frac{11}{4}\right) + 4$

$y = -\frac{11}{6} + 4$

$y = \frac{13}{6}$

Das Gleichungssystem hat die Lösung $\left(-\frac{11}{4}\middle|\frac{13}{6}\right)$.

c) (1) $\frac{3}{5}x + 2y = 12$

(2) $5x + 6y = 4$

Multiplikation der Gleichung (1) mit −3:

(1′) $-\frac{9}{5}x - 6y = -36$

(2) $5x + 6y = 4$

Addition der Gleichung (2) zu (1′):

(1″) $-\frac{9}{5}x + 5x = -36 + 4$

$\frac{16}{5}x = -32 \quad | \cdot \frac{5}{16}$

$x = -10$

Einsetzen von x aus (1″) in (2):

(2′) $5 \cdot (-10) + 6y = 4$

$-50 + 6y = 4 \quad | + 50$

$6y = 54 \quad | : 6$

$y = 9$

Das Gleichungssystem hat die Lösung $(-10|9)$.

3 (4 VP)
Von den Teesorten zum Preis von 30 € je Kilogramm werden x kg, von der anderen Teesorte y kg zur Mischung verwendet.
Beim Zusammenschütten der beiden Teesorten geht kein Tee verloren. Die Gesamtmasse ist daher die Summe der Einzelmassen.
Bedingung für die Massen (in kg):
$x + y = 40$
Für x kg Tee der ersten Sorte ergibt sich ein Preis von x·30 €. Für y kg Tee der zweiten Sorte beträgt der Preis y·20 €. Der Gesamtpreis ist 40·22,50 €.
Bedingung für die Preise (in €):
$x \cdot 30 + y \cdot 20 = 40 \cdot 22{,}50$
Somit:
(1) $x + y = 40$
(2) $30x + 20y = 900$
(1′) $y = 40 - x$
(2) $30x + 20y = 900$
Einsetzen von y aus (1′) in (2):
(2′) $30x + 20(40 - x) = 900$
$30x + 800 - 20x = 900$
$10x + 800 = 900 \quad | -800$
$10x = 100 \quad | :10$
$x = 10$
Einsetzen von x aus (2′) in (1′):
$y = 40 - 10$
$y = 30$
Der Teehändler mischt 10 kg Tee zum Preis von 30 € je Kilogramm mit 30 kg Tee zum Preis von 20 € je Kilogramm.

4 (2 + 1 + 2 VP)
a) *Ein Punkt liegt auf einer Geraden (oder beliebigen Kurve), wenn seine Koordinaten, eingesetzt in die entsprechende Gleichung, zu einer wahren Aussage führen. Bei Punkten auf einer Koordinatenachse hat jeweils eine Koordinate den Wert 0.*
Einsetzen der Koordinaten des Punktes P(−3 | −2) in die Gleichung ergibt:
$-2 = -(-3) + n$
$-2 = 3 + n \quad | -3$
$-5 = n$
Die Gleichung der Geraden lautet $y = -x - 5,\ x \in \mathbb{Q}$.
Der Schnittpunkt mit der x-Achse sei $X(x_0 \,|\, 0)$.
Dann gilt:
$0 = -x_0 - 5 \quad | +x_0$
$x_0 = -5$
Die Gerade schneidet die x-Achse im Punkt X(−5 | 0).

b) Einsetzen der Koordinaten des Punktes $Q(6 \,|\, -\frac{9}{2})$ in die Gleichung ergibt:
$-\frac{9}{2} = m \cdot 6 - \frac{1}{2} \quad | +\frac{1}{2}$
$-\frac{9}{2} + \frac{1}{2} = m \cdot 6$
$-4 = m \cdot 6 \quad | :6$
$-\frac{2}{3} = m$
Die Gleichung der Geraden lautet $y = -\frac{2}{3}x - \frac{1}{2},\ x \in \mathbb{Q}$.
c) *Da die Gerade nicht parallel zur y-Achse verläuft, lässt sie sich durch eine Gleichung der Form y = m·x + n beschreiben.*
Du kannst ein Gleichungssystem von zwei Gleichungen mit zwei Unbekannten aufschreiben.
Ermittlung der Gleichung
Die Gerade lässt sich durch eine Gleichung der Form $y = m \cdot x + n,\ x \in \mathbb{Q},\ m, n \in \mathbb{Q}$ beschreiben.
Da die Punkte S(−2 | 0) und $T(3 \,|\, \frac{5}{2})$ auf der Geraden liegen, müssen ihre Koordinaten diese Gleichung erfüllen.
Daher gilt: $y_S = m \cdot x_S + n$ und $y_T = m \cdot x_T + n$.
Folglich:
(1) $0 = m \cdot (-2) + n$
(2) $\frac{5}{2} = m \cdot 3 + n$
Aus der Gleichung (1) folgt: $n = 2m$.
Einsetzen in (2):
$\frac{5}{2} = 3m + 2m$
$\frac{5}{2} = 5m \quad | :5$
$m = \frac{1}{2}$
Mit (1) ergibt sich:
$n = 2 \cdot \frac{1}{2}$
$n = 1$
Die Gerade hat die Gleichung $y = \frac{1}{2}x + 1,\ x \in \mathbb{Q}$.
Bemerkung
Wie verändert sich der y-Wert eines Punktes, wenn sein x-Wert um 1 vergrößert wird? Dies kannst du an den Koordinaten der gegebenen Punkte erkennen. Wenn sich der x-Wert um +5 verändert, dann ändert sich der y-Wert um $+\frac{5}{2}$.
Eine Veränderung des x-Wertes um +1 führt daher zu einer Veränderung des y-Werts um $\frac{1}{2}$.
Geht man daher von S aus um zwei Einheiten nach rechts, das heißt zu $x_1 = 0$, dann muss der zugeordnete y-Wert $y_1 = 2 \cdot \frac{1}{2} = 1$ sein. Die Gerade schneidet die y-Achse in (0 | 1).
Geht man von diesem Punkt aus um eine Einheit nach rechts, so muss man um eine halbe Einheit nach oben gehen. Die Gleichung der Geraden ist demnach $y = \frac{1}{2} \cdot x + 1$.

Klassenarbeit 6.2

1 (3 + 5 VP)

a) *Du musst zwei Punkte der jeweiligen Geraden bestimmen. Bequemerweise wählst du $x_0 = 0$ und $x_1 = 1$. Dann erhältst du aber bei den y-Koordinaten Bruchzahlen. Dadurch wird das Einzeichnen der Punkte erschwert bzw. ungenau.*
Warum ist bei der ersten Geraden $x_1 = 3$ oder $x_1 = 6$ eine bessere Wahl?

Zeichnung der Geraden

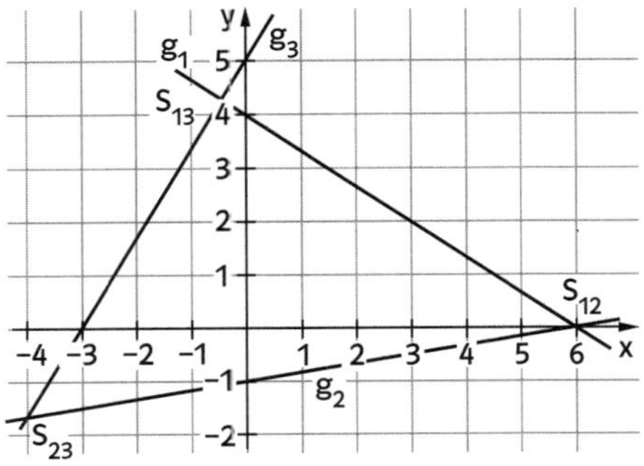

b) *Wieso weißt du beim Betrachten der Geradengleichungen, dass sich die Geraden sicher schneiden? Die Koordinaten eines Schnittpunkts müssen beide Gleichungen erfüllen. Wie gehst du also vor? Prüfe deine Rechenergebnisse anhand der Schaubilder aus der vorherigen Teilaufgabe nach.*

Schnittpunkt von g_1 und g_2

Lösung des Gleichungssystems:

(1) $y = -\frac{2}{3}x + 4$

(2) $y = \frac{1}{6}x - 1$

Gleichsetzen der Terme auf den rechten Seiten von (1) und (2):

(2′)
$$-\tfrac{2}{3}x + 4 = \tfrac{1}{6}x - 1 \quad | -4$$
$$-\tfrac{2}{3}x = \tfrac{1}{6}x - 5 \quad | -\tfrac{1}{6}x$$
$$-\tfrac{2}{3}x - \tfrac{1}{6}x = -5$$
$$-\tfrac{5}{6}x = -5 \quad | \cdot\left(-\tfrac{6}{5}\right)$$
$$x = 6$$

Einsetzen von x aus (2′) in (1):

$y = -\frac{2}{3}\cdot 6 + 4$

$y = 0$

Der Schnittpunkt von g_1 und g_2 ist $S_{12}(6\,|\,0)$.

Schnittpunkt von g_1 und g_3

Lösung des Gleichungssystems:

(1) $y = -\frac{2}{3}x + 4$

(2) $y = \frac{5}{3}x + 5$

Gleichsetzen der Terme auf den rechten Seiten von (1) und (2):

(2′)
$$\tfrac{5}{3}x + 5 = -\tfrac{2}{3}x + 4 \quad | -5$$
$$\tfrac{5}{3}x = -\tfrac{2}{3}x - 1 \quad | +\tfrac{2}{3}x$$
$$\tfrac{5}{3}x + \tfrac{2}{3}x = -1$$
$$\tfrac{7}{3}x = -1 \quad | \cdot\tfrac{3}{7}$$
$$x = -\tfrac{3}{7}$$

Einsetzen von x aus (2′) in (1):

$y = -\frac{2}{3}\cdot\left(-\frac{3}{7}\right) + 4$

$y = \frac{2}{7} + 4$

$y = \frac{30}{7}$

Der Schnittpunkt von g_1 und g_3 ist $S_{13}\left(-\frac{3}{7}\,\middle|\,\frac{30}{7}\right)$.

2 (1 + 1 + 1 VP)

a) *Es ist lediglich ein Beispiel gefragt.*

Mit x = −1 folgt:

$$4\cdot(-1) + 3y = 6$$
$$-4 + 3y = 6 \quad | +4$$
$$3y = 10 \quad | :3$$
$$y = \tfrac{10}{3}$$

Ein mögliches Lösungspaar ist $\left(-1\,\middle|\,\frac{10}{3}\right)$.

Bemerkung

Du kannst jeden beliebigen negativen x-Wert auswählen und den zugehörigen y-Wert berechnen.

b) *Gegebenenfalls kannst du hier die zur gegebenen Gleichung gehörende Gerade zeichnen. Welche Eigenschaft muss dann diejenige Gerade haben, die zur gesuchten Gleichung gehört?*

Eine zweite lineare Gleichung kann z. B. $4x + 3y = 0$, $x \in \mathbb{Q}$, sein. Die zu den Gleichungen gehörenden Geraden sind dann parallel und verschieden.

Bemerkung

Du hättest auch jede Gleichung $4x + 3y = t$ mit beliebigem $t \in \mathbb{Q}$, $t \neq 6$, wählen können. Die Lösung der nächsten Teilaufgabe zeigt dir, warum du $t = 6$ hier ausschließen musst.

c) Eine zweite Gleichung ist z. B. $8x + 6y = 12$, $x, y \in \mathbb{Q}$. Die zu den Gleichungen gehörenden Geraden sind dann identisch.

3 (1 + 2 + 2 VP)

a) *Hier gibt es beliebig viele Lösungen. Man muss lediglich die Gleichungen zweier Geraden angeben, die sich im Punkt $S(0\,|\,1)$ schneiden.*

Veranschaulichung

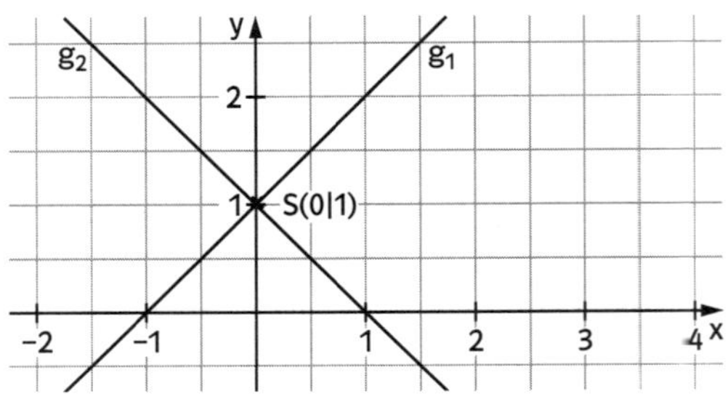

Ein solches Gleichungssystem ist beispielsweise:
(1) $y = x + 1$
(2) $y = -x + 1$
Du kannst deine Lösung nachprüfen, indem du nachrechnest, ob der Punkt $S(0\,|\,1)$ auf beiden Geraden liegt, deren Gleichungen du angeben hast.
b) *Auch hier gibt es beliebig viele Lösungen.*
Veranschaulichung

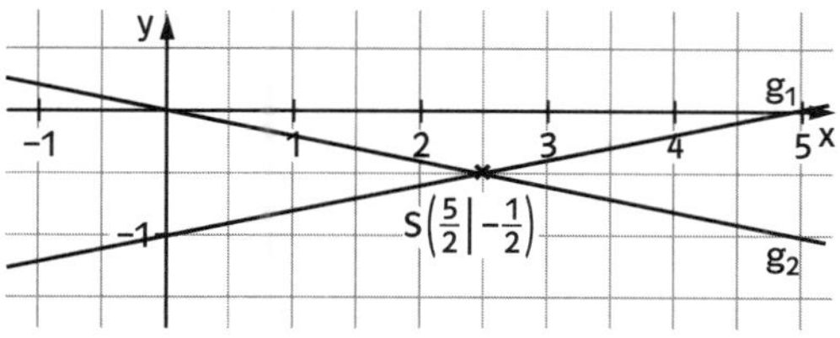

Ein solches Gleichungssystem ist beispielsweise:
(1) $y = \frac{1}{5}x - 1$
(2) $y = -\frac{1}{5}x$
c) *Die zu beiden Gleichungen gehörenden Geraden müssen zusammenfallen (identisch sein).*
Veranschaulichung

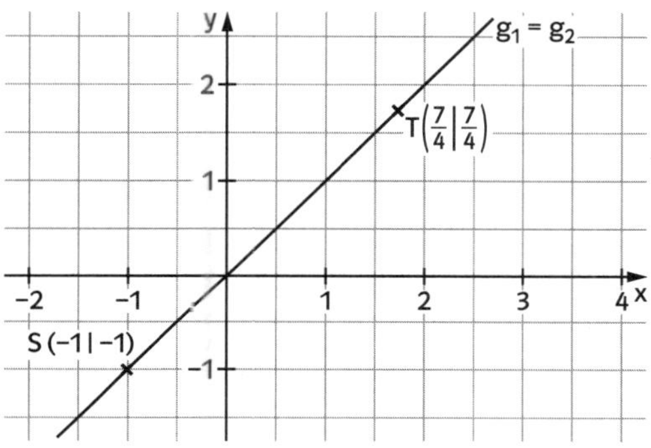

Ein solches Gleichungssystem ist beispielsweise:
(1) $y = x$
(2) $x - y = 0$

4 (1 + 1 + 2 VP)
a) *Auch nach dem Volltanken wird noch Benzin verbraucht.*
In den ersten vier Stunden nimmt der Tankinhalt von 50 l auf 15 l ab. Es werden also 35 l Benzin verbraucht. Nach dem Volltanken auf 80 l nimmt der Tankinhalt bis zum Ende der Fahrt auf 60 l ab. Es werden also weitere 20 l verbraucht.
Der Gesamtverbrauch während der Fahrt beträgt 55 l Benzin.
In der dritten Stunde bleibt das Benzinvolumen im Tank unverändert. Dies bedeutet, dass der Motor nicht läuft und sich das Fahrzeug in dieser Zeit nicht bewegt (Pause auf einem Parkplatz, Reifenpanne, usw.).
b) *Lies am Diagramm ab, wie lange der Tankvorgang höchstens dauern kann.*
Am Diagramm lässt sich ablesen, dass der Tankvorgang vier Stunden nach Antritt der Fahrt beginnt und etwa eine zehntel Stunde (sechs Minuten) lang dauert. In dieser Zeit fließen 65 Liter Benzin in den Tank. In jeder Minute werden also durchschnittlich mehr als 10 Liter Benzin in den Tank gefüllt. Die Behauptung stimmt.
c) *Warum musst du hier so gut wie nicht rechnen?*
Schaubild
Die gestrichelte Linie beschreibt das im Tank vorhandene Luftvolumen.

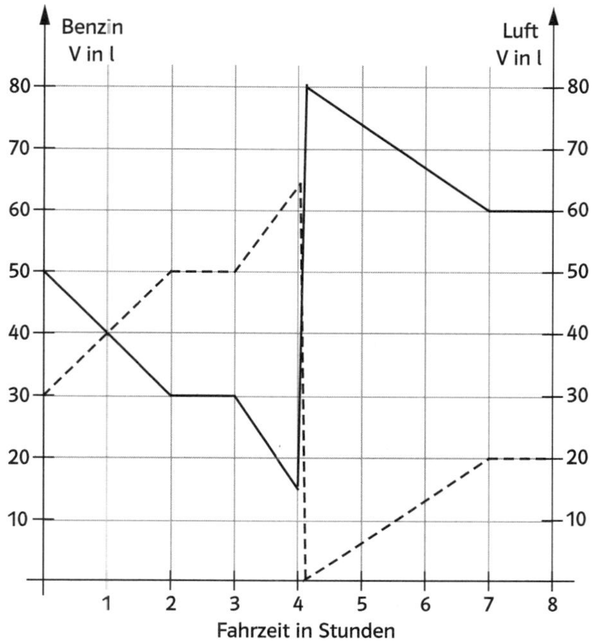

5 (4 VP)
Die Zehnerziffer der zweistelligen Zahl heiße z, die Einerziffer heiße e. Dabei gilt: $z, e \in \{1;\ 2;\ \ldots;\ 8;\ 9\}$.
Die ursprüngliche Zahl heißt dann $10 \cdot z + e$.
Vertauscht man die Ziffern der Zahl, so entsteht die Zahl $10 \cdot e + z$.
Die Quersumme der zweistelligen Zahl ist $z + e$.
Nun gilt:
(1) $10 \cdot z + e = 4 \cdot (z + e)$
(2) $10 \cdot e + z = 10 \cdot z + e + 18$
Vereinfachung der Gleichungen:
(1′) $10z + e = 4z + 4e \quad | -4z - 4e$
$6z - 3e = 0$
$2z - e = 0$
(2′) $10e + z = 10z + e + 18 \quad | -10z - e$
$-9z + 9e = 18 \quad | :(+9)$
$-z + e = 2$
Lösung des Gleichungssystems:
(1′) $2z - e = 0$
(2′) $-z + e = 2$
Addition der Gleichungen (1′) und (2′) ergibt: $z = 2$.
Einsetzen in (2′) führt auf $e = 4$.
Die ursprüngliche Zahl heißt somit 24.

Klassenarbeit 6.3

1 (3 + 3 VP)

a) (1) $\frac{3}{4}x - y = -\frac{5}{4}$

(2) $-x + 3y = \frac{5}{2}$

Multiplikation der Gleichung (1) mit 3:

(1′) $\frac{9}{4}x - 3y = -\frac{15}{4}$

(2) $-x + 3y = \frac{5}{2}$

Addieren der Gleichungen (1′) und (2):

(1″) $\frac{9}{4}x - x = -\frac{15}{4} + \frac{5}{2}$

$\frac{5}{4}x = -\frac{5}{4} \quad | \cdot \frac{4}{5}$

$x = -1$

Einsetzen von x aus (1″) in (2):

(2′) $-(-1) + 3y = \frac{5}{2}$

$1 + 3y = \frac{5}{2} \quad | -1$

$3y = \frac{3}{2} \quad | :3$

$y = \frac{1}{2}$

Das Gleichungssystem hat die Lösung $\left(-1 \middle| \frac{1}{2}\right)$.

b) (1) $x - \frac{x+1}{8} = y + \frac{9}{2}$

(2) $\frac{1}{4}(x - 1) - 2y - \frac{9}{2} = 0$

Vereinfachung der Gleichungen:

(1) $x - (x + 1) \cdot \frac{1}{8} = y + \frac{9}{2}$

$x - \frac{1}{8}x - \frac{1}{8} = y + \frac{9}{2}$

$\frac{7}{8}x - \frac{1}{8} = y + \frac{9}{2} \quad | -y + \frac{1}{8}$

$\frac{7}{8}x - y = \frac{9}{2} + \frac{1}{8}$

$\frac{7}{8}x - y = \frac{37}{8}$

(2) $\frac{1}{4}(x - 1) - 2y - \frac{9}{2} = 0$

$\frac{1}{4}x - \frac{1}{4} - 2y - \frac{9}{2} = 0 \quad | + \frac{1}{4} + \frac{9}{2}$

$\frac{1}{4}x - 2y = \frac{1}{4} + \frac{9}{2}$

$\frac{1}{4}x - 2y = \frac{19}{4}$

Lösen des Gleichungssystems:

(1) $\frac{7}{8}x - y = \frac{37}{8}$

(2) $\frac{1}{4}x - 2y = \frac{19}{4}$

Multiplikation von Gleichung (1) mit (−2):

(1′) $-\frac{7}{4}x + 2y = -\frac{37}{4}$

(2) $\frac{1}{4}x - 2y = \frac{19}{4}$

Addition der Gleichung (2) zu (1′):

(1″) $-\frac{7}{4}x + \frac{1}{4}x = -\frac{37}{4} + \frac{19}{4}$

$-\frac{3}{2}x = -\frac{9}{2} \quad | \cdot \left(-\frac{2}{3}\right)$

$x = 3$

Einsetzen von x aus (1″) in (2):

(2′) $\frac{1}{4} \cdot 3 - 2y = \frac{19}{4}$

$\frac{3}{4} - 2y = \frac{19}{4} \quad | -\frac{3}{4}$

$-2y = 4 \quad | :(-2)$

$y = -2$

Das Gleichungssystem hat die Lösung $(3 | -2)$.

2 (2 + 2 VP)

a) Die gegebene Gleichung $3x - 2y = 1$ hat die Lösung $\left(\frac{2}{3} \middle| 0\right)$, wie man durch Einsetzen sofort erkennt. Eine zweite lineare Gleichung mit dieser Lösung ist z. B. $x + y = \frac{2}{3}$, wie man ebenfalls durch Einsetzen erkennt.

Bemerkung

Man findet eine solche Gleichung durch den Ansatz $ax + by = c$ und Einsetzen der gegebenen Werte von x und y. a, b, c kann man dann geeignet wählen. Beispielsweise wählt man Werte für a und b und berechnet damit den zugehörigen Wert für c. Dabei ist darauf zu achten, dass die neue Gleichung nicht nur durch Multiplikation mit einem beliebigen von Null verschiedenen Faktor aus der gegebenen Gleichung hervorgeht. In diesem Fall würden die zu den Gleichungen gehörenden Geraden aufeinander fallen und es gäbe unendlich viele Lösungen des Gleichungssystems.

b) Man kann z. B. die Gleichungen $x + y = 0$ und $2x - y = 3$ wählen.

Bemerkung

Beide Gleichungen haben offensichtlich die Lösung $(1 | -1)$, wie man durch Einsetzen bestätigen kann. Die zu den Gleichungen gehörenden Geraden sind verschieden und schneiden sich in einem Punkt. Daher gibt es nur die angegebene Lösung und keine weiteren.

3 (4 VP)

Die Schenkellängen werden mit a, die Länge der Basis wird mit c bezeichnet.

Bedingung für den Umfang:

$30\,cm = 2 \cdot a + c$

Bedingung für die Seitenlängen:

$c = a + 3\,cm$

Somit:

(1) $2a + c = 30\,cm$

(2) $-a + c = 3\,cm$

Multiplikation der zweiten Gleichung mit 2:

(2′) $-2a + 2c = 6\,cm$

Addition der Gleichung (2′) zu (1):

(1′) $3c = 36\,cm$

$c = 12\,cm$

Einsetzen von c in (2):

$-a + 12\,cm = 3\,cm$

$a = 9\,cm$

Die Schenkel des Dreiecks sind 9 cm lang, die Basis hat die Länge 12 cm.

4 (4 VP)
Angenommen, es werden x Liter der 20 %-igen und y Liter der 80 %-igen Säure benötigt.
Bedingung für die Volumina der Säuren:
$x + y = 3$
In der 20 %-igen Säure sind $\frac{20}{100} \cdot x$ Liter reine Säure, in der 80 %-igen Säure entsprechend $\frac{80}{100} \cdot y$ Liter reine Säure.
Nach dem Zusammenschütten hat man (x + y) Liter 60 %-ige Säure. Diese enthält $\frac{60}{100} \cdot (x + y)$ Liter reine Säure.
Bedingung für die Reinsäure-Anteile:
$\frac{20}{100} \cdot x + \frac{80}{100} \cdot y = \frac{60}{100} \cdot (x + y)$
Somit:
(1) $x + y = 3$
(2) $0{,}2x + 0{,}8y = 0{,}6x + 0{,}6y \quad | -0{,}6x - 0{,}6y$
$-0{,}4x + 0{,}2y = 0 \quad | \cdot (-5)$
$2x - y = 0$
Addition von (1) zu (2):
(2′) $3x = 3$
$x = 1$
Einsetzen von x aus (2′) in (1):
(1′) $1 + y = 3$
$y = 2$
Der Laborant muss 1 Liter der 20 %-igen und 2 Liter der 80 %-igen Säure verwenden.

5 (2 + 2 + 2 VP)
a) Die erste Kerze ist nach zehn Stundne abgebrannt. Die zweite, dickere Kerze ist nach zwölf Stunden abgebrannt. Da die Kerzen gleichmäßig abbrennen, sind die zugehörigen Graphen Geraden.

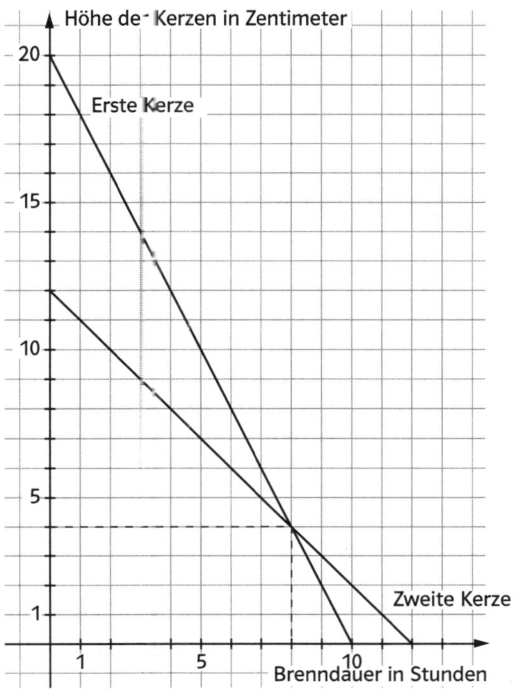

Die beiden Kerzen sind nach acht Stunden gleich hoch.
b) Gleichungen
Die erste Kerze hat nach x Stunden die Höhe y Zentimeter.
Dabei gilt:
(1) $y = 20 - 2x$
Die zweite, dickere Kerze hat nach x Stunden die Höhe y Zentimeter.
Dabei gilt:
(2) $y = 12 - 1x$
Lösen des Gleichungssystems (Gleichsetzungsverfahren)
$20 - 2x = 12 - x \quad | + x$
$20 - x = 12 \quad | - 20$
$-x = -8 \quad | \cdot (-1)$
$x = 8$
Nach acht Stunden sind beide Kerzen gleich hoch.
c) *Hier wird der Übersicht wegen ein neues Schaubild angegeben.*
Da die zweite Kerze nach zwei Stunden erlischt, ändert sich ihre Höhe nicht mehr.
Zeichnerische Lösung

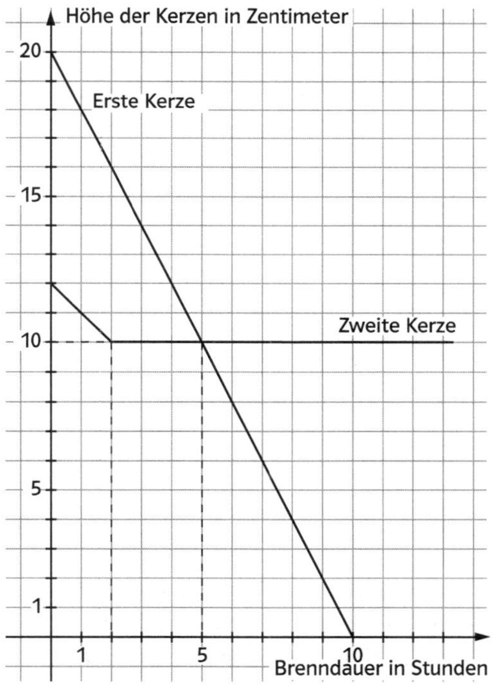

Die beiden Kerzen sind nach fünf Stunden gleich hoch.
Rechnerische Lösung
Wenn die zweite Kerze nach zwei Stunden erlischt, ist sie noch 10 cm hoch.
Die beiden Kerzen sind also gleich hoch, wenn gilt:
$20 - 2 \cdot x = 10$
Folglich:
$-2x = -10 \quad | : (-2)$
$x = 5$

Klassenarbeit 6.4

1 (3 + 1 VP)

a) Einsetzen von $x = -\frac{1}{2}$ und $y = -\frac{1}{2}$ in die Gleichung:

$3 \cdot \left(-\frac{1}{2}\right) - 5 \cdot \left(-\frac{1}{2}\right) = -\frac{3}{2} + \frac{5}{2} = 1$

Die Aussage ist wahr. Daher ist das gegebene Zahlenpaar Lösung der Gleichung.

Einsetzen von $x = 4$ und $y = y_1$ und Auflösen nach y_1 ergibt:

$3 \cdot 4 - 5 \cdot y_1 = 1$

$12 - 5y_1 = 1 \quad | -12$

$-5y_1 = -11 \quad | :(-5)$

$y_1 = \frac{11}{5}$

Das Zahlenpaar $\left(4 \middle| \frac{11}{5}\right)$ ist Lösung der Gleichung.

Einsetzen von $x = x_1$ und $y = y_1$ und Auflösen nach y_1 ergibt:

$3x_1 - 5y_1 = 1 \quad | -3x_1$

$-5y_1 = 1 - 3x_1 \quad | :(-5)$

$y_1 = \frac{3}{5}x_1 - \frac{1}{5}$

Probieren mit kleinen ganzzahligen Werten für x_1 ergibt z. B.:

$x_1 = 2$

$y_1 = 1$

Das Zahlenpaar (2 | 1) ist eine Lösung der Gleichung.

b) Die zugehörige Gleichung kann als Gleichung einer Geraden durch die Punkte (0 | 1) und (4 | 3) aufgefasst werden.

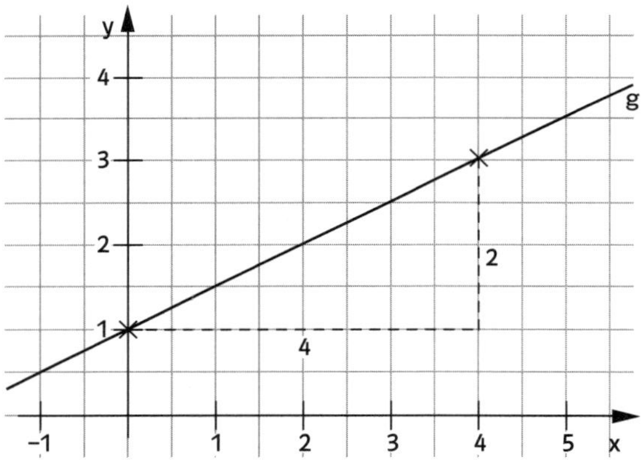

Für den x-Wert 0 ergibt sich der y-Wert 1. Vergrößern des x-Wertes um 4 ergibt eine Vergrößerung des y-Wertes um 2. Daher führt die Vergrößerung des x-Wertes um 1 zu einer Vergrößerung des y-Wertes um $\frac{1}{2}$. Die Gerade hat daher die Gleichung $y = \frac{1}{2} \cdot x + 1,\ x \in \mathbb{Q}$.

2 (4 VP)

Das Alter von Peter sei x Jahre, das Alter von Paul y Jahre.

Bedingung für den Altersunterschied:

$x + 5 = y$

Bedingung für die Summe der Alter:

$x + y = \frac{1}{2} \cdot 62$

Lösung des Gleichungssystems:

(1) $x - y = -5$

(2) $x + y = 31$

Addition von Gleichung (1) zu (2):

(2′) $2x = 26 \quad | :2$

$x = 13$

Einsetzen von x in (1) ergibt:

(1′) $13 - y = -5 \quad | -13$

$-y = -18 \quad | \cdot(-1)$

$y = 18$

Peter ist 13 Jahre alt, Paul ist 18 Jahre alt.

3 (5 VP)

Das Volumen des verwendeten reinen Orangensaftes sei x Liter, das Volumen des zugegebenen Mineralwassers sei y Liter.

Herstellung von 60 %-igem Orangensaftgetränk:

Vor dem Mischen sind x Liter reiner Orangensaft vorhanden, nach dem Mischen mit y Litern Mineralwasser sind in der Mischung $\frac{60}{100} \cdot (x + y)$ Liter reiner Orangensaft. An der Menge des Orangensaftes hat sich nichts geändert.

Bedingung:

$x = \frac{60}{100} \cdot (x + y)$

$x = 0{,}6x + 0{,}6y$

$0{,}4x - 0{,}6y = 0$

Herstellung von 40 %-igem Orangensaftgetränk:

Vor dem Mischen sind $\frac{x}{2}$ Liter reiner Orangensaft vorhanden, nach dem Mischen mit (y + 1) Litern Mineralwasser sind in der Mischung $\frac{40}{100} \cdot \left(\frac{x}{2} + y + 1\right)$ Liter reiner Orangensaft.

Bedingung:

$\frac{x}{2} = \frac{40}{100} \cdot \left(\frac{x}{2} + y + 1\right)$

$0{,}5x = 0{,}4(0{,}5x + y + 1)$

$0{,}5x = 0{,}2x + 0{,}4y + 0{,}4$

$0{,}3x - 0{,}4y = 0{,}4$

Lösung des Gleichungssystems:

(1) $0{,}4x - 0{,}6y = 0 \quad | \cdot 4$

(2) $0{,}3x - 0{,}4y = 0{,}4 \quad | \cdot(-6)$

(1′) $1{,}6x - 2{,}4y = 0$

(2′) $-1{,}8x + 2{,}4y = -2{,}4$

Addition von (1′) zu (2′):

(2″) $-0{,}2x = -2{,}4 \quad | :(-0{,}2)$

$x = 12$

Einsetzen von x aus (2″) in (1):

(1′) $0{,}4 \cdot 12 - 0{,}6y = 0$

$4{,}8 - 0{,}6y = 0 \quad | -4{,}8$

$-0{,}6y = -4{,}8 \quad | :(-0{,}6)$

$y = 8$

Corinna verwendet 12 Liter Orangensaft und 8 Liter Mineralwasser zur Herstellung von 60 %-igem Orangensaftgetränk.

4 (4 + 5 VP)

a) Firma Tele A

Der Tarif ist linear. Wenn nicht telefoniert wird, muss nichts bezahlt werden. Daher ist die Grundgebühr 0,00 €. Da 100 Einheiten 19,00 € kosten, muss für jede Einheit $\frac{19}{100}$ € = 0,19 € bezahlt werden.

Firma Tele B

Für die ersten 10 Einheiten muss man einen festen Betrag von 5,00 € bezahlen. Ab der 11. Einheit und bis zur 60. Einheit ist der Tarif linear. In diesem Bereich kosten 50 Einheiten 5,00 €, jede Einheit also $\frac{5}{50}$ € = 0,10 €.

Ab der 61. Einheit ist der Tarif wieder linear. Allerdings kosten jetzt 40 Einheiten 8,00 €. In diesem Bereich muss für jede Einheit $\frac{8}{40}$ € = $\frac{1}{5}$ € = 0,20 € bezahlt werden.

Firma Tele C

Der Tarif ist konstant. Unabhängig von der Anzahl der telefonierten Einheiten muss man immer 12,00 € bezahlen. Man könnte also sagen: Grundgebühr 12,00 €, Einheitenpreis 0,00 €.

b) Firma Tele A

Gleichung der Geraden:

$y = 0{,}19 \cdot x$

Dabei ist x die Anzahl der telefonierten Einheiten und y die Maßzahl des Preises in Euro.

Firma Tele B

Gleichung der Geraden:

Das Bild zeigt, dass man die Gleichung der Geraden im Bereich von 10 Einheiten bis 60 Einheiten benötigt. Da es sich um eine lineare Gleichung handelt, gilt $y = mx + n$ mit noch unbekanntem m und n.

Da die Punkte $P(10|5)$ und $Q(60|10)$ auf der Geraden liegen, gilt:

(1) $5 = m \cdot 10 + n$

(2) $10 = m \cdot 60 + n$

Subtraktion der Gleichung (1) von (2):

(2′) $5 = 50 \cdot m$

$m = \frac{1}{10}$

Einsetzen von m aus (2′) in (1):

(1′) $5 = \frac{1}{10} \cdot 10 + n$

$5 = 1 + n$

$n = 4$

Die Gleichung lautet: $y = \frac{1}{10}x + 4$

Berechnung des Schnittpunkts der beiden Geraden

(1) $y = 0{,}19 \cdot x$

(2) $y = \frac{1}{10}x + 4$

Gleichsetzen ergibt:

$$0{,}19x = \frac{1}{10}x + 4 \quad \left| - \frac{1}{10}x\right.$$
$$0{,}19x - \frac{1}{10}x = 4$$
$$0{,}19x - 0{,}10x = 4$$
$$0{,}09x = 4 \quad |:0{,}09$$
$$x = \frac{400}{9}$$
$$x = 44{,}44\ldots$$

Ab der 45. Einheit ist der Anbieter Tele B günstiger als Tele A.

5 (2 VP)

Die Behauptung besagt, dass die Zahlen u und v so gewählt werden können, dass die Gleichungen

(1) $3x + uy = 1$

(2) $x - 2y = v$

dieselbe Gerade darstellen.

Um dies zu prüfen, versucht man, u, v so zu wählen, dass beide Gleichungen äquivalent sind.

Beibehalten der ersten Gleichung und Multiplizieren der zweiten Gleichung mit 3 ergibt:

(1) $3x + uy = 1$

(2′) $3x - 6y = 3v$

Vergleichen zeigt:

Wenn $u = -6$ und $v = \frac{1}{3}$ gewählt wird, dann sind die Gleichungen identisch, stellen also dieselbe Gerade dar.

Max Schlaumaier hat Recht.

Vorbemerkung zu den Jahrgangsarbeiten

Eine Jahrgangsarbeit enthält Aufgaben zu den verschiedenen Themenbereichen, die du in diesem Schuljahr kennen gelernt hast. Damit erhältst du die Möglichkeit zu überprüfen, wie gut du den Stoff verstanden hast. Die Arbeitszeit beträgt 45 Minuten. Trage deine Lösungswege und Ergebnisse auf den Aufgabenblättern ein.
Zur Korrektur verwendest du die ausführlichen Lösungen. Beachte die Verrechnungspunktezahlen zu jeder Teilaufgabe. Mit der Umrechnungstabelle auf Seite 10 kannst du dir eine Note geben und damit deinen Leistungsstand einschätzen.

1 (2 + 1 + 1 + 2 VP)

Einzelfahrschein Vor Fahrtantritt entwerten		
		unter 14
€		€
2,50	bis 2 Zonen	1,30
3,50	3 Zonen	1,80
4,50	4 Zonen	2,30
5,50	5 Zonen und mehr	2,80

Mehrfahrtenkarte (4 Fahrten)		
		unter 14
€		€
8,00	bis 2 Zonen	4,00
11,00	3 Zonen	5,50
14,00	4 Zonen	7,00
17,00	5 Zonen und mehr	8,50

In einem Omnibus-Verkehrsverbund kann man Einzel- und Mehrfahrtenkarten erwerben.

a) Herr Otto benötigt Fahrkarten für vier Zonen.
Wie viel Prozent spart er, wenn er sich eine Mehrfahrtenkarte statt vier Einzelfahrtenkarten kauft?

b) Um wie viel Prozent ist die Einzelfahrkarte für eine Fahrt bis zu zwei Zonen für einen Erwachsenen teurer als für ein Kleinkind?

c) Ist die Zuordnung *Anzahl der Zonen → Fahrpreis in Euro* eine Proportionalität?

d) Das Busunternehmen plant eine Anhebung der Preise für die Einzelfahrscheine für Erwachsene um 3,2 %, rundet aber auf den nächsthöheren glatten 10-Cent-Betrag auf.
Wie groß wäre dann die tatsächliche Preiserhöhung für eine Fahrt für vier Zonen?

2 (1 + 2 + 1 VP)
Ein Elektrizitätswerk berechnet seinen Stromabnehmern einen monatlichen Grundpreis und einen Verbrauchspreis. Grundpreis und Verbrauchspreis sind abhängig vom Jahresverbrauch in Kilowattstunden (kWh).

Tarif	Tarif 1	Tarif 2	Tarif 3
Jahresverbrauch	bis 1200 kWh	1201 bis 4800 kWh	ab 4801 kWh
Verbrauchspreis in Cent je kWh	17,95	15,95	14,95
Grundpreis in € je Monat	5,00	7,00	11,00

a) Familie Stromer bezieht im Jahr 2935 kWh.
Was kostet diese Stromlieferung?

b) Studentin Sparer erhielt eine Jahresrechnung von 180,91 €.
Wie viele Kilowattstunden hat sie verbraucht?

c) Schreibe für Tarif 3 eine Gleichung für die Zuordnungsvorschrift auf:
Jahresverbrauch in kWh → Gesamtpreis in €

3 (3 + 1 VP)

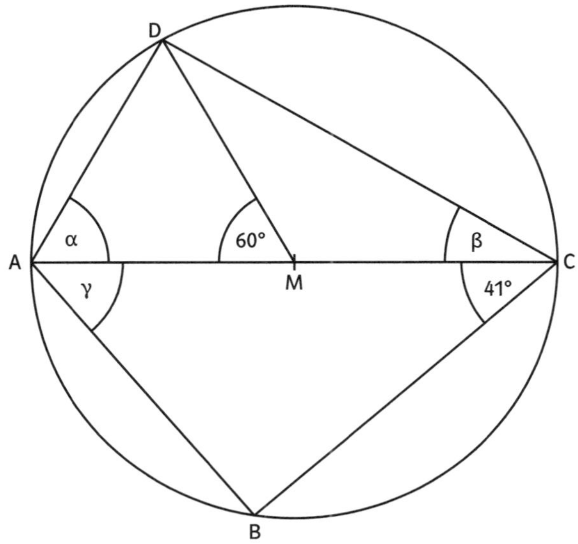

a) Die Punkte A, B, C und D liegen auf dem Kreis mit dem Mittelpunkt M.
Berechne die Winkelweiten α, β und γ.

b) Nun bewegt man B auf dem Kreis nach E so, dass die Gerade durch A und E parallel ist zur Geraden durch D und M.
Wie groß ist jetzt die Weite des Winkels $\sphericalangle EAM$?

4 (2 + 2 + 2 VP)

a) Löse das lineare Gleichungssystem.

(1) $2x + 5y = -\frac{2}{3}$

(2) $x - 2y = \frac{7}{6}$

b) Ein lineares Gleichungssystem aus zwei Gleichungen und zwei Unbekannten hat nur die Lösung (0 | 0).
Gib ein solches Gleichungssystem an.

c) Ein lineares Gleichungssystem aus zwei Gleichungen und zwei Unbekannten hat die Lösungen (0 | 1) und (4 | −1).
Gib alle Lösungen dieses Gleichungssystems an.

5 (4 VP)
Aus der Zeitung:

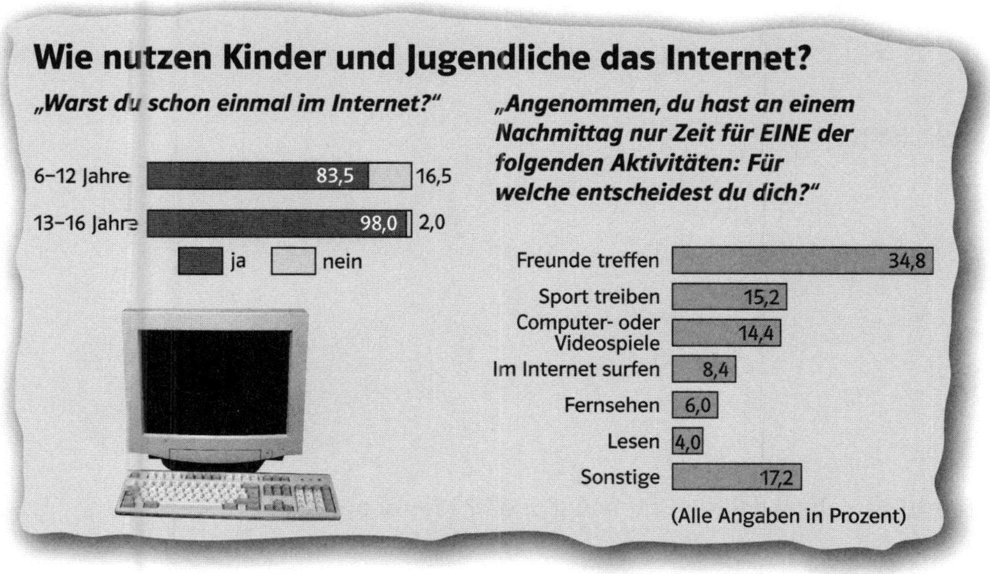

Welche der folgenden Aussagen sind auf Grund der Informationen aus der Zeitung wahr (w), falsch (f) oder unentscheidbar (u)? Kreuze an!

Aussage	w	f	u
1. Fast alle 13-16-Jährigen waren schon einmal im Internet.			
2. Weniger als ein Fünftel der 6–12-Jährigen waren noch nie im Internet.			
3. Mehr als ein Viertel der Befragten spielen oder surfen am Nachmittag.			
4. Die Hälfte der Befragten treffen sich mit Freunden oder treiben Sport.			
5. 58 % durchforsten das Web nach Informationen für die Schule.			
6. Von den Befragten bevorzugen 2 % mehr das Fernsehen gegenüber dem Lesen.			
7. 10 von 30 Schülern deiner Klasse treffen sich heute Nachmittag mit Freunden.			
8. Lesen ist die mit Abstand unbeliebteste Freizeitaktivität.			

Viel Erfolg!

1 (2 VP)
Die Tabelle gehört zu einer proportionalen Zuordnung $x \rightarrow y$.

x	5	10	A
y	6	B	42

Welches sind die Werte von A und B?

- ☐ A = 12 und B = 35
- ☐ A = 15 und B = 12
- ☐ A = 35 und B = 12
- ☐ A = 15 und B = 24
- ☐ Keine Antwort ist richtig.

2 (1 + 1 VP)
Welche Gleichungen gehören zu den abgebildeten Graphen g und h? Kreuze an!

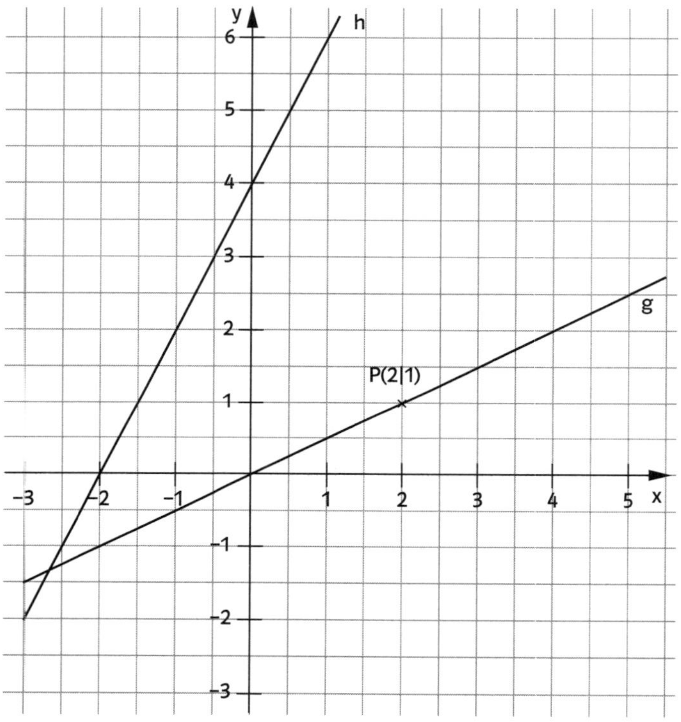

Graph g

- ☐ $y = \frac{1}{2}x + 1$
- ☐ $y = 2x$
- ☐ $y = 2x + 1$
- ☐ $y = \frac{1}{2}x$
- ☐ Keine Antwort ist richtig.

Graph h

- ☐ $y = 4x - 2$
- ☐ $y = 2x + 4$
- ☐ $y = -2x + 4$
- ☐ $y = 2x - 2$
- ☐ Keine Antwort ist richtig.

3 (3 VP)

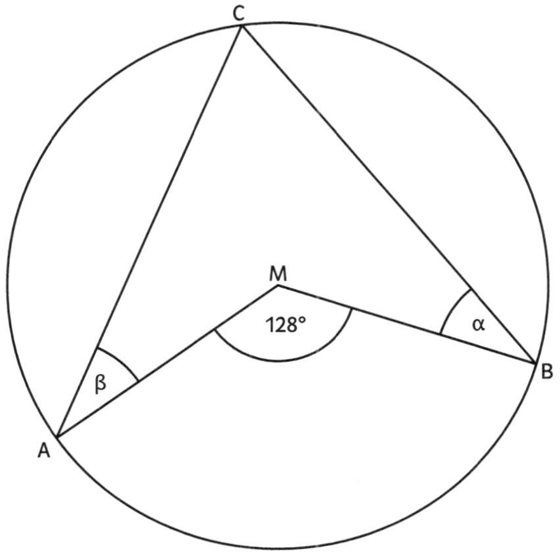

Berechne β, falls α = 35° gilt.

4 (4 VP)
Das Dreieck ABC soll gleichschenklig mit $\overline{AC} = \overline{BC}$ sein und den Kreis k mit dem Mittelpunkt M als Inkreis haben.
Konstruiere dieses Dreieck.

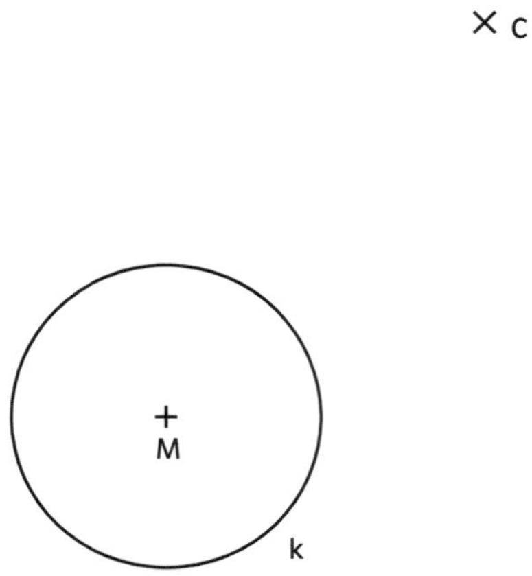

5 (2 + 2 + 2 + 2 VP)
Beim Kauf von Aktien verlangt eine Bank Gebühren. Diese Gebühren setzen sich aus einer Grundgebühr und einem prozentualen Anteil am Kaufpreis zusammen.

Gebührentabelle
- Bis zu einem Kaufpreis von 2000 € beträgt die Gebühr nur 9,90 €.
- Danach errechnet sich der Kaufpreis aus einer Grundgebühr von 4,90 € zuzüglich 0,25 % des Kaufpreises.
- Die Maximalgebühr beträgt 59,90 € je Kauf.

a) Herr Spar kauft Aktien für 1500,00 €.
Wie hoch ist die Gebühr? Welcher Prozentsatz des Kaufpreises ist dies?

b) Welches ist der kleinste Kaufpreis, bei dem 59,90 € Gebühr bezahlt werden muss?

c) Frau Risk erwirbt Aktien für 13 200 €.
Wie hoch ist die Gebühr bei diesem Kauf?

d) Zeichne den Graphen zur Zuordnung *Kaufpreis* → *Gebühr* für Kaufpreise von 0 € bis 25 000 €.

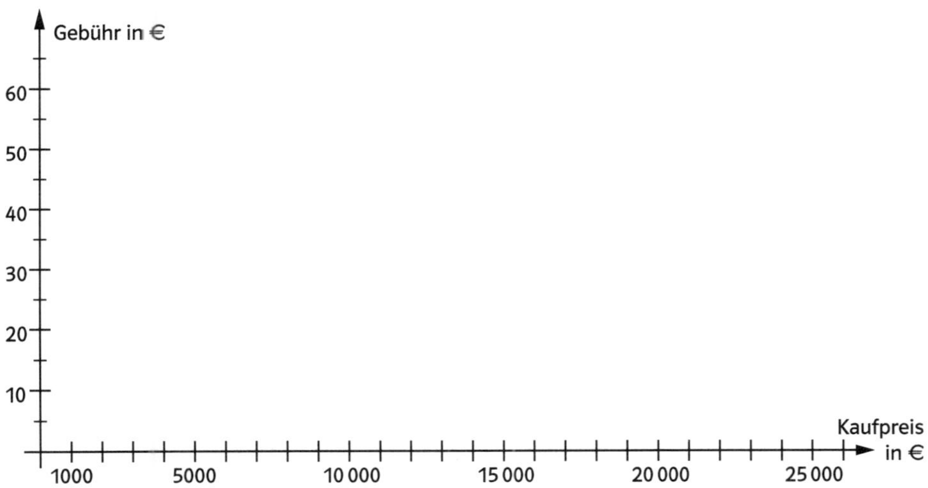

6 (2 + 3 VP)
In einem Beutel befinden sich zwei rote und zwei grüne Kugeln.
a) Du ziehst eine Kugel heraus, notierst ihre Farbe und legst sie wieder in den Beutel zurück. Anschließend verfährst du noch einmal genauso.
Schreibe alle Möglichkeiten auf.
Mit welcher Wahrscheinlichkeit hast du zwei rote Kugeln gezogen?
Mit welcher Wahrscheinlichkeit war die erste Kugel grün und die zweite Kugel rot?

b) Nun ziehst du wieder nacheinander zwei Kugeln, legst aber die gezogene Kugel nicht mehr in den Beutel zurück.
Schreibe alle Möglichkeiten auf.
Mit welcher Wahrscheinlichkeit ist mindestens eine Kugel grün?
Mit welcher Wahrscheinlichkeit ist nur die zweite Kugel rot?

Viel Erfolg!

1 (3 VP)
In einer Schulklasse erhalten 10 % der Schüler in Mathematik die Note „sehr gut" und 30 % die Note „gut".
Welche der folgenden Behauptungen sind wahr (w) oder falsch (f)? Kreuze an.

Behauptung	w	f
90 % der Schüler erhalten nicht die Note „sehr gut".		
40 % aller Schüler erhalten mindestens die Note „gut".		
Die Klasse hat 28 Schüler.		
Der Notendurchschnitt aller Schüler mit „sehr gut" oder „gut" ist 1,50.		
Weniger als ein Drittel aller Schüler erhalten die Note „gut".		

2 (3 VP)
Messing ist eine Legierung aus Kupfer und Zink.
Um 150 kg Messing herzustellen, benötigt man 90 kg Kupfer.
Wie viel Kupfer und wie viel Zink benötigt man zur Herstellung von 270 kg Messing dieser Sorte?

3 (2 + 2 VP)

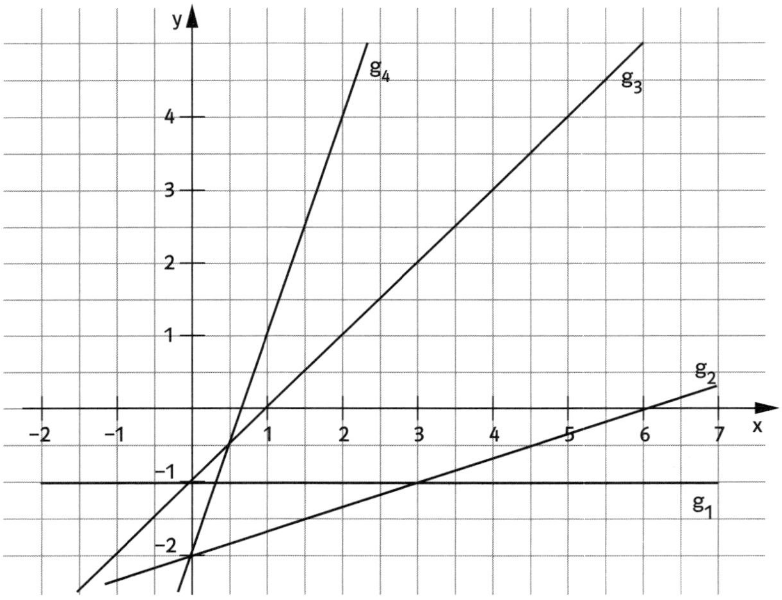

a) Welcher Graph gehört zu den gegebenen Gleichungen? Kreuze an.

	g_1	g_2	g_3	g_4
$y = -x$				
$y = 3x - 2$				
$y = \frac{3}{2}x + 3$				
$y = x - 1$				
$y = -2x + 3$				
$y = \frac{1}{3}x - 2$				
$y = -1$				
$y = x + 1$				

b) Gib die Gleichung einer linearen Zuordnung an, deren Graph durch P(3 | 3) und Q(1 | 0) geht.

4 (2 + 1 VP)

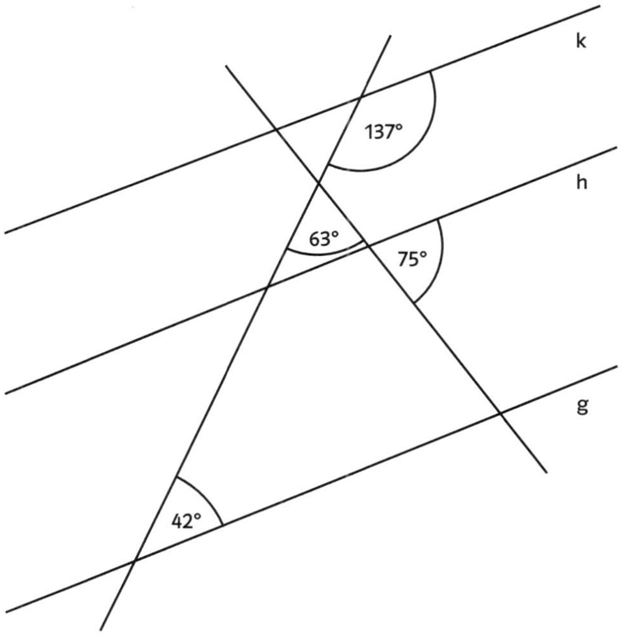

a) Weise nach, dass die Geraden g und h parallel sind.

b) Untersuche, ob die Geraden g und k parallel sind.

5 (1 + 1 + 1 + 2 + 2 VP)

Wer fährt, trinkt nicht.
Wer trinkt, fährt nicht.
Bereits geringe Mengen Alkohol beeinträchtigen die Fahrtüchtigkeit beachtlich. Alkohol verringert die Reaktionsfähigkeit, führt zur Einengung des Gesichtsfeldes und verzögert die Anpassung des Auges an wechselnde Lichtverhältnisse.
Der Abbau von Alkohol im menschlichen Körper erfolgt sehr langsam. Als Faustregel kann gelten: In einer Stunde nimmt die Blutalkoholkonzentration um etwa 0,1 Promille ab.

Getränke	Menge	Alkoholmenge
Wein	0,25 l	30 g
Sekt	0,10 l	15 g
Bier	0,33 l	16 g
Bier	0,50 l	24 g
Korn	0,02 l	6 g
Cognac	0,02 l	10 g

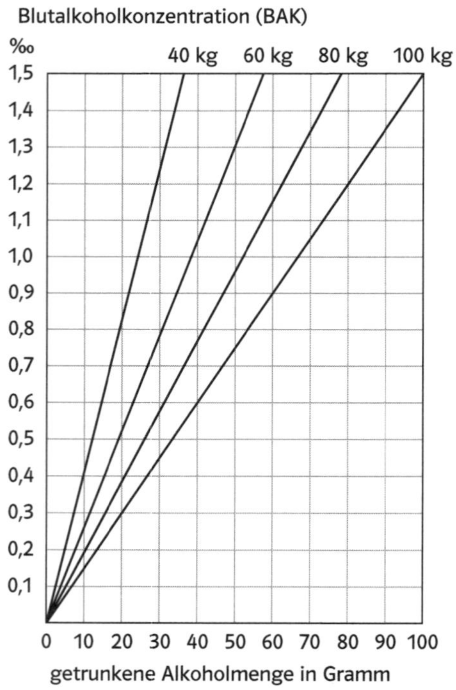

a) Herr Kleiner (80 kg) und sein Freund (100 kg) trinken nach Feierabend noch rasch je zwei Bier (0,5 l) und zwei Korn.
Wie hoch ist die Blutalkoholkonzentration bei beiden?

b) Ein 19-Jähriger (60 kg) überlegt, ob er nach dem Disco-Besuch und zwei Cola mit Cognac noch mit dem Auto heimfahren darf. Ab 0,3 Promille will er nicht mehr selbst fahren.

c) Nach dem Genuss von zwei Viertellitern Wein kann man bereits mehr als 0,8 Promille Blutalkoholkonzentration haben. Zeige dies.

d) Gib die Zuordnungsvorschrift
Alkoholmenge in Gramm → Blutalkoholkonzentration in Promille
für eine 100 kg schwere Person an.

e) Herr Kleiner hat nach einem durchzechten Abend eine Blutalkoholkonzentration von 1,5 Promille.
Gib die Zuordnungsvorschrift
Zeit in Stunden → Blutalkoholkonzentration in Promille
für den Abbau des Alkohols bei Herrn Kleiner an.

6 (3 + 1 VP)
Andreas behauptet: „Ich kann zwei nichtkongruente Dreiecke mit den Maßen $b = 6{,}2\,cm$, $c = 5{,}0\,cm$ und $\gamma = 45°$ konstruieren."

a) Überprüfe diese Behauptung durch Konstruktion dieser beiden Dreiecke. Beschreibe die Konstruktion.

b) Wie müsste man c abändern, damit es nur ein einziges Dreieck mit diesen Maßen gibt?

Viel Erfolg!

1

Punkte:

Einzelfahrschein Vor Fahrtantritt entwerten		
Erwachsene		unter 14 / Hund
€		€
2,50	bis 2 Zonen	1,30
3,50	3 Zonen	1,80
4,50	4 Zonen	2,30
5,50	5 Zonen und mehr	2,80

Mehrfahrtenkarte (4 Fahrten)		
Erwachsene		unter 14 / Hund
€		€
8,00	bis 2 Zonen	4,00
11,00	3 Zonen	5,50
14,00	4 Zonen	7,00
17,00	5 Zonen und mehr	8,50

In einem Omnibus-Verkehrsverbund kann man Einzel- und Mehrfahrtenkarten erwerben.

a) Herr Otto benötigt Fahrkarten für vier Zonen.
Wie viel Prozent spart er, wenn er sich eine Mehrfahrtenkarte statt vier Einzelfahrtenkarten kauft?

Der Preis von vier Einzelfahrscheinen ist der Grundwert: $G = 4 \cdot 4{,}50\,€ = 18{,}00\,€$.
Der Preis der Mehrfahrtenkarte ist der Prozentwert: $W = 14{,}00\,€$.

Prozentsatz:

$$p = \frac{W}{G}$$
$$p = \frac{14{,}00\,€}{18{,}00\,€}$$
$$p = 0{,}7777\ldots$$
$$p \approx 77{,}8\,\%$$

Herr Otto spart etwa 22,2 %.

2 ☐

b) Um wie viel Prozent ist die Einzelfahrkarte für eine Fahrt bis zu zwei Zonen für einen Erwachsenen teurer als für ein Kleinkind?

Der Preis für die Kinderfahrkarte ist der Grundwert: $G = 1{,}30\,€$.
Der Preis für die Erwachsenenfahrkarte ist der Prozentwert: $W = 2{,}50\,€$.

Prozentsatz:

$$p = \frac{W}{G}$$
$$p = \frac{2{,}50\,€}{1{,}30\,€}$$
$$p = 1{,}9230\ldots$$
$$p \approx 192{,}3\,\%$$

Der Preis für die Erwachsenenfahrkarte ist etwa 92,3 % höher als der Preis für die Kinderfahrkarte.

1 ☐

Punkte:

c) Ist die Zuordnung *Anzahl der Zonen → Fahrpreis in Euro* eine Proportionalität?

Wenn diese Zuordnung eine Proportionalität wäre, dann müsste der Fahrpreis bei doppelter Anzahl der Zonen auch doppelt so hoch sein. Dies ist nicht der Fall, denn zwei Zonen kosten für einen Erwachsenen 2,50 €, vier Zonen aber nicht 2 · 2,50 €, sondern nur 4,50 €. 1 ☐

(Entsprechendes gilt bei den Fahrkarten für Kinder und auch bei Mehrfahrtenkarten.)

d) Das Busunternehmen plant eine Anhebung der Preise für die Einzelfahrscheine für Erwachsene um 3,2 %, rundet aber auf den nächsthöheren glatten 10-Cent-Betrag auf.
Wie groß wäre dann die tatsächliche Preiserhöhung für eine Fahrt für vier Zonen?

Der Preis eines Einzelfahrscheins für vier Zonen ist der Grundwert: G = 4,50 €.
Prozentsatz: p = 103,2 %.
Der vorläufige neue Preis ist der Prozentwert:

$W = G \cdot p$

$W = 4{,}50\,€ \cdot \frac{103{,}2}{100}$

$W = 4{,}64\,€$

Auf Grund der Rundung auf den nächsthöheren 10-Cent-Betrag ergibt sich der Endpreis 4,70 €.
Mit G = 4,50 € und W = 4,70 € – 4,50 € = 0,20 € folgt für den Prozentsatz:

$p = \frac{W}{G}$

$p = \frac{0{,}20\,€}{4{,}50\,€}$

$p = 0{,}0444\ldots$

$p \approx 4{,}4\,\%$

Die tatsächliche Preiserhöhung beträgt etwa 4,4 %. 2 ☐

2

Ein Elektrizitätswerk berechnet seinen Stromabnehmern einen monatlichen Grundpreis und einen Verbrauchspreis. Grundpreis und Verbrauchspreis sind abhängig vom Jahresverbrauch in Kilowattstunden (kWh).

Punkte:

Tarif	Tarif 1	Tarif 2	Tarif 3
Jahresverbrauch	bis 1200 kWh	1201 bis 4800 kWh	ab 4801 kWh
Verbrauchspreis in Cent je kWh	17,95	15,95	14,95
Grundpreis in € je Monat	5,00	7,00	11,00

a) Familie Stromer bezieht im Jahr 2935 kWh.
Was kostet diese Stromlieferung?

Die Preisermittlung erfolgt nach Tarif 2.

$P = 2935\,kWh \cdot 15{,}95\,\frac{ct}{kWh} + 7{,}00\,€$

$P = 468{,}13\,€ + 7{,}00\,€$

$P = 475{,}13\,€$

Familie Stromer muss 475,13 € bezahlen. 1 □

b) Studentin Sparer erhielt eine Jahresrechnung von 180,91 €.
Wie viele Kilowattstunden hat sie verbraucht?

Würde die Studentin nach Tarif 2 bezahlen, so müsste sie mindestens 1201 kWh verbraucht haben.
Preis für diese Menge:

$P = 1201\,kWh \cdot 15{,}95\,\frac{ct}{kWh} + 7{,}00\,€$

$P = 198{,}56\,€$

Da ihre Rechnung niedriger ist, muss sie tatsächlich nach Tarif 1 bezahlen. Dann gilt für die Anzahl x der Kilowattstunden:

$180{,}91\,€ = x \cdot 17{,}95\,ct + 5{,}00\,€$

$175{,}91\,€ = x \cdot 0{,}1795\,€$

$x = \frac{175{,}91\,€}{0{,}1795\,€}$

$x = 980$

Die Studentin hat 980 Kilowattstunden verbraucht. 2 □

c) Schreibe für Tarif 3 eine Gleichung für die Zuordnungsvorschrift auf:
Jahresverbrauch in kWh → Gesamtpreis in €

Angenommen, ein Kunde verbraucht x Kilowattstunden im Tarif 3.
Dann gilt für den Preis P:
$P = x \cdot 0{,}1495\,€ + 11{,}00\,€,\ x \in \mathbb{N},\ x \geq 4801$ 1 □

3

Punkte:

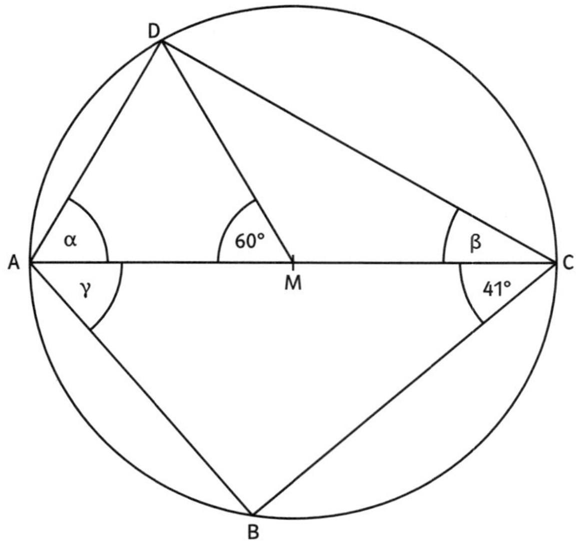

a) Die Punkte A, B, C und D liegen auf dem Kreis mit dem Mittelpunkt M.
Berechne die Winkelweiten α, β und γ.

Die Punkte A und D liegen auf dem Kreis um M: $\overline{AM} = \overline{DM}$ (Kreisradius). Das Dreieck AMD ist daher gleichschenklig.
In jedem gleichschenkligen Dreieck sind die Basiswinkel gleich weit:
$\alpha = \sphericalangle MAD = \sphericalangle ADM$.
Mit dem Winkelsummensatz im Dreieck AMD folgt daraus:

$$\alpha + \alpha + 60° = 180°$$
$$2\alpha = 120°$$
$$\alpha = 60°$$

Die Punkte A und C liegen auf einem Kreisdurchmesser des Kreises durch A. Nach dem Satz von Thales gilt: $\sphericalangle ADC = 90°$.
Mit dem Winkelsummensatz im Dreieck ACD folgt:

$$\alpha + \beta + 90° = 180°$$
$$60° + \beta + 90° = 180°$$
$$\beta = 30°$$

Entsprechend gilt: $\sphericalangle CBA = 90°$.
Somit:

$$\gamma + 90° + 41° = 180°$$
$$\gamma = 49°$$

3 ☐

b) Nun bewegt man B auf dem Kreis nach E so, dass die Gerade durch A und E parallel ist zur Geraden durch D und M.
Wie groß ist jetzt die Weite des Winkels ∢EAM?

Wenn E auf dem Kreis so liegt, dass (AE)||(DM) gilt, so sind die Winkel ∢DMA und ∢EAM Wechselwinkel an Parallelen und daher gleich weit. Folglich: ∢EAM = 60°.

1 ☐

Punkte:

4

a) Löse das lineare Gleichungssystem.

(1) $2x + 5y = -\frac{2}{3}$

(2) $x - 2y = \frac{7}{6}$

Multiplikation der Gleichung (2) mit (−2):

(1) $2x + 5y = -\frac{2}{3}$

(2') $-2x + 4y = -\frac{7}{3}$

Addition von (1) zu (2') ergibt (2''):

(1) $2x + 5y = -\frac{2}{3}$

(2'') $9y = -3$

$y = -\frac{1}{3}$

Eingesetzt in (2):

$x - 2\cdot\left(-\frac{1}{3}\right) = \frac{7}{6}$

$x + \frac{2}{3} = \frac{7}{6}$

$x = \frac{7}{6} - \frac{2}{3}$

$x = \frac{1}{2}$

Die Lösung ist $\left(\frac{1}{2} \mid -\frac{1}{3}\right)$. 2 ☐

b) Ein lineares Gleichungssystem aus zwei Gleichungen und zwei Unbekannten hat nur die Lösung (0 | 0).
Gib ein solches Gleichungssystem an.

Hier gibt es beliebig viele Lösungen.
Beispiel:

(1) $x - y = 0$

(2) $x + y = 0$ 2 ☐

c) Ein lineares Gleichungssystem aus zwei Gleichungen und zwei Unbekannten hat die Lösungen (0 | 1) und (4 | −1).
Gib alle Lösungen dieses Gleichungssystems an.

Wenn ein solches Gleichungssystem zwei Lösungen hat, dann hat es sogar beliebig viele. Alle Lösungen müssen die Gleichung der Geraden durch (0 | 1) und (4 | −1) erfüllen.
Die Geradengleichung hat die Form $y = m\cdot x + n,\ x \in \mathbb{Q},\ m, n \in \mathbb{Q}$.
Für $x_1 = 0$ *muss sich* $y_1 = 1$ *ergeben:*

$y_1 = m\cdot 0 + n$

$1 = n$

Somit: $y = m\cdot x + 1$

Für $x_2 = 4$ *muss sich* $y_2 = -1$ *ergeben:*

$-1 = m\cdot 4 + 1$

$-2 = m\cdot 4$

$m = -\frac{1}{2}$

Die Gleichung der Geraden heißt $y = -\frac{1}{2}x + 1,\ x \in \mathbb{Q}$.
Das gesuchte Gleichungssystem beschreibt zwei zusammenfallende Geraden. Daher gilt z. B.:

(1) $y = -\frac{1}{2}x + 1$

(2) $2y = -x + 2$ 2 ☐

Punkte:

5

Aus der Zeitung:

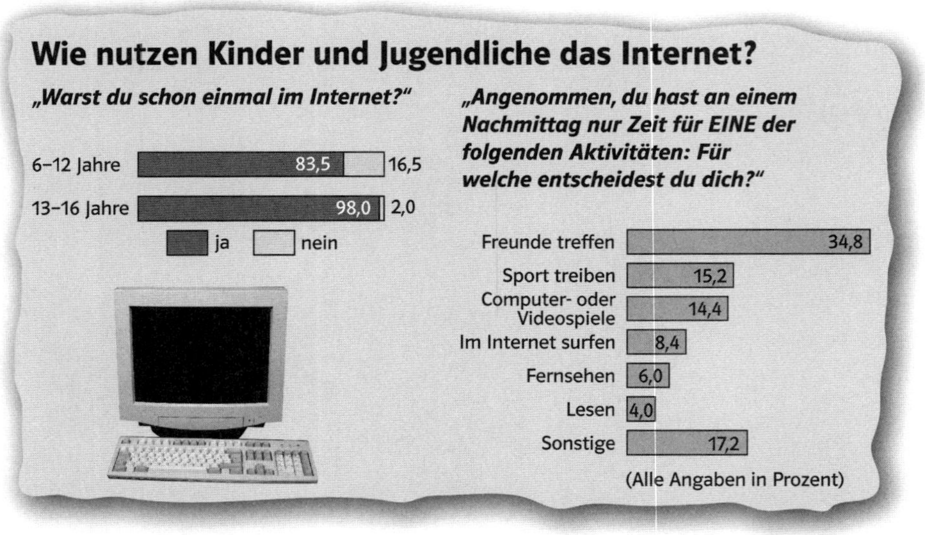

Welche der folgenden Aussagen sind auf Grund der Informationen aus der Zeitung wahr (w), falsch (f) oder unentscheidbar (u)? Kreuze an!

Aussage	w	f	u
1. Fast alle 13-16-Jährigen waren schon einmal im Internet.	X		
2. Weniger als ein Fünftel der 6–12-Jährigen waren noch nie im Internet.	X		
3. Mehr als ein Viertel der Befragten spielen oder surfen am Nachmittag.		X	
4. Die Hälfte der Befragten treffen sich mit Freunden oder treiben Sport.	X		
5. 58 % durchforsten das Web nach Informationen für die Schule.			X
6. Von den Befragten bevorzugen 2 % mehr das Fernsehen gegenüber dem Lesen.		X	
7. 10 von 30 Schülern deiner Klasse treffen sich heute Nachmittag mit Freunden.			X
8. Lesen ist die mit Abstand unbeliebteste Freizeitaktivität.			X

Begründungen

1. *98 % der 13–16-Jährigen waren schon einmal im Internet. Dies sind fast alle!*
2. *16,5 % der 6–12-Jährigen waren noch nie im Internet. Dies sind weniger als 20 % oder ein Fünftel.*
3. *14,4 % + 8,4 % = 22,8 % spielen oder surfen. Dies sind weniger als 25 % oder ein Viertel. Die Behauptung ist daher falsch.*
4. *34,8 % + 15,2 % = 50,0 % treffen sich mit Freunden oder treiben Sport. Dies ist die Hälfte der Befragten.*
5. *Da man nicht weiß, wie viele derer, die im Internet surfen, für die Schule recherchieren, ist diese Aussage unentscheidbar.*
6. *Wenn 6 % Fernsehen und 4 % Lesen bevorzugen, so sind das 50 % mehr Befragte, die Fernsehen! Die Behauptung ist daher falsch. (Hier darf man nicht „Prozent" und „Prozentpunkte" verwechseln.)*
7. *Etwa ein Drittel der großen Anzahl von Befragten treffen sich mit Freunden. Ob das auch ein Drittel deiner Klasse tun, ist nicht entscheidbar.*
8. *Es gibt einen hohen Prozentsatz mit der Antwort „Sonstige". Darunter könnten viele Aktivitäten sein mit weniger als 4,0 % wie bei „Lesen". Daher ist die Aussage nicht entscheidbar.*

4 ☐

Punkte:

1
Die Tabelle gehört zu einer proportionalen Zuordnung $x \to y$.

x	5	10	A
y	6	B	42

Welches sind die Werte von A und B?

- [ ] A = 12 und B = 35
- [ ] A = 15 und B = 12
- [x] A = 35 und B = 12
- [ ] A = 15 und B = 24
- [ ] Keine Antwort ist richtig.

2 ☐

2
Welche Gleichungen gehören zu den abgebildeten Graphen g und h? Kreuze an!

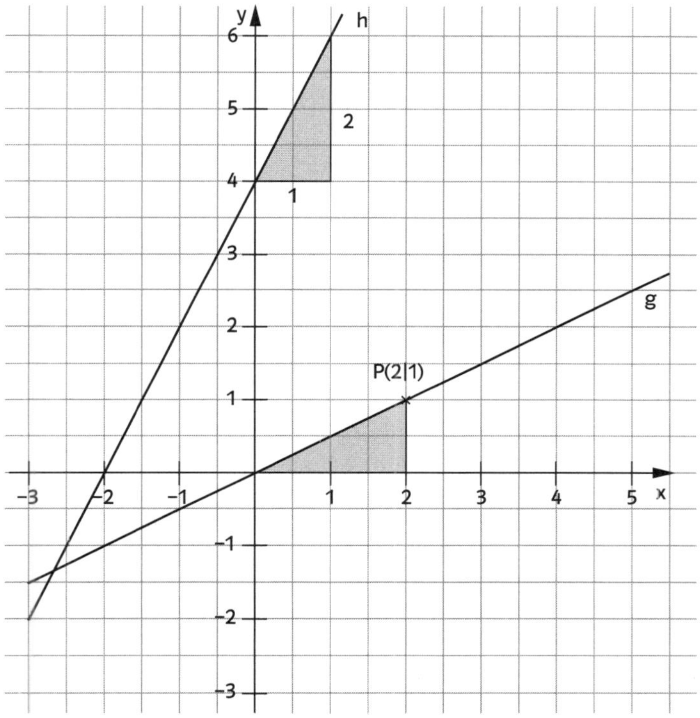

Graph g
- [ ] $y = \frac{1}{2}x + 1$
- [ ] $y = 2x$
- [ ] $y = 2x + 1$
- [x] $y = \frac{1}{2}x$
- [ ] Keine Antwort ist richtig.

Graph h
- [ ] $y = 4x - 2$
- [x] $y = 2x + 4$
- [ ] $y = -2x + 4$
- [ ] $y = 2x - 2$
- [ ] Keine Antwort ist richtig.

1 ☐

1 ☐

3

Punkte:

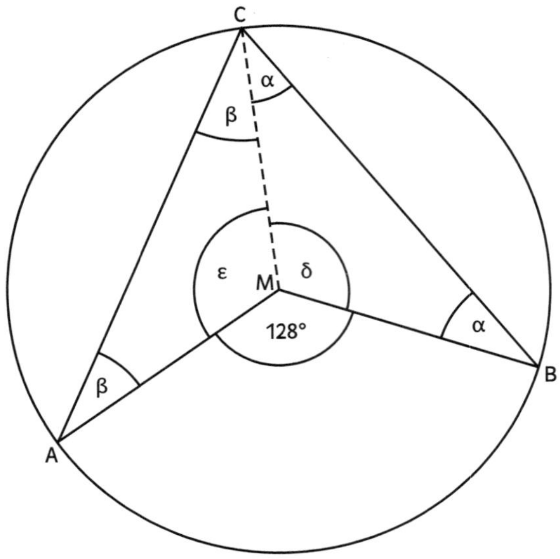

Berechne β, falls α = 35° gilt.

Das Dreieck MBC ist gleichschenklig mit $\overline{MB} = \overline{MC}$ (Kreisradius). In gleichschenkligen Dreiecken sind die Basiswinkel gleich weit. Daher: $\sphericalangle MCB = \alpha$.
Mit dem Winkelsummensatz ergibt sich im Dreieck MBC:

$$2 \cdot \alpha + \delta = 180°$$
$$\delta = 180° - 2 \cdot \alpha$$
$$\delta = 180° - 2 \cdot 35°$$
$$\delta = 180° - 70°$$
$$\delta = 110°$$

Der Vollwinkel bei M hat die Weite 360°.
Somit:

$$\delta + \varepsilon + 128° = 360°$$
$$110° + \varepsilon + 128° = 360°$$
$$\varepsilon + 238° = 360°$$
$$\varepsilon = 122°$$

Das Dreieck AMC ist ebenfalls gleichschenklig und daher $\sphericalangle ACM = \beta$.
Mit dem Winkelsummensatz im Dreieck AMC folgt:

$$2 \cdot \beta + \varepsilon = 180°$$
$$2 \cdot \beta + 122° = 180°$$
$$2 \cdot \beta = 58°$$
$$\beta = 29°$$

3 ☐

Punkte:

4

Das Dreieck ABC soll gleichschenklig mit $\overline{AC} = \overline{BC}$ sein und den Kreis k mit dem Mittelpunkt M als Inkreis haben.
Konstruiere dieses Dreieck.

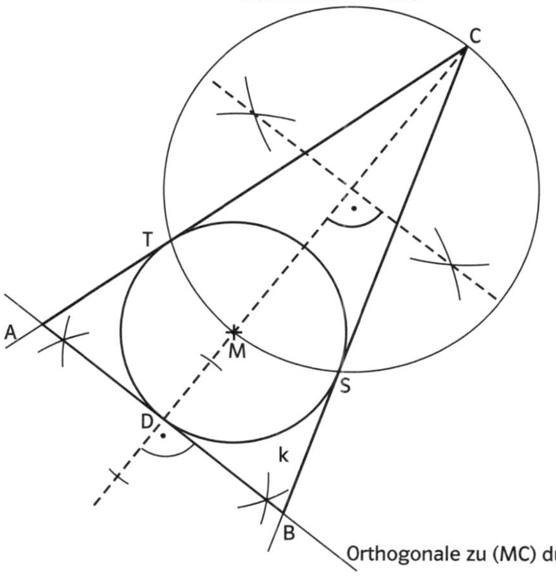

4 ☐

5

Beim Kauf von Aktien verlangt eine Bank Gebühren. Diese Gebühren setzen sich aus einer Grundgebühr und einem prozentualen Anteil am Kaufpreis zusammen.

> **Gebührentabelle**
> - Bis zu einem Kaufpreis von 2000 € beträgt die Gebühr nur 9,90 €.
> - Danach errechnet sich der Kaufpreis aus einer Grundgebühr von 4,90 € zuzüglich 0,25 % des Kaufpreises.
> - Die Maximalgebühr beträgt 59,90 € je Kauf.

a) Herr Spar kauft Aktien für 1500,00 €.
Wie hoch ist die Gebühr? Welcher Prozentsatz des Kaufpreises ist dies?

Da Herr Spar für weniger als 2000 € Aktien kauft, beträgt seine Gebühr 9,90 €.

Grundwert: $G = 1500\,€$ *(Kaufpreis)*

Prozentwert: $W = 9{,}90\,€$ *(Gebühr)*

Prozentsatz: $p = \frac{W}{G}$

$p = \frac{9{,}90\,€}{1500\,€}$

$p = 0{,}0066$

$p = 0{,}66\,\%$

Die Gebühr beträgt 0,66 % des Kaufpreises.

2 ☐

Punkte:

b) Welches ist der kleinste Kaufpreis, bei dem 59,90 € Gebühr bezahlt werden muss?

Bei einem Kaufpreis x €, der höher ist als 2000 €, wird die Gebühr (in €) mit der Formel g = 4,90 + 0,25 % von x berechnet.
Bei einer Maximalgebühr von 59,90 € folgt daraus:

$$59{,}90 = 4{,}90 + 0{,}25\,\%\text{ von } x$$
$$55{,}00 = \frac{0{,}25}{100}\cdot x$$
$$5500 = 0{,}25\cdot x$$
$$22\,000 = x$$

Ab einem Kaufpreis von 22 000 € wird die Maximalgebühr fällig. 2 ☐

c) Frau Risk erwirbt Aktien für 13 200 €.
Wie hoch ist die Gebühr bei diesem Kauf?

Gebühr g (in €) für einen Kaufpreis von 13 200 €

$$g = 4{,}90 + 0{,}25\,\%\text{ von } 13\,200$$
$$g = 4{,}90 + \frac{0{,}25}{100}\cdot 13\,200$$
$$g = 4{,}90 + 33$$
$$g = 37{,}90$$

Frau Risk muss 37,90 € Gebühren zahlen. 2 ☐

d) Zeichne den Graphen zur Zuordnung *Kaufpreis* → *Gebühr* für Kaufpreise von 0 € bis 25 000 €.

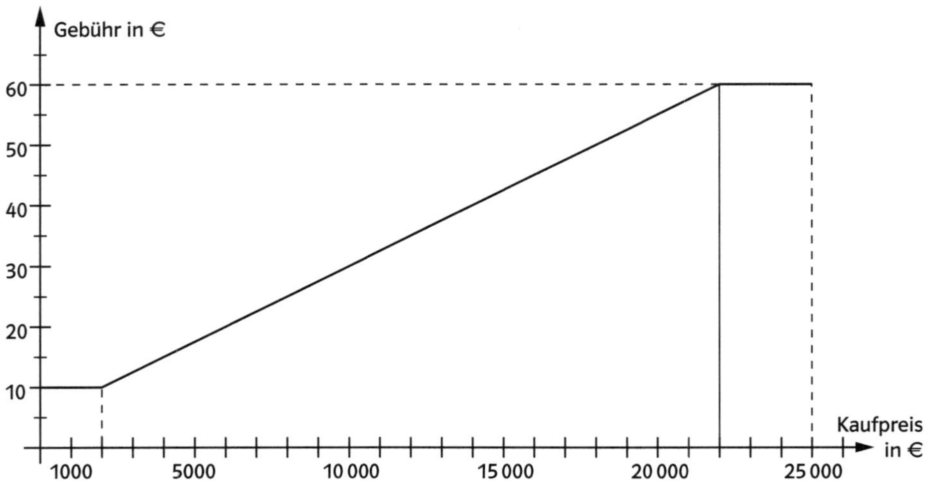

2 ☐

6

In einem Beutel befinden sich zwei rote und zwei grüne Kugeln.
a) Du ziehst eine Kugel heraus, notierst ihre Farbe und legst sie wieder in den Beutel zurück. Anschließend verfährst du noch einmal genauso.
Schreibe alle Möglichkeiten auf.
Mit welcher Wahrscheinlichkeit hast du zwei rote Kugeln gezogen?
Mit welcher Wahrscheinlichkeit war die erste Kugel grün und die zweite Kugel rot?

Punkte:

Die roten Kugeln werden mit R und r, die grünen Kugeln mit G und g bezeichnet. Dann gibt es folgende Möglichkeiten (die alle gleichwahrscheinlich sind):
RR, Rr, RG, Rg,
rR, rr, rG, rg,
GR, Gr, GG, Gg,
gR, gr, gG, gg.
Vier der 16 Möglichkeiten sind günstig für das Ziehen von zwei roten Kugeln. Die Wahrscheinlichkeit dafür beträgt daher $\frac{4}{16} = \frac{1}{4}$.
Vier der 16 Möglichkeiten sind günstig für das Ziehen von zunächst einer grünen, dann einer roten Kugel. Die Wahrscheinlichkeit dafür ist daher ebenfalls $\frac{4}{16} = \frac{1}{4}$. 2 ☐

b) Nun ziehst du wieder nacheinander zwei Kugeln, legst aber die gezogene Kugel nicht mehr in den Beutel zurück.
Schreibe alle Möglichkeiten auf.
Mit welcher Wahrscheinlichkeit ist mindestens eine Kugel grün?
Mit welcher Wahrscheinlichkeit ist nur die zweite Kugel rot?

Es gibt folgende Möglichkeiten:
Rr, RG, Rg,
rR, rG, rg,
GR, Gr, Gg,
gR, gr, gG.
Zehn der zwölf Möglichkeiten sind günstig für das Ziehen von mindestens einer grünen Kugel. Die Wahrscheinlichkeit dafür beträgt daher $\frac{10}{12} = \frac{5}{6}$.
In vier von zwölf Fällen ist nur die zweite Kugel rot. Die Wahrscheinlichkeit dafür ist also $\frac{4}{12} = \frac{1}{3}$. 3 ☐

Punkte:

1

In einer Schulklasse erhalten 10 % der Schüler in Mathematik die Note „sehr gut" und 30 % die Note „gut".
Welche der folgenden Behauptungen sind wahr (w) oder falsch (f)? Kreuze an.

Behauptung	w	f
90 % der Schüler erhalten nicht die Note „sehr gut".	X	
40 % aller Schüler erhalten mindestens die Note „gut".	X	
Die Klasse hat 28 Schüler.		X
Der Notendurchschnitt aller Schüler mit „sehr gut" oder „gut" ist 1,50.		X
Weniger als ein Drittel aller Schüler erhalten die Note „gut".	X	

Wenn von 28 Schülern 10% die Note „sehr gut" haben, müssten dies 2,8 Schüler sein. Dies zeigt, dass die Antwort falsch sein muss. 3 ☐

2 (3 VP)

Messing ist eine Legierung aus Kupfer und Zink.
Um 150 kg Messing herzustellen, benötigt man 90 kg Kupfer.
Wie viel Kupfer und wie viel Zink benötigt man zur Herstellung von 270 kg Messing dieser Sorte?

Für die doppelte (dreifache, …, n-fache) Menge Messing benötigt man doppelt (dreimal, …, n-mal) so viel Kupfer bzw. Zink. Daher handelt es sich bei der Zuordnung Messingmenge m → Kupfermenge k um eine proportionale Zuordnung und es kann der Dreisatz für proportionale Zuordnungen verwendet werden.

Berechnung der Kupfermenge

	Messingmenge (in kg)	*Kupfermenge (in kg)*	
	150	*90*	
:150	*1*	*90 : 150*	*:150*
·270	*270*	*(90 : 150) · 270 = 162*	*·270*

Zur Herstellung von 270 kg Messing benötigt man 162 kg Kupfer und 108 kg Zink. 3 ☐

3

Punkte:

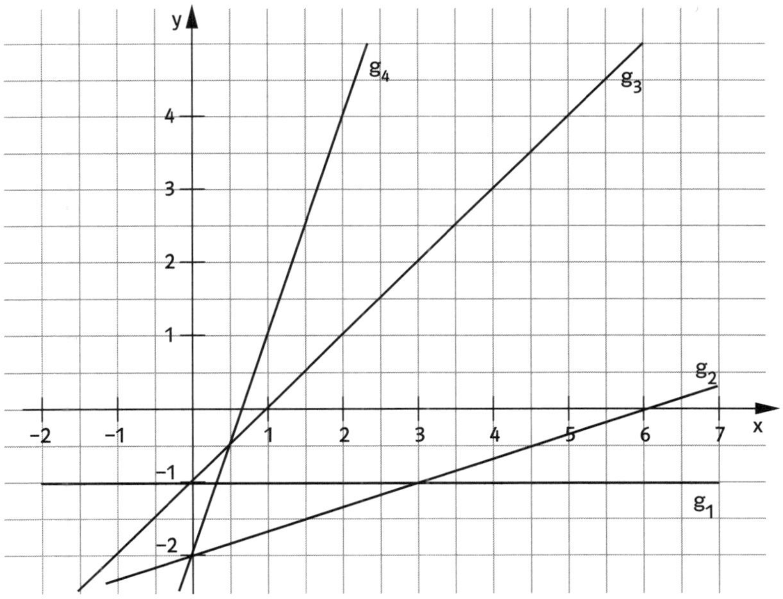

a) Welcher Graph gehört zu den gegebenen Gleichungen? Kreuze an.

	g_1	g_2	g_3	g_4
$y = -x$				
$y = 3x - 2$				
$y = \frac{3}{2}x + 3$				
$y = x - 1$				
$y = -2x + 3$				
$y = \frac{1}{3}x - 2$				
$y = -1$				
$y = x + 1$				

2 ☐

b) Gib die Gleichung einer linearen Zuordnung an, deren Graph durch P(3 | 3) und Q(1 | 0) geht.

Der Graph einer linearen Zuordnung liegt auf einer Geraden. Die Gleichung der Geraden sei $y = m \cdot x + n,\ x \in \mathbb{Q},\ m, n \in \mathbb{Q}$. *Da P(3 | 3) auf der Geraden liegt, gilt:*

(1) $3 = m \cdot 3 + n$

Da Q(1 | 0) auf der Geraden liegt, gilt:

(2) $0 = m \cdot 1 + n$

Lösung des Gleichungssystems:

(1) $3m + n = 3$

(2) $m + n = 0$

Multiplikation von Gleichung (2) mit (– 1):

(1) $3m + n = 3$

(2') $-m - n = 0$

Addition von Gleichung (1) zu (2'):

(2'') $2m = 3$

$m = \frac{3}{2}$

Eingesetzt in (2):

$n = -\frac{3}{2}$

Die Gleichung der Geraden lautet $y = \frac{3}{2}x - \frac{3}{2},\ x \in \mathbb{Q}$.

2 ☐

4

Punkte:

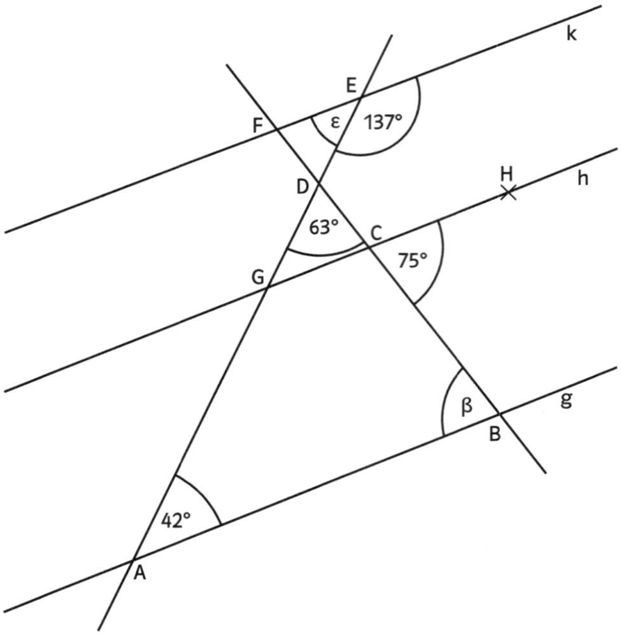

a) Weise nach, dass die Geraden g und h parallel sind.

Im Dreieck ABD gilt mit dem Winkelsummensatz:

$42° + \beta + 63° = 180°$

$\beta + 105° = 180°$

$\beta = 75°$

Die Winkel ∢CBA und ∢BCH haben die gleiche Weite $\beta = 75°$ und sind Wechselwinkel an den Geraden g und h. Folglich sind g und h parallel.
Das war zu zeigen.

2 ☐

b) Untersuche, ob die Geraden g und k parallel sind.

Der Winkel ∢FED ist Nebenwinkel zum Winkel der Weite 137°.
Daher gilt: $\varepsilon = 180° - 137° = 43°$.
Die Winkel ∢FED und ∢BAE sind Wechselwinkel an den Geraden g und k. Da die Winkelweiten jedoch verschieden sind, sind die beiden Geraden g und k nicht parallel.

1 ☐

5

Punkte:

Wer fährt, trinkt nicht.
Wer trinkt, fährt nicht.
Bereits geringe Mengen Alkohol beeinträchtigen die Fahrtüchtigkeit beachtlich. Alkohol verringert die Reaktionsfähigkeit, führt zur Einengung des Gesichtsfeldes und verzögert die Anpassung des Auges an wechselnde Lichtverhältnisse.
Der Abbau von Alkohol im menschlichen Körper erfolgt sehr langsam. Als Faustregel kann gelten: In einer Stunde nimmt die Blutalkoholkonzentration um etwa 0,1 Promille ab.

Getränke	Menge	Alkoholmenge
Wein	0,25 l	30 g
Sekt	0,10 l	15 g
Bier	0,33 l	16 g
Bier	0,50 l	24 g
Korn	0,02 l	6 g
Cognac	0,02 l	10 g

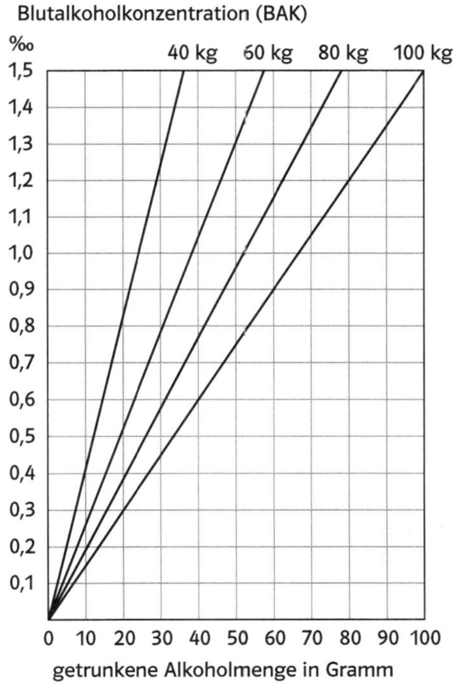

a) Herr Kleiner (80 kg) und sein Freund (100 kg) trinken nach Feierabend noch rasch je zwei Bier (0,5 l) und zwei Korn.
Wie hoch ist die Blutalkoholkonzentration bei beiden?

Jeder der beiden hat 1,0 l Bier und zwei Korn getrunken. Daher hat jeder eine Alkoholmenge von $2 \cdot 24\,g + 2 \cdot 6\,g = 60\,g$ aufgenommen (vgl. Tabelle).
Das Diagramm zeigt: Herr Kleiner hat eine BAK von 1,15 ‰, sein Freund hat 0,9 ‰. 1 ☐

b) Ein 19-Jähriger (60 kg) überlegt, ob er nach dem Disco-Besuch und zwei Cola mit Cognac noch mit dem Auto heimfahren darf. Ab 0,3 Promille will er nicht mehr selbst fahren.

Zwei Cognac enthalten $2 \cdot 10\,g = 20\,g$ Alkohol. Das Diagramm zeigt, dass der 19-Jährige damit mehr als 0,5 ‰ BAK hat. Er darf nicht mehr selber fahren. 1 ☐

Punkte:

c) Nach dem Genuss von zwei Viertellitern Wein kann man bereits mehr als 0,8 Promille Blutalkoholkonzentration haben. Zeige dies.

Zwei Viertelliter Wein enthalten $2 \cdot 30\,g = 60\,g$ Alkohol. Alle Personen mit 100 kg Körpergewicht oder weniger haben damit bereits sogar eine BAK von 0,9 ‰ und mehr. 1 ☐

d) Gib die Zuordnungsvorschrift
Alkoholmenge in Gramm → Blutalkoholkonzentration in Promille
für eine 100 kg schwere Person an.

Der Graph der Zuordnung liegt auf einer Geraden. Bei einer Alkoholmenge von 100 g ist die Blutkonzentration 1,5 ‰. Die Zuordnungsvorschrift lässt sich durch die Gleichung

$$BAK = \frac{1}{100} \cdot 1{,}5\,‰ \cdot x$$

beschreiben, wobei x die Maßzahl der in Kilogramm angegebenen Masse der Person ist. 2 ☐

e) Herr Kleiner hat nach einem durchzechten Abend eine Blutalkoholkonzentration von 1,5 Promille.
Gib die Zuordnungsvorschrift
Zeit in Stunden → Blutalkoholkonzentration in Promille
für den Abbau des Alkohols bei Herrn Kleiner an.

Gemäß der angegebenen Faustregel kann man von einer Abnahme um 0,1 ‰ je Stunde rechnen. Daher hat die Zuordnungsvorschrift die Gleichung

$$BAK = 1{,}5\,‰ - 0{,}1\,‰ \cdot y\,,$$

wobei y die Anzahl der Stunden bedeutet, die seit dem Alkoholgenuss verstrichen sind. 2 ☐

Punkte:

6 (3 + 1 VP)
Andreas behauptet: „Ich kann zwei nichtkongruente Dreiecke mit den Maßen $b = 6{,}2\,cm$, $c = 5{,}0\,cm$ und $\gamma = 45°$ konstruieren."
a) Überprüfe diese Behauptung durch Konstruktion dieser beiden Dreiecke. Beschreibe die Konstruktion.

Konstruktion

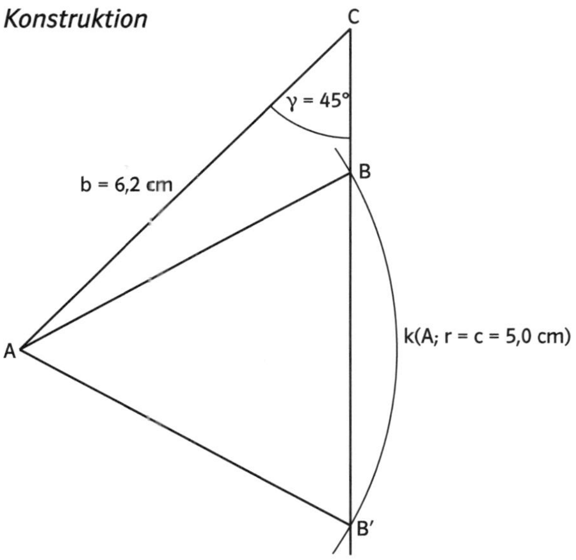

Konstruktionsbeschreibung
1. *Zeichne die Strecke AC mit der Länge $b = 6{,}2\,cm$.*
2. *Trage in C an AC den Winkel der Weite $\gamma = 45°$ an.*
3. *Zeichne den Kreis um A mit dem Radius $c = 5{,}0\,cm$.*
4. *Dieser Kreis schneidet den freien Schenkel des Winkels in B und B'.*
5. *Zeichne die Dreiecke ABC und AB'C.*

3 ☐

b) Wie müsste man c abändern, damit es nur ein einziges Dreieck mit diesen Maßen gibt?

Wenn c größer als b gewählt würde, dann würde der Kreis um A mit dem Radius c den freien Schenkel des Winkels nur ein einziges Mal schneiden. In diesem Fall gäbe es daher nur ein Dreieck.

1 ☐

Bemerkung
Auch wenn c so groß wäre wie der Abstand des Punktes A vom freien Schenkel von γ, gäbe es nur eine Lösung:

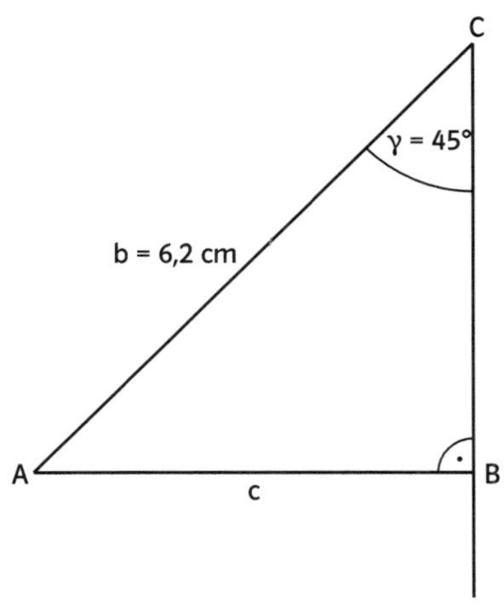

Bildquellenverzeichnis

S. 16: *GLOBUS Infografik, Hamburg*
S. 26: *Klett-Archiv, Stuttgart*
S. 31.1: *Deutsche Post World Net, Bonn*
S. 31.2: *Deutsche Post World Net, Bonn*
S. 58: *gemeinfrei*
S. 62.1: *Deutsche Post World Net, Bonn*
S. 62.2: *Deutsche Post World Net, Bonn*
S. 71: *Deutsches Museum, München*
S. 90.1: *Elsner, Gert, Stuttgart*
S. 90.2: *MEV, Augsburg*
S. 90.3: *Ingram Publishing, Tattenhall Chester*
S. 111: *MEV, Augsburg*

Nicht in allen Fällen war es uns möglich, den uns bekannten Rechteinhaber ausfindig zu machen.
Berechtigte Ansprüche werden selbstverständlich im Rahmen der üblichen Vereinbarungen abgegolten.